現代企業概論

陳定國

學歷／
美國密西根大學企業管理博士（第一位華人企業管理博士）
國立政治大學企業管理碩士（第一位臺灣MBA）
國立成功大學交通管理科學學士

經歷／
國立臺灣大學商學研究所所長及商學系系主任
臺灣工業技術研究院工業經濟研究中心主任
北京大學正大國際中心管理委員會共同召集人
復旦大學正大管理發展中心管理委員會共同召集人

現職／
淡江大學管理學院院長
中華民國企業經理協進會理事長
上海復旦大學、上海交通大學、山東大學、浙江大學、
中國石化總公司幹部學院顧問教授
上海交通大學安泰管理學院董事、顧問教授
中華民國證券公會大陸事務委員會召集人
中華民國證券商業公會理事

三民書局

國家圖書館出版品預行編目資料

現代企業概論 / 陳定國著. －－初版二刷. －－臺北
市: 三民, 2004
　　面; 　公分
參考書目: 面
ISBN 957-14-3883-9 (平裝)

1. 企業管理

494   92014262

網路書店位址　http://www.sanmin.com.tw

© 　現代企業概論

著作人　陳定國
發行人　劉振強
著作財
產權人　三民書局股份有限公司
　　　　臺北市復興北路386號
發行所　三民書局股份有限公司
　　　　地址／臺北市復興北路386號
　　　　電話／(02)25006600
　　　　郵撥／0009998-5
印刷所　三民書局股份有限公司
門市部　復北店／臺北市復興北路386號
　　　　重南店／臺北市重慶南路一段61號
初版一刷　2003年8月
初版二刷　2004年10月
編　　號　S 493370
基本定價　捌　元
行政院新聞局登記證局版臺業字第○二○○號

有著作權·不准侵害

ISBN　957-14-3883-9　(平裝)

自　序

　　企業管理 (Business Management) 是「企業」(Business) 與「管理」(Management)
二詞合併而成，是二十世紀以來流行於美國、西歐、日本等經濟先進社會，造就目
前七大工業國家（Group of Seven，G-7）主宰世界經濟舞臺的局面。展望二十一世
紀及世界貿易組織 (World Trade Organization, WTO) 架構下的競爭趨勢，企業管理
亦將普遍風行於亞洲華人文化二十億人（佔有世界人口三分之一以上）的社會，包
括臺灣及中國大陸。

　　有效經營的企業追求「顧客滿意」(Customer Satisfaction, CS) 及「合理利潤」(Rea-
sonable Profit, RP) 兩大目標，其所需的手段則有兩套功能十個方法，第一套就「做
事 (Doing Things) 的五大企業功能 (Five Business Functions)，包括行銷 (Marketing)，
生產 (Production)，研究發展 (Research and Development, R&D)，人事或人力資源
(Personnel or Human Resources)，以及財務會計 (Finance and Accounting)。第二套就
是「管人」(Managing People) 去做事的五大管理功能 (Five Management Functions)，
包括計劃 (Planning)，組織 (Organizing)，用人 (Staffing)，指導 (Directing)，及控制
(Controlling)。兩套功能的交叉搭配就成為 5×5 的企業管理科學矩陣圖 (Business
Management Science Matrix)。

　　企業最高主管人員（如總經理、總裁、董事長）以追求長期利潤，永續生存成
長為理念，所以必須把和市場顧客與競爭者密切相關的「行銷管理」(Marketing Man-
agement) 放在前鋒第一位的龍頭地位，緊接著把講求品質、成本、數量、時間效率
的生產管理 (Production Management) 放在中鋒的第二地位。再來把創造新產品、新
原料、新製程、新設備、新檢驗方法等來支援前線行銷及生產活動的研究發展管理
(R&D Management) 放在中衛的第三地位。再來把招募人才，培育人才及健全薪酬、
福利與進修，使銷、產、發之前方人員無後顧之憂的人事、人力資源管理 (Personnel
Management or Human Resources Management) 放在後衛的第四地位。最後把提供企
業營運血液及神經系統的財務管理 (Financial Management) 及會計管理 (Accounting
Management) 放在守門員的第五地位。如此把行銷、生產、研發、人事及財會五個
做事的企業功能當作足球賽的隊伍安排，由前方引導後方，由後方支援前方，以確
保全軍動態進退的靈活攻守戰略、戰術與戰鬥態勢，就是最具有制勝能力的企業管
理技術。

　　本書繼《現代管理通論》之後，用八大章寫成《現代企業概論》一書，分別就
企業五功能（銷、產、發、人、財）的要義，作深入淺出的分析說明，供初學企業

管理者，對各行各業之錯綜複雜的企業功能運作，有一如同釋迦牟尼佛掌控千變萬化之孫悟空的「五指山」。不論傳統的食品、紡織、房產、運輸、家電、傢俱、清潔化妝用品等等產業，也不論新式的教育、娛樂、旅遊、休閒、健康、美容、電子、電腦、聲光、通訊、生技、材料、國防、太空等等產業，其運作之目標皆是「顧客滿意」及「合理利潤」，其運作之手段也都是行銷、生產、研究發展、人事及財會等功能之有效管理。有效管理的手段又有計劃、組織、用人、指導，及控制等五管理功能。所以認識了企業五功能的內涵，也等於掌握了擔當各營利事業或非營利事業之高級主管人員的有利條件。

現代企業管理哲學首重市場、顧客與競爭導向的行銷哲學，所以本書第一章就介紹現代行銷管理的要義。第二章緊跟著介紹現代生產管理要義，第三章介紹現代財務管理要義。第四章介紹現代人事（人力資源）管理要義。第五章介紹現代會計管理要義。第六章介紹現代科技研究發展管理之要義。第七章介紹尋找企業決策所需之企業情報資訊的研究方法論。企業情報是決定企業戰場勝負的重大要素，所以人人應具備從無中生有、尋找情報之企業研究方法的技能。第八章介紹最新情報資訊科技 (Information Technology) 的應用，亦即無線網際網路之電腦化管理情報系統 (MIS)，涵蓋行銷、生產、研發、人事及財會各功能部門，也涵蓋上游的供應鏈及下游的顧客關係，形成上、中、下連貫之 SCM-ERP-CRM（供應鏈管理——企業資源規劃——顧客關係管理）體系，成為二十一世紀最新式之企業管理應用制度。

筆者能有今日撰寫文章之機會，實得恩師楊必立教授（曾為國立政治大學企管研究所首任所長十年，考試委員，現已仙逝多年），金屬工業發展中心首任總經理及第二任董事長齊世基先生（現已高齡87歲，居於美國加州），母校美國密西根大學企管博士班老師在 1968 至 1973 年間之指導及獎學金支持，以及臺灣聚合公司 (USI-Far East) 獎學金之慷慨資助（1969 至 1971 年），始能完成企管博士學業，返國服務於國立政治大學企管研究所（1973–1975 年），國立臺灣大學商學研究所（1975–1984 年），及臺塑與泰國卜蜂正大集團（1984–1998 年）。在學術象牙塔及企業實戰湖海練劍，磨練成長，衷心感激之情，特此一併致謝。本書之完成，幸有三民書局董事長劉振強先生之熱心及耐心督促，方能付梓，亦致萬分謝意。文中若有錯誤之處，亦尚祈各方高士惠予指教。

陳定國

於淡江大學管理學院

2003 年 8 月 9 日

現代企業概論

目次

「現代企業概念」——
企業部門管理通論
(Management of Business Funtional Departments)

　　企業各級主管人員在設法經由部屬力量達成企業之股東公目標、員工私目標，及社會超然目標過程中，除了應注意及活用管理程序各步驟之要點外，各企業功能部門的主管人員，尚應深切瞭解各該專門領域之基本做事 (Doing Things) 知識。本書分別就行銷管理、生產管理、財務管理、人事管理、企業會計、研究發展（技術）管理、企業研究方法及管理情報系統等做深入淺出之概述，以利各級主管人員在從事各自專門工作之時，尚能體會出其他部門之工作範圍及性質，而激發主動配合之精神，而非閉門造車，各自稱大之本位分裂心態。

　　作者另一本著作《現代管理通論》所分析者，皆屬於主管人員（即人上人）如何計劃、組織、用人、指導及控制其所轄部屬（即人下人），以激勵部屬努力，朝向目標邁進，所以可歸為「管人」(Managing People) 之知識。並於本書《現代企業概論》所分析者皆屬於如何進行企業專技部門之工作，所以可歸為「做事」(Doing Thing) 之知識。換言之，《現代管理通論》加上《現代企業概論》之作用，乃是在於教大家如何管理部屬（管人），以促使部屬把事情做好（做事）。能做好「管人」及「做事」兩大使命，就是企業經營成功的保證。

　　只懂得專門技能知識 (Special Skills) 的人，有一技之長，可謀得一職，做別人的部下（即人下人）。懂得專門技能，又懂得管理部屬，與平輩和諧相處，與上級充分貢獻合作之人性技能 (Human Skills) 的人，可以當中階幹部，作為別人的上司（即人上人）。又懂專門技能，又懂人性管理技能，又懂觀念決策技能 (Conceptual Decision Skills) 的人，就可以當最高領導，如總經理、總裁、董事長、縣市長、省部會首長，以至於國家總統，成為成功的領袖人物。

第一章 行銷管理要義
(Essentials of Marketing Management)

第一節 行銷管理之基本架構 (Basic Framework of Marketing Management)

當人類因科技發展及社會經濟複雜化，挾帶著無數問題及機會，邁向二十一世紀時，市場「行銷」(Marketing) 這個百分之九十五以上人類從未好好經歷過，甚至毫不認識的名詞，逐漸吸引許多營利機構、非營利機構、及政府機關之注意，成為達成機構目標的最機動性武器。行銷被發掘於 1900 年代之農產品運銷中，但成長於 1950 年代之美國企業，成熟於 1970 ～ 1980 年代的日本企業，被臺灣認識於 1970 年代末，但直到 2003 年尚未被中國大陸所認識。

不論如何，最近的學者專家，已認為「行銷」是一種刺激產品順利銷售的系統方法，也是滿足人類慾望的一種經營哲學 (Management Philosophy)，更是解決問題的一種心智過程 (Mental Process)。無疑地，在經濟先進的國家裡，如國民人均所得在 2 萬美元以上者，它的應用範圍已經大為擴大，不僅在農、工、商企業裡大大的被使用，甚至在政府機構、非營利事業、教育機構等等亦普遍採用以顧客為主導之「行銷」觀念，以順利達成其目標。因此，「行銷」這門課乃成為大家注目與重視之「熱門」的企業管理學科。

行銷在企業五功能體系內，佔有龍首大哥的地位。任何一個企業想在競爭市場成功，其祕訣就是掌握「行銷」及技術「研發」兩功能，並使之融為一體，不可分離。行銷做好，企業經營就成功一半。反之，行銷做不好，企業經營就失敗一半。行銷是企業經營的開始，好的開始，就是成功的一半。

一、「行銷」與「行銷管理」之定義 (Definitions of Marketing and Marketing Management)

「行銷」之定義人言人殊；不同的公司及企業，可依實際情況對「行銷」給予不同的意義及活動之範圍。在 1963 年，美國行銷學會 (American Marketing Association) 曾下過一個很含糊的定義，令學者很不滿意，該定義為：「行銷為引導物品及勞務從生產者流向使用者之企業活動」，此定義之範圍可大可小，圖 1-1 及圖 1-2 分別為其狹義與廣義之範圍。

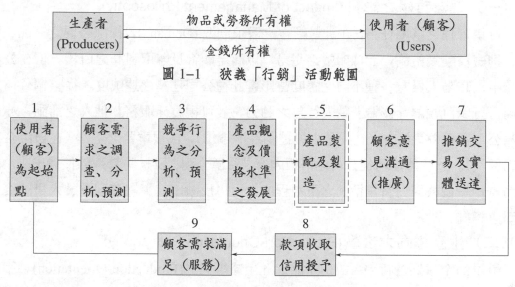

圖 1-1　狹義「行銷」活動範圍

圖 1-2　廣義「行銷」活動範圍

　　針對圖 1-2 廣義「行銷」活動範圍，我們可定義為：「行銷乃指用調查、分析、預測、產品發展、定價、推廣、交易及實體配銷之技術，來發掘、擴大、及滿足社會各階層對商品或勞務需求的一系列人類活動。」

　　「行銷管理」(Marketing Management) 是把「管理」（計劃、執行、控制）技術應用到「行銷」活動上之現象。其定義為：「行銷管理為經由計劃、執行、控制之功能，從事調查、分析、預測、產品發展、定價、推廣、交易、實體配銷等活動，以發掘、擴大、及滿足社會各階層慾望，並謀取彼此利益之系列活動。」

　　換言之，一個公司的行銷經理 (Marketing Manager) 所應從事之活動使命可歸納為⑴行銷研究 (Marketing Research)，⑵行銷組合策略 (Marketing-Mix) 之運用，及⑶顧客滿足之確保 (Customer Satisfaction)，簡稱為：

　　M.R. + 4Ps' + C.S.

　其中，M. R. 為行銷研究之代號。

　4Ps' 為行銷組合策略之代號，如產品策略 (Product)，價格策略 (Price)，推廣策略 (Promotion)，及配銷策略 (Place) 之組合。

　C.S. 為確保顧客滿意之代號。

二、行銷經營哲學之演進 (Evolution of Marketing Management Philosophy)

（一）經營哲學之影響 (Impact of Management Philosophy)

行銷管理之基本任務，在針對顧客之需求狀況 (Demand)，採取必要之產品、價格、推廣及配銷措施，完成期望之交易，以滿足顧客及賺取利潤之目標。但在公司組織中，高階人員有各種不同之態度會影響此種公司任務之達成度。從整個公司之立場，行銷可視為「影響」他人行為之動力，並可視為「服務」他人之活動，亦可視為公司不重要之工作（在社會主義控制經濟市場），或很重要之工作（在自由企業市場經濟）。這些態度可從公司之目標內容、資源分配、及某些特殊條件看出來。一般而言，一個公司對行銷活動之重視程度，可以反映出其最高管理階層人員的經營哲學之導向。

（二）生產導向之哲學 (Production-Orientation Philosophy)

最早的企業經營哲學可說是產品之「生產導向」(Production-Orientation)。因當時產品和服務均十分缺乏，所以各廠商之最大經營問題在於如何增加生產量，而不必擔心東西會不會賣不出去，或顧客會不會嫌棄品質或服務態度。此時商場上之領袖是負責生產之工程師和技術創新者。「生產導向」之所以會流行一大段時期，甚至在今日二十一世紀的不少工程背景的高級人員還持有此觀念，其基本前提有四：第一、公司集中精力於製造適價之產品，不必考慮顧客之心理差異 (Psychological Differentials)。第二、顧客之興趣只在於買產品之外形 (Form)，而非其效用。第三、顧客不知有各種競爭廠牌 (Competitive Brands) 存在。第四、顧客只依產品品質 (Product Quality) 及價格 (Price) 水準決定購買，不受推廣 (Promotion) 及配銷 (Distribution) 方式之影響。所以，生產者常以自己立場來看自己產品，而非以顧客之立場來看，所以易犯「一廂情願」之毛病。但在競爭劇烈及顧客慾望多元化之社會，生產導向的事業常是最先被淘汰的事業。

（三）財務導向之哲學 (Financial-Orientation Philosophy)

「財務導向」(Financial-Orientation) 曾經數度（包括 1920 年代及 2000 年代）成為企業經營的重心，因廠商認清獲利之良機在於由合併及購買 (Merger and Acquisition, A&M) 和財務聯合 (Alliance) 而來的產業結構「合理化」(Industrial Structure Rationalization)，而非在產量之增加或生產成本之下降。經由股票價格上下買賣之財務操作 (Financial Manipulation) 所獲之利潤，常比生產改進所獲得者為大、為易，所以

有不少公司沉迷於財務導向的經營哲學。但終究財務操作只是玩數字遊戲，並未真正提高生產力，當經濟景氣時，股價上漲，賺錢如賺水容易；經濟不景氣時，股價下跌，輸錢失血如潑水般快速，所以在財務操作市場玩久之事業也終究會被淘汰，並且身敗名裂。

（四）銷售導向之哲學 (Sales-Orientation Philosophy)

「銷售導向」(Sales-Orientation) 之哲學繼「財務導向」哲學之後而大行其道，因此時之經濟問題不在於缺乏產品之供應者 (Suppliers)，而在於缺乏消費者 (Consumers)，所以，大多數的公司認為企業經營之癥結在於如何刺激市場顧客對他們已產之既有產品 (Existing Products) 之需要量，所以設法將產品推銷給顧客之活動，成為公司領導部門最關切的工作。

銷售導向之所以風行一時的四個前提為：第一、公司的主要任務是推銷足夠數量之產品（不一定賺最大利潤）。第二、顧客在一般情況下，並不購買所需之足夠數量（還保留一些未買），所以必須強力推銷，他們才會再買。第三、利用各種推銷刺激手段（如送贈品、抽獎、贈折扣券、試用等等），確實可以誘導顧客買足夠數量。第四、舊顧客可能會重購 (Rebuy)；若不會重購時，也還有許多新顧客可供吸引。

因銷售導向並不以顧客利益為前提，而是以廠商利益為最高準則，所以常有強迫性及欺騙性手段出現，來哄騙顧客購買，而致顧客事後不滿意，形成被淘汰之危機。

（五）行銷導向之哲學 (Marketing-Orientation Philosophy)

最近，許多廠商已從「銷售導向」走向「行銷導向」(Marketing-Orientation)，因為它們明白以強迫推銷已產之既有產品為前導之銷售作法，不足以在這技術和社會急遽變化、競爭激烈、消費者要求高度滿足的時代裡，順利解決獲取「顧客滿意」及「合理利潤」兩大終極目標之問題。行銷導向乃以創造顧客利益與顧客滿足為前提，據以制訂公司之銷產經營策略與作業方法，並謀求公司合理利潤，它是利人又利己的雙贏哲學。

■ 三、行銷決策過程 (Decision-Making Process in Marketing)

當一個公司設定其行銷決策時，大多參照圖 1–3 之決策過程。

由圖 1–3 可知在一行銷導向之企業裡，其行銷決策程序，乃由一般市場顧客（包括消費者及工業使用者）分析、發掘顧客之需求，再配合公司之目標，找出特定市場機會，繼之測定此市場機會之大小，再以「市場區隔化」(Market Segmentation) 尋

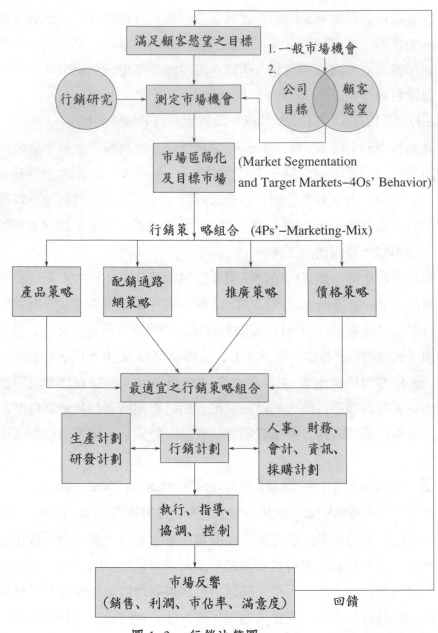

圖 1-3　行銷決策圖

找出目標市場 (Target Market)。此時應詳細分析各目標市場之「顧客行為」，即 4 Os' 〔即產品對象 (Object)，購買目的 (Objective)，購買人員組織 (Organization) 及購買作業 (Operations)〕。根據各目標市場之 4Os' 可設定最佳之行銷策略組合，即 4Ps' 產品 (Product)，價格 (Price)，推廣 (Promotion)，配銷通路 (Place) 策略。各行銷策略組合就是公司行銷管理（包括計劃、執行、控制）之活動範圍，而公司其他部門如

生產、研發、人事、財務及會計、資訊、採購等活動，亦依據行銷計劃而展開。

　　本章依據此基本架構（程序），依序簡單介紹，提供讀者最簡明之概念，建立現代化企業經營之首要——行銷導向的經營哲學 (Marketing-Orientation is the Modern Management Philosophy)。

第二節　消費市場與消費者購買行為 (Consumer Market and Consumer Buying Behavior)

　　一般市場約可分為五種類型：(1)消費者市場 (Consumer Market)，(2)企業生產者或工業市場 (Business Production Market or Industrial Market)，(3)中間商市場 (Reseller Market)，(4)政府市場 (Government Market)，(5)國際市場 (International Market)。本節將先介紹消費市場分析之要點。

一、目標市場顧客行為之 4Os' (Customer Behavior—4Os')

　　當廠家欲將商品推入市場，必須先瞭解到此目標市場之 4Os'，方能做最佳之市場策略。此 4Os' 為：

　　(1)Object (What)：此市場內顧客所購買之客體（即產品），在顧客眼光中屬於何種類別？有何特性？是工業品或消費品？是耐久品或消耗品？是特殊品或選購品或便利品？

　　(2)Objective (Why)：此市場內顧客購買此產品之目的何在？其真正動機何在？滿足那一層次之慾望？

　　(3)Organization (Who)：此市場內購買者之組織成員為何？即何種人員對購買有影響力？

　　(4)Operations (How)：即購買作業方法之內容為何？顧客透過何種方式購買？

　　另外說明此市場內顧客性質的另三個問題是「何時買」(When)？「買多少」(How Much)？及「到那裡買」(Where)？若能一併考慮，則構成 7Ws 之科學「七支法」分析模式（即 What, Why, Who, How, Where, How Much, When）。

二、顧客購買之產品客體分類 (Object—What)

　　顧客所購買之客體 (Object) 就是通稱之「產品」(Product)。「產品」之身分及特性依顧客之認定而不同，並成為廠商行銷策略設計之基礎。一般產品依其享用度

(Degree of Enjoyment)、消費率 (Rate of Consumption) 及選購習慣 (Shopping Habit) 可做如下之分類：

(1)依直接享用程度之高低，可分為「工業品」(Industrial Goods) 及「消費品」(Consumer Goods)。前者泛指不供直接享用 (只供再生產用)，後者泛指直接享用之物品及勞務 (Commodities and Services)。「物品」係指有形體，可以儲存者，「勞務」係指無形體，不可儲存者。

(2)依消費率之快慢，可分為「耐久品」(Durable Goods) 及「非耐用品」(Nondurable Goods)。前者泛指可供多次使用，後者泛指僅供一次或少數幾次使用之產品。非耐用品亦稱「消耗品」(Consumption Goods)，用一次就減少它的耐用度一次。

(3)依選購習慣之強烈與否，可分為「便利品」(Convenience Goods)，「選購品」(Shopping Goods) 及「特殊品」(Speciality Goods)。顧客對「特殊品」願意多花時間前往辨識及購買，對「選購品」則願意走訪數家比較其品質、價格、式樣及舒適度，但對「便利品」則不願花時間在比較決策上，而只想迅速購買。

同樣一種產品，在推出市場之不同生命周期時段，在顧客的眼中，可能由「特殊品」，變為「選購品」，再變為「便利品」，所以廠商必須注意此種變化，而制訂適宜之行銷策略。譬如絲襪初發明時，是「特殊品」，很稀有，可當貴重珍品。後來生產工廠增多，品牌種類也加多，則變成「選購品」，依然不普及。但到了今日，絲襪到處充斥，品牌差異性之優勢漸減，淪為「便利品」。手機的現象也很相似，從「特殊品」不到三年變成「選購品」，再過三年變成「便利品」。

三、消費購買之動機 (Objective—Why)

所有消費者皆藉物品或勞務來滿足其基本慾望 (Basic Needs)，這些基本慾望就是顧客購買產品的「動機」(Motivation)。心理學者馬斯洛 (Maslow) 所提出之「人類慾望層次」(Hierarchy of Human Needs) 之理論，可以用來解釋消費者為何要購買特定產品。反言之，任何產品推出市場之前，必須先分析及預測，此產品可以滿足消費者的某一種慾望，方有勝算之把握，否則遲早必敗無疑。

馬斯洛在 1954 年出版《動機與人格》(*Motivation and Personality*) 一書，認為人類所追求滿足之慾望可依優先順序排列成五層次關係，亦即第一層次優先於第二層次，第二層次優先於第三層次，餘類推。譬如一個飢餓的人 (具有追求滿足第一層生理慾望者)，不可能對藝術生活 (具有追求滿足第五層慾望者) 有興趣，也不會在乎別人對他的看法之同意與否 (具有追求滿足第三層或第四層慾望者)。馬斯洛的五

層人類慾望可再大分為三類：軀體慾望類、社會慾望類，及心理慾望類。

1. 軀體慾望 (Physical Needs) 類

即是佛學所說之三界天人（指慾界、色界及無色界）中之「慾界」色身慾望類。

⑴生理慾望 (Physiological Needs) ── 人類與其他動物一樣，首先追求生存之根本目的，力求消除飢餓、口渴、護體、睡眠、性煩躁等威脅，這些都是和色身軀體（即臭皮囊）有關的維生慾望。

⑵安全慾望 (Safety Needs) ── 人類在追求生存慾望之後，會再追求維持色身實體長久生存之慾望，此種謀求長久生存之慾望，原來在餓渴掙扎中常被遺忘，只等不餓不渴之後，才又發生出來的新慾望。

2. 社會慾望 (Social Needs) 類

即佛學三界天人分類中之「色界」慾望，只觀五顏十色，不接觸軀體。

⑴合群歸屬感及愛慕慾望 (Social Belongingness and Love) ── 即爭取組成家庭及歸屬為社會團體之一員，並成為重要之組成分子，領導該團體，成為受愛慕之對象。

⑵尊敬及地位慾望 (Esteem and Status) ── 即爭取較他人為高的職位（自尊），有異於他人，及支配他人，獲得名望，受他人尊敬之慾望。

3. 心理慾望 (Psychological Needs) 類

即佛學三界天人中之「無色界」慾望，不著身，不著色，只在自我意念。

自我實現慾望 (Self-Actualization) ── 即爭取自由發揮個人潛力，不受拘束，有所成就，被別人承認有獨特表現，形成自己完整價值體系之慾望。

解釋購買動機 (Buying Motivation) 之其他觀念性模式有四：第一為馬歇爾 (Marshallian) 模式，強調經濟成本利益動機 (Economic Benefits)；第二為巴夫羅夫 (Pavlovian) 模式，強調個人長久學習過程之心得 (Learning Process)；第三為佛洛伊德 (Freudian) 模式，強調個人心理動機之分析 (Psychological Motives)；第四為維布雷寧 (Veblenian) 模式，強調群體社會心理的影響因素 (Social-Group Psychology)。這些模式代表不同學者對人類主要購買動機及消費行為的絕大不同看法。由於眾多產品之差異，所以不同的影響變數和行為方式，可能對不同場合之行銷策略應用方式，顯得特別重要。由於篇幅關係，不擬在此詳述。

四、消費購買之人員 (Organization—Who)

消費購買之人與其家庭生命週期 (Family Life-Cycle) 階段及購買者所扮演之角

色 (Role) 有密切關係。

美國密西根大學調查研究中心 (Survey Research Center) 把家庭從組成到解散之過程劃分為七個階段，每一階段反映不同之需要、興趣、及負責購買之人員。此七階段為：

⑴單身階段 (Bachelor Stage)。

⑵新婚階段 (Newly Married)。

⑶滿巢一階 (Full-Nest I) ── 最大小孩在 6 歲以下。

⑷滿巢二階 (Full-Nest II) ── 最大小孩在 6 歲以上。

⑸滿巢三階 (Full-Nest III) ── 孩子尚未完全獨立 (18 歲為投票資格，獨立行使政治權)。

⑹空巢階段 (Empty Nest) ── 孩子皆已獨立，不與父母同住。

⑺鰥寡階段 (Widow Stage)：夫妻中已有一人死亡。

在不同家庭生命週期中，每個成員在購買過程中，可能扮演不同之角色，因而影響某特定產品及品牌之選定。購買過程中之五種角色為：

⑴發起者 (Initiator) ── 首先提出購買意見者。

⑵影響者 (Influencer) ── 附議者及有形或無形影響最後購買者。

⑶決定者 (Decider) ── 決定是否買或如何買者。

⑷購買者 (Purchaser) ── 到實地去購買者。

⑸使用者 (User) ── 實地享受或使用者。

無疑地，不同產品之真正決定者常因家庭成員之不同而異，行銷研究人員應先分析清楚，方能針對真正決定者施以推廣力量。

五、消費購買之行為過程 (Operations－How)

以上舉出各學者所主張之模式，都企圖解釋消費者購買行為中一向未為人知之「黑盒」(Black Box)，但是都不夠完整。因此，近年來不斷有學者努力將有關之理論予以整合，其中以哈華特和希斯 (Howard-Sheth) 模式最為普遍知曉，故簡述於下：

在基本上，H-S 模式 (見圖 1–4) 乃源自「刺激－反應」(Stimuli-Response) 模式。在消費者接受「刺激」或「投入變數」(Input Variables) 方面，他們區分為三種性質：第一種為實體刺激 (Physical Stimuli) ── 或稱其為「重要刺激」(Significative Stimuli)，即特定廠商及其競爭者對顧客所實施之實際行銷組合手段 (Physical Marketing-Mix Aspects)，例如產品品質、價格、服務……等。第二種為象徵刺激 (Symbolic Stim-

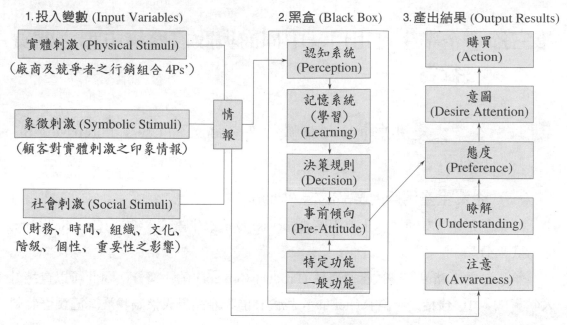

圖1–4　哈華特—希斯購買行為過程模式簡化圖 (Howard-Sheth Simplified Model of Buying Behavior)

uli)，即為消費者對上述實體刺激所留下之印象情報 (Image Information)。第三種為社會刺激 (Social Stimuli)，指消費者所得之情報來自其他社會群體，如家庭成員及參考群體所給予之情報。這些因素代表來自購買行為之「黑盒」以外之投入變數。

　　這些情報首先進入消費者「黑盒」內之「認知子系統」(Perceptual Subsystem)。此等情報進入後，究竟將產生何種作用，則要看這位消費者對這些情報之注意 (Attention) 程度，這些情報本身之清晰 (Clearness) 程度，以及他對所獲得情報之成見 (Bias) 而定。

　　透過認知子系統以後，便是「學習子系統」(Learning Subsystem)。進入學習子系統之情報可能引發他的動機及其他行動，如果動機反應相當強烈，但尚感情報不足時，這人將會主動尋求更多的有用情報，有助於形成他對此特定品牌之瞭解程度，供給「決策標準」(Decision Criteria) 之評估素材，導致他對於產品品牌之好惡態度。這種基本好惡態度，再加上對品牌的看法，將影響他對某一品牌之購買「意圖」(Intention)、「企求」(Desire)。

　　從「意圖」更進一步，便可產生「購買」行為 (Action)，成為可由外界觀察到之銷售 (Sales)「反應」了。

第三節　企業生產用戶、中間商與政府機構市場之購買行為

■一、企業生產用戶市場之購買行為 (Industrial Users' Purchasing Behavior)

（一）企業生產用戶的產品認定 (What)

工業品通常以如何進入生產程序 (Process) 及成為生產成本結構 (Cost-Structure) 之方式來分類。

第一類的工業品可變成實質產品 (Product Content) 的一部分，因此可以直接計入銷貨成本中。包括⑴原料 (Materials)，指農林漁牧產品及天然礦物及⑵已製好物料及零組件 (Processed Materials and Parts and Components)。

第二類的工業品是屬於資本財 (Capital Goods)，可分成兩種：⑴機器設備 (Machines and Equipment)，指建築物和固定機器設備；⑵輔助設施 (Supporting Equipment)。

第三類的工業品是材料及勞務 (Supplies and Services)，它們並不進入產品製造中，而只在幫助加工過程的那段時間被消費掉。

（二）企業生產用戶購買的目的 (Why)

企業生產用戶購買產品及勞務雖有不同種類，但是都是為了獲取最終利潤，或應付生產過程所需。因此，他們所關心的是在一定成本下使績效最大，或在達成預定目標（功能）之下，使成本最低。他們購買工業品不為自己消費享受，而是為了再利用它們去賺錢。

（三）企業生產用戶的購買組織（參與人員）(Who)

企業購買人員之組織型態變化很大，少至小廠商，僅由一、兩個人負責採購功能。多至大公司，由採購副總裁領導的龐大集權式採購部門負責。因此，對工業行銷人員 (Industrial Marketing Men) 的挑戰，乃在於詳細評定工業用戶採購之組織結構，各參與人員之影響力，以及作業程序，以決定一個最有效的方式直接找到這些人，並且提出一個吸引人的供應建議書。

（四）企業生產用戶的採購行為 (How)

企業採購可以分成三種不同的購買情況，即⑴「新購」(New Buy)；⑵「修正重

購」(Modified Rebuy)；及(3)「直接重購」(Straight Rebuy)。「新購」代表最複雜的購買情況，包括很多位公司決策者及購買影響因素。

　　企業採購的另一種極端情況是「直接重購」，它通常由滿意的採購部門以「年度統一採購」合同及隨時叫貨之例行手續進行。「修正重購」之問題陌生度、情報需求度、可行方案數目等恰介於另二者之間。「修正重購」指第一次「新購」尚稱滿意，但要再修正條件，再行議價，才再購買。數次「修正重購」皆感滿意後，才會進入「直接重購」之階段，代表雙方互信互利。

　　此外，吾人可將工業購買作業程序，分成八個購買階段以供分析：(1)確認問題；(2)決定所需產品；(3)描述所需產品之規格及數量；(4)調查可能供應商來源及資格；(5)報價書之徵求及分析；(6)評估及選出優先供應商；(7)進行正式訂購手續；(8)衡量採購績效及滿意度。

　　在「直接重購」情況下，各購買階段以例行方式進行得很快，而在「新購」情況下各階段就進行得很慢。

　　臺灣的高科技產業（電子、電腦、通訊、光電），常是美、日、歐大廠的零配件及成品供應商。歐、美、日品牌大廠向臺灣代工廠下單的購買情況，就是典型的企業採購行為，臺灣代工廠爭取歐、美、日品牌大廠之「新購」、「修正重購」、及「直接重購」，各有一本難念的辛苦經。

二、中間商市場之購買行為 (Middlemen's Purchasing Behavior)

(一) 中間商購買的產品 (What)

　　每一中間商（經銷商、代理商、批發商、零售商）都面臨著如何決定其特殊產品搭配 (Assortment) 的問題，亦即在市場上所提供的商品及勞務的組合。批發商或零售商有四種產品搭配策略可供選擇：

　　(1)獨家搭配：即只銷售一家廠商供應的「產品線」，如名牌手錶、名牌化粧品經銷商。

　　(2)深度搭配：即銷售許多廠商提供的同類產品，如百貨公司經銷所有大小品牌貨品。

　　(3)廣泛搭配：即銷售的產品種類極為廣泛，但這些產品仍包含在中間商的原定營業範圍內。

　　(4)混雜搭配：即銷售各種互不相關的產品，產品種類高達三萬項以上，如威名、大潤發、家樂福量販會儲購物中心。

（二）中間商購買的目的 (Why)

中間商猶如生產者，其購買是為了再賣出去，賺取利潤。基本上，所有中間商必須善於應用「低」價購入，而「高」價賣出之生意原則。在二十一世紀，資訊網路發達，批發中間商逐漸消失，零售中間商連鎖大型化替代之，低價採購，低利賣出成為成功模式。

（三）中間商購買的參與人員 (Who)

批發商與零售商採購組織中之參與人員，多寡不一。在小公司內，商品的選擇與採購可能一人負責，而同時此人尚負有其他工作。在大的中間商組織中，商品採購 (Merchandising) 是一重要功能，而為專任工作。在連鎖百貨公司、連鎖超級市場、連鎖藥品批發商、連鎖便利商店及連鎖大型量販店體系內，都以不同方式從事大量採購。

（四）中間商的採購作業 (How)

中間商採購作業之執行方法因其採購情況而異。通常可分為三種情況。第一類是「新產品」(New-Items) 情況，即中間商面臨是否接受新商品之決策問題。第二類是「最佳賣家」(Best-Vendor) 情況，即當中間商瞭解其所需之商品後，仍須決定最佳供應商。第三類是「較佳條件」(Better-Term) 情況，即中間商欲從現有供應商中選擇條件最優惠者，他雖並不迫切希望變換其供應商，但是希望能自原供應商處獲得更有利的條件。在大型零售連鎖體系內，商品採購作業已成為成敗三大因素之一。此三大因素，第一為商品採購 (Merchandising)，第二為店面管理，第三為資訊科技 (Information Technology)。商品採購作業電腦化及商品流動率自動報告系統，提供每一個星期檢討每一商品採購決策所需之資訊情報，取捨決定甚為快速及無人情味。

三、政府機構市場之購買行為 (Government's Purchasing Behavior)

（一）政府機構採購的產品 (What)

政府機構在實際上採購每樣東西，譬如武器、雕刻品、黑板、家具、衛生用品、衣物、物料處理設施、滅火器、汽車設備、燃料、研究發展等等。政府機構對每一生產者或中間商而言，都是一個廣大的市場。

（二）政府採購者所追求的目標 (Why)

政府機構的採購目的並不是為了個人消費的滿足或賺取利潤，其購買某一商品或勞務之水準或組合，是為了維護社會的安全及健全運轉。

（三）政府採購的組織 (Who)

政府每個部門對於財貨之購買都有一些影響或權力,而每個單位對於賣方而言,都是代表一個潛在的目標。

政府採購組織可分為軍事及非軍事兩類。軍事採購由聯勤總部及各供應司令部主管,各駐軍單位亦可辦理零星式之購買。非軍事採購則由各級機構,依照行政院公共工程採購委員會之公開招標規定,進行採購,並受審計稽核辦法約束。至於對外採購常透過中央信託局代理。在美國則有軍事及一般採購團代為辦理。

（四）政府採購的作業 (How)

政府採購程序可以分成兩大類：⑴公開競標和⑵議價合約。兩者皆強調採購的競爭性。公開競標之購買方式意指政府機構之採購單位先評估採購內容、規格、數量等等條件,再邀請夠資格的供應商前來參加投標,並常與投最低標的供應商簽訂合同。在網際網路時代,很多政府機構之採購信息都在網路上公告,也可在網路上投標及決標。

在議價合約購買方法方面,政府採購人員僅能與在公開招標中得最低標之少數公司直接議訂。此法常發生在複雜的工程方案,其價格通常還包括重要的研究發展成本以及風險。

第四節　市場區隔策略 (Market Segmentation)

市場行銷導向觀念在實際應用上有一基本問題必須解決,這就是在現實社會中,並沒有單一典型或標準化的顧客,可以作為企業服務的對象,使企業在從事行銷規劃時,可以拿這麼一位顧客作為選擇策略之依據。依顧客行為研究 (Customer Behavior Research),不同的顧客（包括消費者和工業用戶在內）往往在購買動機、偏好及習慣方面,存有極為顯著的差異。所以,行銷管理者將面臨一個極大的困難,他究竟應以何人之行為作為行銷策略設計之依據呢？

為解決這一問題,學者遂提出「市場區隔化」(Market Segmentation) 的觀念,即承認市場具有「異質性」(Heterogeneity),企圖發掘出其間歧異及相關因素,藉以將一個紛歧錯綜性質的市場,區隔為若干比較同質 (Homogeneity) 之小市場,使各小市場 (Submarkets) 具有較為單純的性質,俾供廠商作為釐訂行銷計劃的對象基礎,增加行銷效能。

這一「市場區隔化」之觀念,最先係由史密斯 (Wendell R. Smith) 所提出。今天

已為所有行銷學者所接受，幾乎任何人只要一談起行銷管理，就無法不涉及「市場區隔化」問題。

目前所遇到之困難，存在於實際應用上：第一、如何進行市場顧客之調查分析研究，作充分瞭解；第二、如何將某一產品之異質性市場區隔為適當之同質小市場 (Segmentation)；第三、即使能做到這一點，又如何能從中選擇一個作為企業之目標市場 (Target Market)；第四、就所選擇之目標市場而言，應如何定位自己的產品 (Product Positioning)；第五、應如何設計出有效之行銷策略組合 (Marketing Strategy-Mix) 以把握此一市場？換言之，這一連串的工作要點是：市場研究 (Market Research) → 市場區隔 (Market Segmentation) →「目標」市場 (Target Market) →產品「定位」(Product Positioning) →行銷策略「組合」(Marketing-Mix)。簡化為：MR → S → T → P → 4P 五步驟。

一、市場區隔化的歷史背景 (History of Market Segmentation)

分析市場發展的趨勢，頗符合一般所稱「分久必合，合久必分」的規律。百年以前小規模生產時期，尤其是手工生產時期中，每一生產者只能供應他附近少數顧客的需要，這個時期的市場本質是割裂的——也就是屬於「分」的時期。

但隨著工業革命帶來了大規模生產技術，使單位生產成本大為降低，可是也需要有大規模市場來吸收大量生產的產品，於是一個生產者所賴以生存之市場範圍擴大化，出現了「大量市場」(Mass Market) 和「大量生產」(Mass Production) 相互配合的現象。在這時期中，生產者必須使其產品規格標準化 (Standardization)，以適合大量市場的需要，同時亦有賴於「大眾傳播媒體」(Mass Communication Media) 和大量市場保持聯繫接觸，這時的市場可說是「合」的時代。

但是，自 1980 年代以來，市場狀況似乎又朝相反方向發展。由於市場更形擴大，顧客購買能力不斷提高，所需要的產品和服務的種類和數量，已超過某一廠家最低經濟生產規模程度，尤其群組生產技術 (Group Technology) 和電子計算機 (Computer) 之進步，可以用不同群組零件裝配成不同規格之成品，符合不同口味之市場需求，如戴爾電腦公司在電子商務上，允許客戶自選配件，組成不同成品。所以市場之規模又趨小型而多樣化。這種由「分」而「合」，由「合」而「分」的發展趨勢，正代表了人類不斷追求低成本和滿足不同新慾望之相互作用的結果。實言之，市場需要數量與生產技術水準兩因素在這中間扮演了決定性的角色。電腦輔助設計 (Computer-Aided Design, CAD)，電腦輔助生產 (Computer-Aided Manufacturing, CAM)，彈性

製造系統 (Flexible Manufacturing Systems)，網際網路電腦下單裝配 (Internet-Order-ing) 等等，已經使市場區隔化極度發揮作用。

二、區隔標準之選擇 (Segmentation Criteria)

市場區隔策略所根據的假定是整個大市場具有多元性。用以分隔大市場之區隔標準是否適當，則視區隔後之各「次級市場」(Submarkets) 是否有不同之需要彈性。

從實用之觀點，要將行銷策略 (4P) 建立在某一市場區隔之上，必須符合下列三點條件：

⑴可衡量性 (Measurability)：此即根據這一標準，能夠具體而準確地將顧客予以數量性區分，同時所需成本不可過昂。

⑵可接近性 (Accessibility)：此即經區隔化後之各次級市場，可分別經由不同之通路或媒體接近，以供應適合之產品或信息。否則，即使已確知這些次級市場存在，也無法設計不同的行銷策略去獲取它。

⑶足量性 (Substantiality)：此即經區隔化後之各次級市場，必須有足夠的需要量，方值得針對此等市場發展專門策略。

在實際上可供使用之市場區隔變數甚多，有地理變數，人口變數，心理變數，購買行為變數，產品定位變數等等，可彙編成表 1–1：

表 1–1　市場區隔可用之變數

1. 地理變數 (Geographical Variables)	地區、縣市規模、人口密度、氣候。
2. 人口變數 (Demographical Variables)	年齡、性別、家庭人數、家庭生命週期、所得、職業、教育、宗教、社會階層等。
3. 心理變數 (Psychological Variables)	內向或外向，專橫或隨和，依賴或獨立，保守或激進，專制或民主……等。
4. 購買行為變數 (Buying Behavior Variables)	使用率、購買行為發展階段、追求利益性質、品牌忠誠度……等。
5. 產品定位變數 (Product Positioning Variables)	此乃一最新發展之變數，即根據顧客對於不同品牌所提供之「相似」或「偏好」資料，利用「非計量多元尺度化」(Non-metric Multivariate Scaling) 方法，發現顧客心目中所依據之潛在產品屬性。凡對於各牌產品有類似知覺，或有接近的理想點者，即可視為屬於同一區隔或次級市場。

第五節　產品策略 (Product Strategy)

產品策略 (Product Strategy) 是行銷策略組合 4P 中的第一要素 (第一 P)，它會影響到價格 (第二 P)、推廣 (第三 P) 及配銷 (第四 P) 策略。通常而言，廠商或中間商在設定產品策略時，首先考慮到的為整個「產品組合」(Product-Mix)。而產品組合可從兩方面來看：第一，從時間方面言，配合特定產品在市場不同發展階段，而有所謂「產品生命週期」(Product Life Cycle, PLC) 之管理。第二，從組成結構方面言，有所謂「產品種類」或「產品線」(Product-Line) 之管理。茲分述於下：

一、產品生命週期之觀念 (Concept of Product-Life Cycle, PLC)

當新產品上市後，隨著時間進展，其銷售量值及利潤之增減速度，隨著市場競爭地位，以及顧客接受程度，表現出由低而高，再由高低之特殊變化性質。一般常將這一過程區分為五階段：⑴上市 (Introduction) 階段，⑵成長 (Growth) 階段，⑶成熟 (Maturity) 階段，⑷衰退 (Decline) 階段，及⑸淘汰 (Drop) 階段。自企業觀點而言，上市之各種產品，不斷各自重複經過這些階段，正如人類不斷經歷出生、幼兒、少年、青年、壯年 (成年)、老年、死亡等生命階段，所以稱之為「產品生命週期」，如圖 1-5 所示。

隨著生命週期階段之不同，公司所採之行銷策略亦隨之而異。

1. 新品上市階段 (Introduction Stage)

這時銷售數量有限，但公司卻需投下大量人力財力於各種推廣活動，例如：⑴擴大知名度，教育可能顧客，以擴大產品之基本需求 (Primary Demand)；⑵誘使顧客試用這一產品；⑶爭取配銷通路之支持……等等。此時產品利潤為負，正如父母養育幼兒，投入甚大心血，但幼兒並無報答可言。

在這一階段內，產品型式及項目較少，配銷通路傾向於高度選擇性，定價也較高等，這些都是這一階段內行銷策略之特色。

2. 成長階段 (Growth Stage)

在這一階段內，產品銷量迅速擴增，活力十足，正如青年人一樣。潛在顧客對於產品之瞭解程度及接受程度，也大為增加，不過競爭者可能也出現，參加市場爭奪行列。這時公司所採策略，在產品方面，應增加產品項目及型式，在推廣方面逐漸移向大量推廣 (Mass Promotion) 方式，以培養顧客對品牌之好感及信心；在配銷

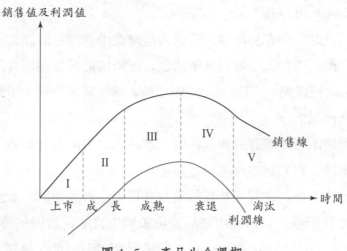

圖 1-5 產品生命週期

網方面亦隨市場擴大而深入普遍化；在價格方面，可能必須考慮減低，以對付競爭者及吸引較低所得之新顧客。

3. 成熟階段 (Maturity Stage)

在這時期，產品銷售量成長速度大為減緩，以至於停滯，正如成年人不再成長一樣。此時，市場上最主要的特色是競爭白熱化，因此公司必須利用所有行銷手段對抗競爭，以保持自己的市場地位。所採產品策略，如產品差異化 (Product Differentiation) 和產品改良 (Product Improvement) 等，以期區隔大市場，成為本公司可以壟斷之小市場。產品「創新」策略在本階段就應開始引進，以對付群攻而來之「跟隨競爭者」(Follow-Competitors)。

不過此階段對於推廣預算之控制，反較嚴格，深恐由於市場飽和，所增加之銷售量極為有限，反而得不償失。在價格方面亦開始大量降低，漸漸接近成本，而種種贈品及減價行動亦多利用。在配銷方面，企業則以減低顧客購買時之「方便成本」(Convenience Costs) ── 而非「產品成本」── 來爭取購買，所以配銷通路更為深入化及普及化。

4. 衰退階段 (Decline Stage)

這是和成長階段相對立的階段，此時產品銷量減少，產品種類逐漸減少，正如老人活力減退一樣，所以推廣費用大量削減，競爭者亦因無利可圖而紛紛退出行列。不過有些耐力較強之廠商把握這一時機，建立顧客之忠誠心 (Loyalty)，反而在銷售和利潤方面均有收穫。假若公司的新產品「創新」成功，則可在衰退期中正式「上市」，創造新的另一生命週期。

5.淘汰階段 (Drop Stage)

嚴格來說，此非一個單獨階段，而是衰退階段中之某一時點，正如一個人衰老以至死亡一樣，此一時點須由管理者所決定，而構成產品策略組合計劃中很重要的一項決策（產品剔減策略）。如果這一決策正確，將可釋放公司大量資源轉而發展其他更有希望之新產品。

以上僅扼要說明行銷管理者如何利用「產品生命週期」之理論構架，發展及採用不同之行銷策略，以適應市場環境之變化。

不過，在另一方面，公司之積極行銷者亦可藉由行銷手段，改變某特定產品之生命週期之長度及形狀，譬如經由產品改良策略之實施，改變品牌 (Brand)、式樣 (Style)、品質 (Quality)、包裝 (Package)、保證服務 (Warranty) 等等，可以創造第二生命週期。時至今日，「產品生命週期」之觀念已成為行銷管理者普遍之重要觀念。

二、產品種類或產品線 (Product-Lines) 之管理

對於產品之管理，不能以個別「產品項目」(Product-Items) 為單位，而求其最大利潤，因為如此所得者，將只是一種「次佳」或「部分最佳」(Sub-Optimization) 的結果；反之，應全盤考慮所有產品種類及項目之組合，方能求得「全部最佳」(Optimization)。

自一企業整體而言，其所有產品構成該企業之「產品組合」。而此「產品組合」有其「廣度」(Width) 和「深度」(Depth) 之基本結構。

產品組合之「廣度」，係指一公司所行銷產品種類或產品線多少，多者為廣，少者為狹，所謂「產品線」，意指產品之大類別，一大類別即為一線，二大類別即為二線，三大類別即為三線，餘類推，像奇異 (GE) 公司就有九大產品戰略事業線，台塑集團就有七大戰略事業線等等。產品組合之「深度」，係指一公司所行銷各種產品種類線內之平均項目多少，多者為深，少者為淺。一公司之產品在理論上，應有一最佳之廣度與深度組合。在產品線 (Product-Lines) 之管理方面有下列幾種重要策略：

1.擴增產品 (Product-Addition) 之策略

指增加現有產品組合之廣度和深度。採取此策略之目的，是實施多角化 (Diversification) 經營，以充分利用公司現有生產設備、技術、品牌商譽及行銷設施，或爭取某些要求完整產品線 (Full Product Line) 之經銷商等。

2.減縮產品 (Product-Deletion) 之策略

這是和上述者相反方向之策略，將現有之產品線或產品項目廢棄，藉以減低生

產成本、配銷成本，提高利潤，有效利用公司資源，尤其管理人員之寶貴時間等。

3. 高級化 (Trading-Up) 之策略

指有系統地逐漸增加某特定產品線中較高級之產品項目，並且也將價格標高，以提高整個公司產品線之威望，創造高級品印象，攻取較高所得之區隔市場，並可配合整個市場購買力之提高，把握購買者本身之改變趨勢。

4. 普及化 (Trading-Down) 之策略

這是和上述相反之策略，有系統地推出較便宜之產品項目，以爭取較低所得之市場區隔，也可配合產品生命週期，由上市時期進入成長時期，增加低價項目產品，以供應更為廣大之市場需要。

5. 發展產品新用途 (New-Use) 之策略

即增加現有產品新用途，並教育顧客，使其接受，以增加銷量和利潤。

除了以上產品廣度及深度之特性外，有些學者還提出有產品線「一致性」(Consistence) 之問題，指公司各產品線之間，在最後用途，生產條件，及配銷通路等方面之相近程度的高低。依杜魯克所稱，如果各產品線之間的一致性愈高，則這企業愈易成功。杜氏以為一企業之「一致性」可建立在二個基礎上：一是其共同的市場，另一是共同之技術。二者中，一致性建立在前一基礎上者，更易成功。

三、產品品牌策略 (Branding Strategy)

除了決定產品組合外，生產廠商還會遭遇一些關於品牌決策 (Branding) 的難題。其第一個問題為是否要在產品上加品牌名稱 (Yes vs. No Brand Name)？第二個問題是此品牌應屬於「廠商」名稱或「經銷商」名稱 (Manufacturing vs. Retailing Branding)？第三個問題是該牌名應採用「單一」、「數個」，或「許多」個別名稱（即「個別」品牌或「家族」品牌）(Individual vs. Family Branding)？

所謂「品牌」(Brand) 是指用來代表某一個廠商或某一銷售者之產品或勞務，以與競爭者相區別之產品名稱 (Product-Name)、術語 (Term)、記號 (Sign)、符號 (Symbol) 或設計 (Design) 或上述之組合。

品牌具有多方面之行銷功能。自產品規劃方面來說，品牌構成產品之一部分，有助於產品印象 (Product-Image) 之塑造；自配銷方面來說，由於它具有辨認作用，可以利用自助銷售 (Automatic Vending) 之過路；自定價方面而言，品牌形成之知名度，對於提高定價具有有利之影響；再自推廣方面言，品牌乃大量推銷 (Mass Selling) 及店頭購買點推銷 (Point-of-Purchase) 所不可缺乏之條件。以下介紹品牌決策之要點：

（一）品牌決策 (Branding Decisions)

1. 有品牌與無品牌之策略 (Yes vs. No Brand Name)

採用「有品牌」策略之好處有許多，譬如(1)為了鑑別目的，使每一產品有一個牌號，以便簡化處理與追查手續（即自行鑑別作用）；(2)提供產品法定之商標 (Trade-Mark) 及專利 (Patent) 名稱，以保護該產品之特性，以免被他人仿造（即保護作用）；(3)可暗示一些本產品所提供之特色，使購買者易於辨認並重複購買，（即顧客鑑別作用）；(4)可利用牌名賦予產品特殊之歷史背景及特色，以創造差別取價之機會（即取價作用）。

以美國為例，在 1890 年代，全國性廠商及全國性廣告媒體出現之後，品牌術發展得很快，在目前美國幾乎沒有一樣出售的東西沒有品牌。但在臺灣，因內銷市場很小，產品外銷也都是被歐、美、日大廠商所代工訂購，為他人作嫁沒有名牌，所以很難建立品牌行銷於世界市場。但到中國大陸市場，因市場容量大，臺灣產品就容易打出自己的品牌。

2. 製造者品牌或經銷商品牌之決策 (Manufacturing Branding or Retailing Branding)

生產者為其產品取品牌名稱時，可用自己名字（即製造者品牌），或用經銷商之名字（即經銷商品牌），或採取混合之政策。至於採用何者較適當，必須考慮公司長期目標及能力與經銷商之要求情況、交涉力量 (Power) 及衝突 (Conflict) 處理能力等問題，方能做出最佳之決策。通常由能力強的通路領袖掛品牌領軍作戰。

3. 家族品牌或單獨品牌之決策 (Family Branding or Individual Branding)

若生產者決定以自己名稱作為產品之品牌時，仍須面對許多種替代方案，做出決定。此替代方案有：(1)「個別品牌」(Individual Brand Name)：即同一廠商之不同產品或甚至同一產品採用不同品牌；(2)「單一家族品牌」(A Blanket Family Brand Name for all Products)：即一公司所生產之產品皆用同一品牌，如大同公司所產銷之眾多產品，皆用「大同」牌，GE 公司之產品皆用 GE 牌，IBM 公司產品皆用 IBM 牌；(3)「分類家族品牌」(Separate Family Brand Name)：即一公司使用數個品牌來標示不同產品類別之產品項目 (Items)，如美國施樂百公司 (Sears Roebuck) 用 Kenmore 來標示所有廚房用具，用 Kerrybrook 來標示所有婦女衣物，用 Homart 來標示所有家庭設備品。(4)公司名稱與個別產品名稱同用 (Company Name Combined with Individual Product Names)，即在每種產品名稱前加掛公司之名稱，例如以前的「三洋媽媽樂洗衣機」、「聲寶拿破崙電視機」等等。

個別品牌策略之主要優點在於公司原有之信譽，不必受新產品是否被顧客接受之影響。如果該新產品失敗，對製造者原有產品不會有壞的影響，若新產品之品質稍劣，亦不會影響公司其他品質較佳產品之信譽。另一個優點是新的品牌可以建立新鮮的刺激及信譽，引起人們對公司研究發展能力之信心。美國寶鹼 (Procter & Gamble) 公司對每件新清潔劑都建立新牌名，其部分原因是想對消費者造成科學性突破之印象。

與個別品牌相反的策略即對所有產品使用一個家族品牌。如果製造廠願意花下成本維持品質水準，則採此策略甚有好處。第一、它所推出新產品之單位成本必然較低，因為它不需研訂新名稱，而且不必特別支付廣告費用，即可分享原有產品已建立之良好知名度及信譽。第二、大哥（指現有產品）已經建立之市場好名聲，馬上可以套用到小弟（指新產品）身上，搭「順風車」，輕鬆又愉快。此法既簡單，同時反應又快，常為一般人所喜用。

當一個公司生產或銷售完全不同類型之產品時，可能不適於採用單一家族品牌策略，因此 Swift 公司生產火腿與肥料時，便使用分類家族品牌，以免兩者混淆，互相侵害印象。米第傑生 (Mead Johnson) 公司發展一種增胖劑時，就創造了一個新的家族品牌叫 Nutriment，以避免與其原有減肥劑家族品牌 Metrecal 相混淆。

最後，有些製造商常把公司名稱加於每一產品之個別品牌上，在此情況下，公司名稱常是經過登記而受法律保護，但個別產品名稱則眾人皆可用，如總源沙拉油中之「總源」為公司名稱，「沙拉油」則為人人可用之產品名稱。但使用此策略亦有風險，因為新產品與公司名稱間有密切相連，若萬一上市失敗，對其他產品亦有連帶影響。

（二）特別品牌策略 (Special Branding Strategies)

除上述以外，我們尚可討論二個特別的策略，即「品牌延伸」策略及「多品牌」策略。

1. 品牌延伸 (Brand Extension) 策略

所謂品牌延伸策略是指改良品或新產品使用一個已成功之品牌，例如「傷風克」已相當成功，則其改良品可用「新」傷風克。品牌延伸之範圍可包括新包裝，新數（重）量，新口味及新式樣等等之引介，最有趣的情況是使用已成功之牌名來推出新產品，例如「黑松」汽水已成功，再用其推出「黑松」可樂、「黑松」沙士。波音

飛機公司出品 Boeing 707 之後，又連續推出 Boeing 727, Boeing 737, Boeing 747, Boeing 747–SP 等等，都是品牌延伸術之應用。

另一種採用品牌延伸策略之場合，是推出同品質但較簡略外形之廉價耐用品，例如：早期施樂百曾廣告「99 美元起買一部冷氣機」、通用汽車公司曾廣告「雪佛蘭一部 2,200 美元」，2002 年上海大眾汽車廣告 Polo 汽車每部 10 萬人民幣。此三例是一種低價之廣告措施，先吸引顧客到公司來，讓他們有機會看到更好之產品型態或規格，促使他們決定購買較高價 (Trade Up) 之產品。

2. 多品牌 (Multibrand) 策略

所謂多品牌策略是指一個產品擁有二個或二個以上之品牌，彼此在市場上互相競爭。製造商們採取此策略之第一個理由是「派出多人佔多位置」，因為在全國性的超級市場競爭相當劇烈，大家希望每一品牌可以在經銷商之貨架上佔有一位子，所以推出的品牌愈多時，就能佔有愈多之空間，吸引顧客之注意力，影響所至，亦使競爭者所能佔到的位子也相對地減少。

第二個理由是「網住購買者」，因為許多購買者並不絕對忠實於某一個特定品牌，只要在適當的環境，他們就會嘗試其他品牌，所以多推出一些品牌，正可網住這些游離不定的購買者。

第三個理由是「自我激勵」，因為創設新品牌能在公司之組織內部引起刺激與興奮，並增進員工們之效率。

第四個理由是「涵蓋不同市場區隔」，因為多品牌策略可使公司在不同市場上吸引不同特性之顧客，使公司同時獲利。

四、新產品發展策略 (New Product Development Strategy)

今日經營企業的人都已發現一項事實，在自由化、全球化、網路化、競爭化、顧客化之環境下，要達成事業求生存、求成長與求穩定三項基本目標，源源不斷推出合乎市場顧客需求之差異性新產品，幾乎是不可或缺的成功條件，換言之，「不斷創新」(Continuous Innovation) 是避免公司產品線「過時」(Obsolescence) 的唯一方法。小廠和大廠競爭，想成功的第一策略是「創新」，而大廠應付小廠競爭的第一策略也是「創新」，「創新」對「創新」，當然大廠會勝利。但大廠若不創新，就會被小廠趕過去。

然而「創新」是非常昂貴與冒險的 (High Cost and Risky) 活動，其主要的原因為：
第一、大多數能到達第四階段「發展階段」(Development Stage) 的產品構想

(Product-Ideas)，從未到達第六階段「商品化階段」(Commercialization Stage)。

第二、許多能到達第六階段「商品化階段」的產品並不一定行銷成功，即新產品上市 (New Product Introduction) 不成功，就夭折了。

第三、許多行銷成功一時的產品卻壽命短暫，即上市成功，成長也快，但不耐久，很快就衰退。

由於新產品發展對公司的永續生存及成長甚為重要,中國文化對家族延續有「不孝有三，無後為大」的說法。在企業經營方面，也有「無新產品，就無新生命」的說法，何況新生命出生，也很容易夭折，所以新產品發展策略已經成為二十一世紀企業高階管理者之注意焦點。

（一）新產品發展程序 (New Product Development Procedure)

一般而言，新產品在正式上市之前，已經歷一段發展時期，不過這時間可長可短，每隨產品不同而異，同時亦無一定必經之過程。但在多數情形下，自發生「產品構想」(Product Ideas) 以迄正式上市「商品化」(Commercialization) 為止，可能經歷⑴「構想發掘」、⑵「構想初步甄選」、⑶「商業分析」、⑷「工程設計發展」、⑸「市場試銷」及⑹「正式上市」或「商品化」等六個階段，茲說明如下：

1.構想發掘階段 (Idea Generation Stage)

一項新產品在開始時常常只是一個模糊的概念或構想，概念的來源可能有多方面，例如：顧客、中間商、推銷員、競爭者或者公司內部研究部門等，都可充任產品構想的來源者。

2.構想初步甄選階段 (Idea Screening Stage)

各種產品構想並非全是可行，為避免公司從事太多無謂的研究發展及浪費資金起見，必須對此等構想做初步選擇，將明顯無望者拋棄，只留下部分較有希望者，可能只剩下 50%。

3.商業分析階段 (Business Analysis Stage)

此時就那些較可行之產品構想擬定比較具體之評選計劃，當作一個新事業的雛形來看待，進行比較深入分析。在此分析中，公司當局應考慮：⑴此產品應具有之技術特性，⑵成本結構，⑶整體行銷計劃，⑷市場需要量及可能獲利量。經過此階段，留下的構想可能只剩 25%。

4.工程設計發展階段 (Engineering Development Stage)

此時由實驗室人員負責從工程技術觀點，將可行之產品構想，進行細部設計並做成具體之樣品模型，使能扮演真正產品之功能，作為內部意見試驗。經過此階段，

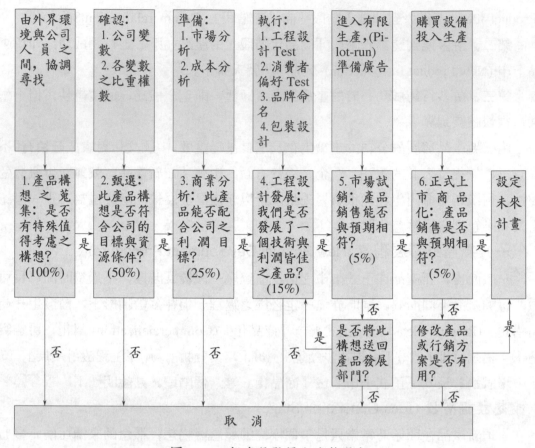

圖 1-6　新產品發展之決策過程

留下來的構想可能只剩 15%。

5. **市場試銷階段** (Market Test Stage)

　　就已設計發展完成之樣品，生產相當數量，進行產品試用或試銷，以觀察市場顧客之真正接受力及適當之行銷策略。經過此階段，留下的構想可能只剩 5%。

6. **正式上市或商品化階段** (Introduction or Commercialization Stage)

　　即將新產品正式大量生產，推出市場，實施大量推廣活動。圖 1-6 即為新產品發展之決策過程摘要圖。

（二）新產品之擴散及採用過程 (New Product Diffusion and Adoption Process)

　　當公司「創新」過程結束時 (即新產品發展過程結束)，即為消費者「採用」(Adoption) 過程的開始。此過程包括潛在的顧客(1)「認識」(Awareness) 新產品；(2)「試用」(Trial) 新產品；以及(3)最後「採用」或「拒絕」該新產品，它們涵蓋了產品生命週

期的上市「引介」(Introduction) 與快速「成長」(Growth) 兩階段。廠商所應處理的問題是充分瞭解此過程，以便設法提高早期知名度與試用率。

有關消費者採用過程之研究，在近年來已逐漸引起社會學家以及其他學者之興趣，以瞭解創新事物擴散 (Diffusion) 至社會各角落的一般過程。此類研究甚有助於我們瞭解各種影響新構想、新事物「接受率」(Rate of Acceptance) 之因素。

1. 創新與擴散之觀念 (Innovation and Diffusion)

所謂「創新」，泛指跳出「舊認知」的框架，跳入「新認知」的框架的行為，也是指創造出任何被人在主觀上「認為」(Perceived)「新」的有形或無形之事、物、或構想。因此，不論某事、某物或某構想，已在世界的甲角落存在多時，只要它未被乙角落的人們知曉，它就是乙角落人們心目中的「創新」。「創新」不一定是「發明」(Invention)，「發明」也不一定是「創新」。「發明」是科學名詞，「創新」是經濟學、社會學、管理學名詞。在二十世紀，「創新」是研發人員的專門工作，但在二十一世紀，「創新」一詞已經成為每個人口中的口頭用語，「不創新就淘汰」，人人要創新。

在某一特定社會中，任何「創新」物將會隨著時間，逐漸被社會制度所同化 (Socialization)，成為大眾認為理所當然之慣用「舊」物。所謂「擴散」過程，即指一新構想由其發明（或創造）本源，傳播至最終使用者（或採用者）所經歷之過程。「擴散」原指一新事物由一點擴大散布到其他更多點，等於「傳播」及「移轉」(Transfer)。所謂「採用」過程，係指個人由第一次聽到創新事物至最後採用它的心智過程。所謂「採用」本身乃是個人決定經常地使用某一創新品之「決策」。所謂「試用」只是好奇嘗試一下，並不決定經常使用。通常的情況是「試用」滿意後，才會決定「採用」。

2. 消費者採用過程 (Adoption Process) 之理論

我們可檢討一些研究人們如何接受新構想之重要結論：(1)「採用過程」之階段及(2)「創新性」之差異。

(1)人們採用過程之階段 (Process of Human Adoption)

第一種理論是「個別消費者之採用一新產品，乃是經過一連串接受階段之結果」。羅吉斯 (Rogers) 將這些階段分為下列名稱：

①認知 (Awareness)：指個人雖知道某一創新事物，但是仍缺乏有關之情報。

②興趣 (Interest)：指個人認知後尚受到有利刺激，有興趣、有意願尋找有關創新事物的情報。

③評價 (Evaluation)：指個人細心考慮是否值得花額外之錢去嘗試該創新事物。

④嘗試 (Trial)：指個人小規模地試用該創新物品，以改進對該效用之估計。

⑤採用 (Adoption)：指個人試用滿意，決定經常有規律地使用該創新事物。

⑵創新性之差異 (Difference of Innovative Adoption)

第二種理論指出「人們試用新產品的嗜好，彼此之間相去很大」，幾乎對每一產品而言，我們皆可發現個人之間有所謂「領導者」(Leader) 及「跟隨者」(Followers) 之分。按照「採用」時間遲早來劃分，我們可把消費者分成五類：如圖 1–7 所示。創新使用者就是「領導者」，其他的人都是「跟隨者」。

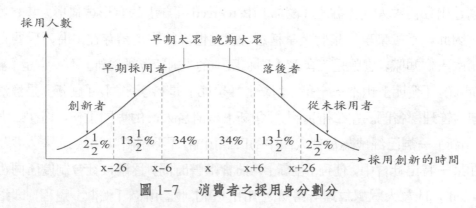

圖 1–7　消費者之採用身分劃分

所謂「創新者」(Innovators) 是指最先採納新構思的 $2\frac{1}{2}\%$ 人數。所謂「早期採用者」(Early Adoptor) 為其次之 $13\frac{1}{2}\%$，其次各有 34% 之「早期大眾」(Early Majority) 及「晚期大眾」(Late Majority)，其餘之 16% 為落後者 (Laggards) 及從未採用者，各約為 $13\frac{1}{2}\%$ 及 $2\frac{1}{2}\%$。

第六節　價格策略 (Pricing Strategy)

價格策略是行銷策略組合的第二要素，決定價格 (Price Determination) 乃是企業經營中基本決策之一種。對廠商而言，價格一方面決定企業之收入，另一方面，又為企業從事市場競爭之主要手段。企業提供商品或勞務所收取之價格，就是顧客之成本，所以價格之高低及合理程度，深切影響顧客之成本效益分析結果。

在經濟學裡曾探討不同市場結構類型下（如獨佔市場、寡頭壟斷市場、自由競爭市場等等）決定價格之理論，於此不擬贅述，這些經濟學之價格理論只在於確認「價格」與「需要」、「供給」、「成本」之一般性關係模型，而非真正決定及衡量特定數字及數量之關係，雖是如此，但實際負責定價者仍有瞭解這些價格理論之必要。

■ 一、定價之目標 (Pricing Objectives)

決定價格水準高低及其結構有下列主要目標:

⑴為爭取或適應某一特定區隔市場 (Segment Market) 之需要狀況,如購買能力及需求彈性。

⑵為改變顧客購買行為 (Buying Behavior),例如利用低價以誘導顧客放棄其原有品牌偏好;或調整價格,以影響顧客購買時間與地點;甚至故意提高價格使某些顧客望而卻步,達到反行銷 (Demarketing) 之效果。

⑶為達成一定之投資報酬率 (Return on Investment) 而定價。

⑷為保持廠商本身於一穩定水準 (Stability),因為價格係一最直接之競爭手段,競爭者相互間之地位關係,每受彼此價格水準之影響,故某些廠商乃利用定價以達到穩定之目的。

⑸為擴大或維持市場佔有率 (Marketshare) 而定價。

⑹為對抗或防止競爭者加入,利用價格以抵抗競爭者之壓力 (Anti-Competition)。

⑺為獲取最大利潤而定價 (Profit-Maximization)。

■ 二、定價策略 (Pricing Strategies)

在市場購買力可以接受的價格範圍內,究應採「偏高」(Higher) 或「偏低」(Lower) 之價格水準乃是定價策略之第一課題。這裡所謂之「偏高」或「偏低」乃與市場預期價格 (Expected Market Price) 相較而言。

(一) 高價策略 (High-Price Skimming Strategy)

一般又稱為「榨脂定價法」(Skimming-the-Cream Pricing) 或「漸降定價法」(Sliding Down the Demand Curve Pricing) 等。在此等策略下,價格水準之設定有意偏高,早日榨取可榨之顧客資金。一般使用這種策略之狀況為:

⑴產品具有獨特性質 (Specialty),或獲有專利 (Patent) 保障,因此不虞其他競爭產品之直接威脅,儘可以調高價格 (直至顧客購買力容許下),賺取額外利潤。

⑵本身屬於「新」(New) 產品,一時尚難以獲得市場之普遍接受,銷量難以擴大,所以應定高價,以單位高毛利來達到損益兩平點。

⑶市場容納潛量有限 (Limited Potential),不足以吸引競爭者加入,或市場之需要彈性小,儘可調高價格,亦無人敢進來比賽。

⑷公司本身資金有限 (Limited Capital)，無力擴充產量以供應市場增加之需要，所以應調高價，趁早回收資本。

⑸由於技術或原料條件之限制 (Limited Technology or Material)，產量難以增加。

（二）低價策略 (Low-Price Penetration Strategy)

通常包括滲透定價法 (Penetration Pricing)、擴張定價法 (Expansion Pricing)、先佔定價法 (Pre-emptive Pricing) 及殺傷定價法 (Extinction Pricing) 等。此類定價策略，或係著眼市場需要彈性之形狀，認為降低價格結果可使銷量大為增加，同時亦可使單位生產成本大為降低，使競爭者無利可圖，知難而退。

三、實用定價方法 (Pricing Practice)

儘管定價方法甚多，但一般均可歸入「成本導向」(Cost-Orientation)、「需求導向」(Demand-Orientation) 及「競爭導向」(Competition-Orientation) 三大類。

（一）成本導向定價法

即以「成本」(Costs) 為定價基礎，在其上加一些毛利 (Gross Profit)，即構成價格 (Price)。所以「成本」的高或低是定價之最主要因素，它並不重視市場顧客購買力及競爭者之反應。成本導向定價法又有五種作法，即：

⑴成本加成法 (Cost-Plus Method)：例如單位總成本為 100 元，加二成為毛利，則價格為 120 元，如加三成為毛利，則價格為 130 元。

⑵平均成本法 (Average-Cost Method)：例如平均單位總成本為 130 元，包括毛利在內，則價格為 130 元。

⑶投資報酬率定價法 (Target Return Method)：例如單位成本為 100 元，為維持 20% 之投資報酬率，應有 40 元之毛利，所以價格即為 140 元。

⑷損益兩平定價法 (Break-Even Method)：例如要維持損益平衡，須賺入 1,000,000 元，可產銷 5,000 單位，單價即為 200 元。

⑸邊際成本法 (Marginal Cost Method)：即每增產一單位要花成本 250 元，則該單位價格至少應在 250 元以上。

（二）需求導向定價法

即以顧客購買需求強烈程度為定價基礎，購買力強烈時，則訂高價；購買力不強烈時，則定低價。此法並不重視單位總成本之真正水準，也不重視競爭者之反應。此法又有數種作法：

⑴差異價格法 (Differential Pricing Method)：即針對不同之所得 (購買力) 對象，

不同之地點對象，不同之時間對象，收取不同之差異價格，以刺激總購買量及總利潤。例如平均價格為 130 元，對高所得者開價 150 元，對低所得者開價 110 元，對偏遠地區者開價 100 元，對夜間客戶開價 110 元等等作法。

(2)心理價格法 (Psychological Pricing Method)：即以不同價格代表不同品質之連帶關係，鼓勵不同心理狀況之顧客前來購買，例如對高所得、虛榮心高之客戶，開價三倍高，以暗示此高價產品之品質比一般品高三倍以上。

（三）競爭導向定價法

即以競爭者之價格高低水平為本公司之價格水平，緊咬不放，與成本水準及顧客需求關係不大。其作法又有三種：

(1)市場競爭定價法 (Competition Pricing Method)：依據市場一般競爭廠牌之價格，訂定自己之售價。

(2)追隨領袖定價法 (Follow the Leader Pricing Method)：即小廠不能決定市價，只能跟隨大廠走。至於大廠價格之設定，則可能為成本或需求導向法。

(3)習慣或便利定價法 (Used or Convenience Pricing Method)：即某些產品在相當長時間內都維持在某一價格水準，其原因為各競爭廠互相牽制，不敢主動變更，或為方便付款或找零，大家維持在某一個水準。

第七節　推廣策略 (Promotion Strategy)

推廣 (Promotion) 為一種廠商對客戶意見溝通說服之功能，是行銷策略的第三要素，其所利用手段包括四大類：廣告活動 (Advertising)、人員推銷 (Personal Selling)、促銷 (Sales Promotion) 和報導 (Publicity)。分別說明於次：

(1)廣告活動：為廣為告知之活動，其特色在於所用之溝通通路 (Channel)，均屬花錢雇用之大眾傳播媒體 (Mass Media)，如報紙、電視、廣播、雜誌……等等。

(2)人員推銷：所利用之通路為花錢雇用之推銷人員，因此溝通方式常為「會話」(Talking)，即推銷人員與客戶對象直接交談；在這情況下，雙方可直接觀察對方反應，採取必要反應措施，以求最快成交效果。

(3)促銷：這是常指附帶於廣告及人員推銷之贈送性推廣活動，以求短期內發生銷售效果，亦可為廣告及人員推銷以外之溝通措施，如店頭或購買點 (Point-of-Purchase) 展示、櫥窗陳列、銷售獎金、大減價、操作示範等。

(4)報導：指為使外界人士對企業之作為產生良好印象或態度，所進行之不付錢

的大眾媒體溝通活動，屬於企業公共關係所主動採取的一種溝通途徑。

一、人員推銷及其管理 (Personal Selling and Sales Management)

(一) 人員推銷在行銷組合中之功能

人員推銷乃是最古老的推廣手段，是行銷的直線 (Line) 作戰單位，其具備有四大特點：

⑴較具彈性 (Flexibility)：可以配合個別顧客之需要動機和行為，還可以立即得知顧客反應。

⑵較具選擇性 (Selectivity)：可以選擇具有較大購買可能之顧客。

⑶較為完整 (Complete Function)：可以擔任整個銷售程序各階段之工作，自尋求顧客開始，以至接觸、說服、交易及收款、交貨、修理服務等。而其他推廣方法如廣告等，只能擔負其中一部分功能而已。

⑷較具多樣功能 (Multiple Function)：除銷售外，可擔負其他功能，如服務、收款、教育……等。

但人員銷售亦有缺點，最主要為成本較高。

在採用人員推銷方面，需要考慮到的管理因素有：⑴推銷人員多寡之決策，⑵推銷人員之組織與地區分配之設計，⑶推銷人員之招募、選拔及訓練，⑷推銷人員之督導與激勵，⑸推銷人員之績效評估。

由於篇幅關係，僅簡述推銷員之績效評估 (Performance Evaluation) 於後：

管理當局根據推銷員之推銷計劃書、推銷成果報告及推銷費用報告等三種情報，可對於推銷員做正式績效評估，其評核之內容與基礎相當多，可依⑴銷售額，⑵銷售毛利，⑶銷售配額之完成百分比，⑷訪問次數，⑸新客戶之數目等等指標作為推銷員績效之評估基礎。

至於其績效好壞之評定，有三種比較方法：第一，可以跟其他公司之推銷員績效相比 (Salesman-to-Salesman Comparison)。但這樣做很容易發生錯誤，因只有當地域市場潛力、工作負荷、競爭程度和公司推廣力量無多大差異存在時，方能正確比較出來，否則必有偏差。

第二，可以與該推銷員過去銷售紀錄比較。這種方法可直接地表明推銷員之進步程度，但不一定就能確定他已經表現得很好。

第三，可以與推銷員所負責銷售地區之市場潛力 (Sales Potential) 比較：若使用此法須先預測出該推銷員負責地區該產品之銷售潛力，然後以實際達成數值來評估

其達成百分率。

二、廣告策略 (Advertising)

（一）定義及功能 (Definition and Functions)

廣告是指雇用大眾媒體，傳播文字、音響或視像等信息之活動，廣大的告知或影響大眾，使其購買或信服某種商品、勞務、觀念或機構，或對購買採取有利的行動或態度。

詳言之，廣告之功能有下列三大類：

⑴提供購買決策所需之情報資料，稱之為廣告之情報性 (Informative) 功能。

⑵發揮說服顧客之能力，稱之為廣告之說服性 (Persuasive) 功能。

⑶創造產品或服務之心理效用，這是廣告的生產性 (Productive) 功能。

（二）廣告之目標與類型 (Objectives and Patterns)

廣告的最終目標雖是創造銷售 (Creating Sales)，但若說廣告的唯一目標是創造銷售，則有問題，因為廣告在某些情況下，並非為創造銷售，而是解決廠商與顧客間之溝通 (Communication) 瞭解問題。因此我們只能說，廠商希望藉由廣告，以引起顧客某些行為反應，而「購買」只是其中之一種反應而已。

詳言之，廣告策略之類型有下列四類：

⑴刺激基本需求 (Primary Demand)：即鼓勵購買同一大類「產品」之需求。在供需曲線上，此即使整條需求曲線右移，爭取新使用者之措施。

⑵擴大產品之選擇性需求 (Selective Demand)：假定廠商認為顧客對於某種產品之基本需求已固定，或市場發展已達飽和，則廣告策略應改變為如何在此一基本需要量中，爭取某特定廠牌較大比例之售量。此種廣告策略以擴大消費者之選擇性需要為目的。

⑶促成立即購買行動：希望顧客看到本廣告，立即前來購買，以免向隅。

⑷機構性廣告：即不對商品或勞務廣告，而對背後之主持機構廣告。此種廣告策略，企圖建立顧客或社會大眾對於機構之良好印象。

三、廣告活動之規劃 (Programming of Advertising Activities)

（一）確定活動之目標 (Objectives of Advertising Activities)

廣告活動目標之選定包括下列四方面：

⑴本活動所使用之基本信息 (Message) 或主題 (Theme) 是什麼。

⑵本活動係以何種人群為對象 (Target Group)。

⑶本活動希望達成怎樣的結果 (Expected Results)。

⑷有何具體標準可用，以資衡量效果 (Measurement Standards)。

（二）廣告媒體之選擇 (Media Selection)

針對廣告活動之目標對象，選擇適當媒體並考慮成本，做「成本一效益」分析。
基本上衡量一媒體之效能，可自下面幾個層次著手:

⑴媒介之散布數 (Vehicle Distribution)：例如報紙發行數量，電視機臺數……等。

⑵媒體接觸人數 (Vehicle Exposure)：此即媒體所接觸到之全部人數。如一份報紙通常有好多位讀者。

⑶廣告接觸人數 (Advertising Exposure)：在媒體接觸者中，實際接觸 —— 閱讀、看到、聽到 —— 某一特定廣告人數。

⑷廣告知覺人數 (Advertising Perceptive)：依心理學研究，一人接觸一事物，未必發生知覺作用，以致未發生溝通效果，所以欲準確表現某一廣告利用媒體之效果，應依對廣告有知覺者為準。

⑸廣告溝通人數 (Advertising Communication)：因廣告而使其態度及行為改變之人數。

第八節　配銷地點策略 (Place-Distribution Strategy)

除了產品策略、價格策略及推廣策略可以刺激顧客前來購買之外，配銷地點通路 (Channel of Distribution and Place) 策略亦是重要的第四個武器。在今日的經濟社會裡，大多數的製造者並不直接將商品賣到最終消費者之手中，雖然在二十一世紀有電子商務 B to C (Business to Consumer) 之作法，但涵蓋之產品不多。而在製造商和最終使用者之間，經常存在著一大群行銷「中間機構」(Intermediaries) 或中間商 (Middlemen) 以不同之名義執行產品配銷之地點通路多方面功能。

一、配銷通路結構及中間商 (Channel Structure and Middlemen)

（一）配銷結構 (Structure)

配銷通路結構，代表在製造廠及消費者間一套完整之中間營運個體，扮演不同功能，但互相配合，完成產品由製造者移轉至最終顧客手中之使命。中間機構可依不同分類標準予以劃分；最通用的一個，為依其銷售對象（或距離市場之遠近）來

分類：凡直接銷售給最後顧客 (Final Customers) 之銷售量佔其總銷售量中主要部分或全部者，一般稱之為「零售業」(Retailers) 或「零售中間商」(Retail Middlemen)；反之，如以零售業、經銷、代理之中間商、工業廠家或機構用戶為顧客者，稱為「批發業」(Wholesalers)。

　　另一分類標準為中間商有無取得經銷產品之所有權。凡取得產品所有權並負擔風險者，稱為「中間經銷商」(Merchant Middleman)；反之，不取得所有權，亦不負擔風險，僅提供種種專門服務，以協助所有權移轉者，為「中間代理商」(Agent Middleman)。前者如上述之批發商或零售商，後者如經紀人，佣金商，拍賣公司之類。在二十世紀末，二十一世紀初，批發商業務沒落，零售商地位上升，尤其加盟及連鎖零售商風行，變成大型化之通路領袖，影響製造商之行銷策略。

（二）中間商之功能 (Functions)

　　配銷通路之中間商可簡化廠商與最終顧客間之交易程序，減少交易次數，可以提高配銷時間效率及減低配售費用。

　　中間商具有配合市場供需，溝通銷產意見之作用，細分之，有下列三點作用：第一，縮短生產者與消費者之空間距離 (Space Distance)；第二，縮短時間距離 (Time Distance)；第三，縮短技術距離 (Technology Distance)。

二、配銷系統之設計 (Design of Channel of Distribution System)

（一）流通過程 (Process of Flows)

　　配銷通路係指自廠商至最後消費者或用戶之間，產品之所有權及實體移轉 (Ownership and Physical Delivery) 流通過程。也是支付價款 (Payment)、傳達推銷廣告說服信息 (Communication and Persuasion)、接受市場反應 (Market Reaction) 情報及抗議及修理服務 (Services) 之流通過程。它包括七流：⑴交易流，⑵物流，⑶金流，⑷信息流，⑸說服流，⑹抗議流，⑺服務流。

　　配銷系統中所包括的中間機構，常係獨立營運之企業個體，自有其不同之目標和策略，不隸屬於製造商所擁有。此一系統之維持與加強，有賴廠商之努力與技巧，這也代表行銷管理中最為複雜與困難之工作之一。

　　配銷通路中之領袖 (Channel Leader)，其本身即為一通路構成分子，但對於通路中其他構成分子具有相當之控制力量，它可以影響它們採取配合之各種行銷策略及管理措施，所以由何人充任配銷通路之領袖甚為重要。在二十世紀末以前，通路領袖常由大的製造廠擔任，製造廠掛產品之品牌，負責打開市場。但從二十一世紀開

始，除了工業品之外，很多消費品的通路領袖由大型連鎖化的零售商擔任，產品品牌可由製造商掛名，也可由零售商委託製造而掛名。

（二）配銷通路之基本決策及考慮因素 (Channel Decisions and Considerations)

一廠商要建立其產品配銷通路，必須對下列要點做明確之決定。

(1)通路結構 (Channel Structure)：主要指配銷網之長度、寬度及深度。如多用中間商則稱為長通路或間接通路；如少用中間商，則稱為短通路或直接（銷售）通路。像雅芳 (Avon) 不用中間商，只用地區總監及家庭兼職婦女推銷員，即是直銷。像安麗 (Amway) 不用中間商，卻用多層次佣金介紹員，也算直銷。

(2)特定中間商之尋找與選擇 (Middlemen Selection)。

(3)中間商管理：包括良好關係之維持，以及評估其績效等。

欲做成此等決定，管理者必須考慮四大重要因素：

第一，有關市場因素，包括：

(1)工業品或消費品之辨別：工業品採直銷，消費品採間銷。

(2)市場潛在顧客之多寡：潛在顧客多採間銷，潛在顧客少採直銷。

(3)市場集中程度之高低：市場集中採直銷，市場分散採間銷。

(4)每批訂單數量之大小：訂單大採直銷，訂單小採間銷。

(5)顧客購買習慣：顧客願意走遠路來買採直銷，否則採間銷。

第二，有關產品因素，包括：

(1)單位價格：若單位價格低，無力承擔直接銷售成本，只有採較長之配銷通路。

(2)體積與重量：若體積龐大或笨重者，搬運費昂貴，因此必須設法盡量減少搬運距離與次數。

(3)腐壞難易：若易腐敗，則通路不可太長。

(4)產品本身之技術性及所需服務程度：若技術性或服務性高，則應由廠商直接銷售。

(5)產品標準化程度：如屬訂製產品，通常適合採直接銷售途徑，無須經由經銷商。

(6)產品線之廣狹：若產品線多時，可採直接銷售方式，由廠商設立專售店直接銷售。

第三，有關廠商本身因素，包括：

(1)規模大小：若廠商規模大，財務能力強，管理優良，有提供服務之能力，而

且有控制產品通路之慾望，則較適合採較短之配銷通路。

　　(2)聲譽：信譽卓越之廠商，較容易獲得所需經銷商之信任，也較容易打開銷路，則可多用經銷商。

　　(3)財務能力：若財務能力強，可直接與市場顧客多多接觸，而採直接通路。

　　(4)管理經驗與能力：缺乏管理經驗及能力之公司，通常較會請批發商或代理商負責配銷工作。

　　(5)控制通路之慾望：控制通路之動機可能來自價格方面的控制、推銷方面的控制、以及情報方面的控制。在強烈的控制慾望下，一般公司較傾向於採較短（直接）通路。

　　(6)生產者所能提供之服務：若能多提供服務，則可採直接（短）通路。

　　第四，有關中間商因素，包括：

　　(1)中間商提供的服務種類：如中間商所能提供之行銷功能，恰是廠商所無法或不宜提供者，則廠商自然願意利用該中間商。

　　(2)能否找到理想中之中間商：如果找到自然可利用，如不能找到，只好自己建立本身之配銷機構。

　　(3)中間商對廠商政策之態度：如中間商對廠商政策不表同意或接受，則廠商只好割愛了。

三、管理配銷通路之決策

　　在公司決定基本通路設計後，則必須選擇 (Selection)、激勵 (Motivation) 與定期評估 (Evaluation) 各個中間商，此乃通路之管理決策。

（一）通路成員之選擇 (Selection Criteria)

　　選擇中間商就像丈母娘選女婿一樣，需要評估(1)其經營企業之年限長久；(2)其成長紀錄；(3)其財務清償能力；(4)其合作態度；(5)其聲譽優劣等等。

（二）激勵通路成員 (Motivation Measurements)

　　中間商不僅只被廠商選擇及與廠商簽訂經商（或代理）契約 (Agency Contract) 即行了事，他們同時也需要廠商的激勵，方能做好應負擔之工作。雖然招募他們加入通路時之條件與因素已有一些激勵作用，但還須廠商不斷督導與鼓勵。廠商不僅應「透過」中間商來銷售產品，而且也應對他們進行積極觀念之「行銷」。

　　廠商必須在「激勵過分」與「激勵不足」中間商間小心從事。當廠商所給予中間商之條件過於苛刻，以致不能獲得中間商之合作與努力時，則產生激勵「不足」

現象。

　　對中間商之基本激勵水準原建立於起始之交易關係組合上（載明於契約上），如果中間商仍感激勵不足時，則廠商有二個可行途徑：

　　第一、改善中間商之毛利比例，擴展較寬之信用條件。

　　第二、運用人為之促銷方法刺激經銷商之努力。

（三）評估通路成員 (Evaluation Measurements)

1. 中間商合同之簽訂 (Agency Contract)

　　如果在開始時，廠商與通路成員間已簽訂績效標準及處分條款，則以後許多痛苦或不快將可避免，所以簽訂契約甚為重要。應該在合同（契約）中訂明中間商責任之條款有(1)銷售努力強度、績效與市場涵蓋度；(2)平均存貨水準；(3)送貨時間；(4)壞品與遺失品之處理方法；(5)對公司推廣與訓練方案之合作程度；(6)中間商對顧客應有之服務。

2. 中間商業績之評等 (Agency Performance)

　　除對中間商績效責任應訂立契約基礎外，廠商還須發布定期的銷貨配額 (Sales Quota)，以確保目前之預期績效。有些生產廠商在每一銷貨期間後列出各中間商之銷貨額，並加評等，給予物質及精神獎勵，激勵經銷商。

◪ 四、實體儲運體系及策略 (Physical Distribution)

　　中間商所構成的配銷通路體系大多只以物品所有權之交易 (Ownership Exchange) 為主要使命，至於體積較大、重量較重之物品的交易，尚須有後勤的實體儲運體系 (Logistics) 來配合，方能真正及時滿足顧客之需要。實體儲運體系之主要活動及彼此間之關聯，可以用史迪威 (Wendell Stewart) 所發展出來的圖 1-8 關聯圖說明。此圖若將之擴大到全球性中心衛星體系，就成為全球運籌體系 (Global Logistics Systems)。

　　圖 1-8 中有十一個不同的齒輪，各代表不同之活動，重心則在「存貨管理」的大齒輪上，因它連貫「顧客訂單」與公司「生產製造活動」。當顧客的訂單多時，存貨水準就降低，於是促請加強生產活動予以補充，而「生產製造活動」又需要購入原料、零件、配件，其中包含「進廠運輸」與「驗收」作業。至於製成品則流出裝配線，包括「包裝」、「廠內倉儲」、「裝運」、「出廠運輸」、「廠外倉儲」，及「顧客交貨及服務」等過程。

　　這些活動在時間上均有高度相關性，每一活動受前一活動之影響，因此也受前

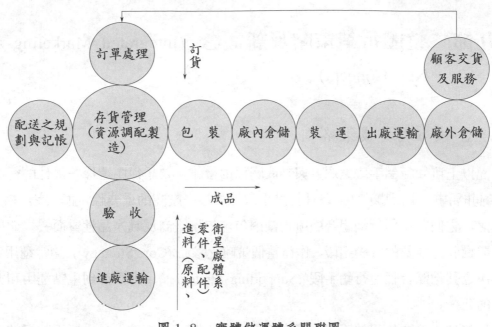

圖 1-8　實體儲運體系關聯圖

面所有活動之影響。因此這些活動的管理與協調程度，可以大大地影響購買者的態度。

　　實體儲運觀念即在力求於一個整體性系統的構架內做決策，在以最低的成本提供一定的顧客服務水準下，來設計一個實體儲運系統。

　　公司有許多實體儲運的策略可供選擇，包括(1)「直接運送」，(2)設立「倉庫」，(3)設立地區性「裝配廠」，(4)及設立當地的「製造廠」。公司必須制訂適當「存貨政策」，以使顧客服務水準和經濟的持有成本能協調一致；它亦須建立一些更精確的方法，以評估一般性的倉儲「區位」及特殊「地點」。此外，實體儲運活動在企業組織內權責之分配亦應做一檢討，尤其是各種相關活動決策的協調，以及在組織內應在何處建立有效領導權的問題，更須注意，方能有效的支援所有權配銷活動。在二十一世紀初，高科技產業採行「全球性虛擬組織」，把生產製造工作委外加工，而受委託加工廠又採取「垂直分工」方法，充分動用中心衛星工廠體系，把零組件之供應建立在無存貨水平上，把工廠加工速度提高到 72 小時交貨，此種全球運籌體系的嚴密度已提高到無與倫比的境界。

第九節　整體行銷策略及新觀念 (Integrated Marketing and New Concept)

一、核心與支援策略

從以上可知行銷手段之眾多與其間關係的複雜，要想從中選擇一最佳的行銷組合，絕非易事。幸而事實上，各種行銷手段對於每一廠商的重要性，並非完全相同；換言之，它們在整個行銷組合中所扮演的角色每隨廠商及其產品性質而異。如果我們能發掘特定重要的行銷手段，作為整個策略之核心 (Core Strategy)，適當運用，然後再決定其他配合性之行銷手段 (Supporting Strategies)，即可得到重點運用和力量集中的功效。

作為核心策略的行銷手段，通常不宜太多。第一，如果太多，反而削弱這一策略的特色和其所具的衝刺力量。第二，又將發生人力無法控制和運用的問題。第三，備多力分，亦將降低費用支出的生產力。

在一競爭劇烈的市場上，每一廠商都設法在某些關鍵因素方面超越其競爭者。此時的核心策略即可能就是建立在這一公司可能具有的差別優勢 (differential advantage) 上。例如在產品方面，一公司所具有的差別優勢，即可能屬於下列三類之一：

1. 創新優勢 (Innovation Advantage)

即這公司的產品，雖然並非全新者，但是它在式樣、材料或其他產品構成因素上，確屬與眾不同，例如特長的香煙類、高級化之咖啡屋星巴克 (Starbucks) 連鎖店等。

2. 發明優勢 (Invention Advantage)

此即公司產品代表一種創造性的發明和製造。例如咖啡精、茶精、鐵氟瓏 (Teflon)（一種防止炊具黏著之塗料）、液晶顯示器之類。

3. 重建優勢 (Rebuilding Advantage)

即將前已存在之產品或事物重新調整或推出。例如汽車自動排檔裝置，早在汽車發展初期即已存在，但要等到 1939 年重新推出後，才被迅速接受。又像縫紉機在發明後二十五年，拉鏈在三十年後才開始普遍。油脂肥皂（如南僑水晶肥皂）被化學洗滌劑取代三十年後，二十一世紀因環境保護運動之壓力，油脂肥皂又有可能重拾被化學洗滌劑取代前在家庭洗衣之地位。

這類差別優勢的產生，有者經由規劃設計，有者出於偶然。不過僅僅差異存在，並不代表必然產生優勢。有時這種差異並未受到注意或重視，甚至有時還可能產生反效果。

有時，一公司所採取的核心策略，不是在發揮其所具有之差別優勢，相反地，而是模仿競爭者，使其差異優勢逐漸消失。表面上看，這純粹屬於一種消極性的策略，但事實上，這種策略也有它積極的一面；因如此方足以驅使居於領導地位的公司必須不斷尋求新產品、新觀念，提供顧客更佳之服務。

尚須補充說明者，一公司的差別優勢可能發生在產品方面，已如上述者外，也可能在其他行銷手段上，例如配銷、推銷、服務、定價等。因此所選擇的核心策略也就可能在這些範圍內，尤其在於產品本身並無顯著特點可言時為然。

有了核心策略，還要靠其他行銷手段的支持，才能發揮它的效果。譬如一種革命性的包裝設計（如利樂包，真空包裝，台灣啤酒最青包裝），可能代表一公司產品的差別優勢，也被認定為其核心策略之基礎，但要使得這種新包裝能引起顧客注意並促成購買行為，還需要在廣告、定價、配銷及其他行銷範圍內手段之配合。例如：

⑴在廣告方面：如何使顧客瞭解這產品的存在及其優良性質（譬如這個新包裝的優點），從而刺激其需要。

⑵在定價方面：如何訂定價格及銷售條件，可配合顧客之購買能力，並且和競爭品價格相較，最能發揮本產品所具有之優勢。

⑶在配銷方面：如何將產品有效送達顧客購買地點，並且在分配和陳列之過程或環境中，最能表現出本產品的優勢（新包裝）。

⑷在服務方面：如何協助顧客，使他可自這產品獲得最大的滿足。

但是要構成一套整體策略，僅僅考慮以上所說各種公司本身所能控制的手段是不夠的。無論選擇核心策略或其支援策略，都必須建立在公司所選擇之目標市場及所要滿足的顧客需要 (Customer Needs) 上面，這是必要的前提。因此如何選擇目標市場及顧客需要本身，也構成策略中之重要部分。

二、行銷新觀念——擴大視野，深入服務

行銷的核心觀念是「顧客滿意」(Customer Satisfaction)，而「顧客滿意」的要點在於產品品質的滿意 (Quality Satisfaction)，在於產品價格的滿意 (Price Satisfaction)，在於時間的滿意 (Time Satisfaction)，以及在於服務態度的滿意 (Attitude Satisfaction)。

　　所謂「顧客」是指所有與我有往來關係的對方，包括產品之購買者、使用者、消費者、供應商、銀行金融機構、運輸公司、保險公司、電訊公司等等都是我的顧客。我的股東、我的內部員工、政府官員、社區鄰居、社會大眾也是我的顧客。

　　所謂產品「品質」滿意，不只是功能的「可靠性」(Reliability)，連「耐用性」(Durability)、「方便性」(Convenience) 及「安全性」(Safety) 都是品質的涵義。現在各企業推行的 6 標準差 (6–Sigma) 品質管制及國際標準組織 9000 (ISO 9000) 系列，都是對品質提高的努力方法。

　　所謂「價格滿意」是指一系列顧客價值鏈中，每一步驟的改善及降低成本，並把降低成本反映在價格上移轉給顧客享受，讓顧客感到享受的效用，超過支付的成本，確實「物超所值」，很有「顧客價值」(Customer Value)。

　　所謂「時間滿意」是指縮短訂貨、收貨的時間，盡量做到打電話（發 E-mail），服務就送到。又像戴爾電腦公司讓個人顧客在網上下訂單，在一個星期左右就收到貨。

　　所謂「態度滿意」是指銷售者站在顧客的立場，真心誠意為顧客利益所表現出來的心理上及行動上的謙虛、和藹，周到之態度。

　　所謂行銷的「產品」，不只是農業品、工業品、及商業服務品，也包括政府政策、社會福利、觀光旅遊、環境保護等等理念。

　　擴大視野，深入服務的行銷新觀念，已經從行銷研究、市場區隔、目標市場、產品定位、行銷策略組合、顧客滿意等，再走入顧客價值、顧客忠誠、以及維持顧客「長期關係」(即不只注重新顧客開發，也更重視老顧客維持) 之「關係行銷」(Relationship Marketing) 新領域。

第二章 生產管理要義
(Essentials of Production Management)

第一節 生產支援市場行銷之觀念 (Concept of Production to Support Marketing)

無疑地，所有經營管理者都有把企業經營好的善意，但是卻有不少的企業經營績效不善，其癥結所在令人費思。就理論而言，企業經營好壞之原因可歸為三點：

⑴高階主管是否有正確的觀念構架 (Good Conceptual Framework)。

⑵中階主管是否有一流的管理實務 (Good Management Practices)。

⑶基層幹部是否有優越的操作技術 (Good Operational Techniques)。

高階主管正確的觀念「構架」(Framework)，可導致正確的「觀念」(Concepts) 與敏銳的「眼光」(Insight)。正確的觀念導致正確的行動，促使企業內部資源與外部環境產生合理的配合現象；敏銳的眼光導致察覺先機，在各方面領先群雄。「觀念差距」(Concept Gap) 及「眼光差距」(Insight Gap) 便是企業經營的絆腳石。這是吾人所不可不引以為警惕者。

再者，中階主管一流的管理實務能使企業在合理適當的組織下，發揮團隊精神，各部門上下協同一致，朝向共同的企業目標邁進。其中，良好的管理制度表現出來的是周到的計畫、認真的執行、與嚴正的考核或控制。這就是我們通稱之現代管理循環。經濟後進國家工商企業與先進國家間「管理差距」(Management Gap) 之所以會形成，最主要的原因之一就是全面性管理 (General Management) 人才比專門性技術 (Technical Skill) 人才不受重視，許多管理要職由無管理觀念之純技術人員擔任，而形成「重技術，輕管理」、「重有形，輕無形」、「重生產，輕行銷」之落後局面。

最後基層幹部操作技術是否優越，直接影響產品的製造及銷售。技術領先的廠商能製造出品質優良的創新產品，提高產品的身價及公司的商譽，增加產品在市場之競爭力，而為公司帶來更大的利潤。優越的操作技術，有賴完善的生產管理方得以發揮最大功能，所以本章緊接在「行銷管理」（第一章）之後，特予簡介，以明此理。

◼ 一、企業所面臨的挑戰

由於企業不斷成長，經營者大致會碰到下列難題：

1. 消費者要求水準提高，難以應付

由於經濟進步，世界各國每人所得普遍提高，不論是國內市場或國外市場，消費者生活水準越來越高，於是經營者應設法提高產品品質，或生產較高級的產品。若產品品質不提高，將無法滿足消費者之需求，產品於是會發生滯銷現象，公司虧本將是必然之事。

2. 競爭劇烈，難以應付

由於市場需求容量有限，供應商增多，市場競爭日益激烈，許多產品被迫降價求售，而產生利潤每況愈下的情形，深深困擾經營者。

3. 人工成本上升，難以應付

近年來，員工薪資不斷上升，意味著人工成本亦不斷上升，如何克服這項成本的負擔，是經營者處心積慮之大事，因凍結員工薪資誠屬不可能，何況員工士氣低落及高流動率所伴隨之後果，將是不堪設想。企業因之被迫關廠，移至人工成本較低之中國大陸及東南亞各國設廠。

4. 原料成本上升，難以應付

原料成本之上升及物價之波動，所施予壓力之大，不下前述三項。

面臨著以上種種問題，企業經營者日益感到企業越來越難以經營，所以經營者應想出一套有效的經營管理辦法，以衝破重重困難，提高生產效率，創造利潤，以維持企業之生存及繼續成長。

◼ 二、降低成本與提高利潤的關係

企業莫不以維持「生存」及追求「成長」為其終極性目標，並以賺取合理以上利潤（指淨值報酬率高於資金成本 1.5 倍以上）為其手段性目標。企業家之所以甘冒創業失敗之風險，其動機均在獲取利潤，因任何一種企業均不能在連續虧損中繼續生存。在會計上，利潤為收益減去成本所餘之差額，如圖 2-1 所示。

為提高利潤，勢必要從增加收益及降低成本（包括行銷成本、製造成本、資金成本、管理費用、及其他費用）著手。在市場競爭十分激烈的今日，想提高既有產品的售價來增加利潤並不是一件容易之事。企業要增加利潤，惟有從降低成本著手。所以降低成本成為企業經營者當務之急，責無旁貸之要務。其中降低製造成本即是

生產管理者的職責之一。

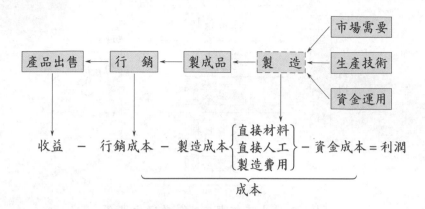

圖 2-1　收益、成本與利潤之關係

三、整體生產管理時代

　　以往生產管理僅考慮到工廠裡的生產活動，但在市場競爭十分激烈，及以「顧客至上」為經營導向的今日，生產管理除應考慮工廠裡的生產外，還要考慮市場營運的配合，包括原料零配件衛星供應商及生產代工承包商的供應鏈體系、以及顧客關係管理體系。所以對生產人員而言，現今是整體性生產管理時代。

　　若從市場面來觀察，生產管理的活動經過下列四個階段：

(1)製造出來「就可以」賣出去的階段。

(2)製造出來「就要」賣的階段。

(3)製造「賣得出去」的產品之階段。

(4)「創造需要」的製造階段。

　　在第一、第二階段裡，生產管理之活動較為單純，它僅考慮到工廠裡的工作。到了第三、第四階段，生產管理者除了要考慮工廠裡的生產活動之外，還要考慮配合市場行銷。於是生產管理與行銷管理在產品設計、產品價格及成本、產品數量、產品交貨期與產品品質等要互相協調（參考圖 2-2），使製造出來的產品售價低廉，品質優越，服務態度周到，並滿足顧客對交貨期的要求。換言之，在第三、第四階段的生產管理在實際上已與市場行銷計畫、利潤計畫及公司經營計畫形成整體性的生產管理（參考圖 2-3）。

　　如今，在整體性的生產管理之下，公司內部的生產管理活動必須配合對外的市場行銷活動，此時經營者必須做到下列兩點方能成功：

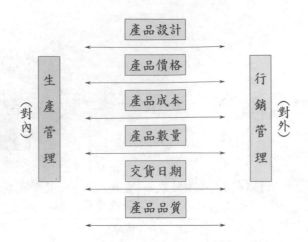

圖 2-2　生產管理與行銷管理之關係

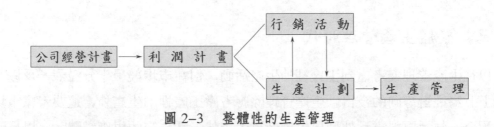

圖 2-3　整體性的生產管理

第一、從製品設計階段起即必須組織化 (Organization Arrangement)，以市場行銷為出發點（即「行銷導向」的經營哲學）。

第二、建立情報體系，將顧客需求與競爭者的情報回饋到日常之生產活動。

四、生產管理與市場行銷相互協調之重要性 (Coordination between Marketing and Production)

生產管理與市場行銷間的問題，有賴雙方的協調，否則有許多利害衝突之問題會表面化。雙方若不能協調，不管孰是孰非，公司總是蒙受損失。

通常，市場行銷人員認為訂單越多越好，於是對外來的訂單很少嚴格選擇，只要售價不低於公司規定價格水準，就是連緊急訂單均會收受，並交給生產管理人員，使他們感到莫大的壓力及困擾，生產日程表紊亂，影響正常生產。

（一）行銷人員之任務 (Marketing-Man's Tasks)

關於訂單收受之問題，生產管理與市場行銷人員應相互研討協調，培養默契。市場行銷人員在協調上具有三大任務：

⑴在任何情況之下，必須負起創造公司名譽與利益的任務。縱使所推銷之產品

在品質、性能或外形上不如別家廠商，亦必須以無比的信心與技術，熱心從事行銷。

(2)要代表客戶或顧客積極地將客戶要求與心聲向公司反映，使公司製成的產品能滿足他們的需求。

(3)在接受訂單時，應考慮主管人員在製程安排之情形，否則緊急訂單太多，製造日程時常重新安排，影響產品之成本、產量、及交貨時間，實非公司之福。

（二）生產人員之任務 (Production-Man's Tasks)

生產人員在協調上也應具有三大任務：

(1)產品的製造應以市場行銷為出發點，在產品之設計或新產品開發之前，應先對市場顧客之需求做詳細研究，合乎顧客要求的產品才是應該生產的產品（即市場顧客導向的觀念）。

(2)生產管理人員應設法降低生產成本，提高產品品質，以增加產品在市場上之競爭能力。

(3)產品售後服務亦為市場行銷之一部分，服務之品質是顧客決定是否購用的重要因素。但服務必然發生成本，故障勢必影響消費者之忠誠度，為此，最基本的辦法就是提高產品使用之信賴度。

五、結　論

生產管理最高的境界在於使員工人人都能發揮潛力，提高品質，降低成本，培養「以廠作家」的至高心態。要使員工能「以廠作家」的關鍵在於高階管理者之現代經營觀念上；除了應延攬一流的管理人才，引進優良之技術外，還要有「不怕高薪支付員工，只怕員工效率低落」之觀念。經營者應深思熟慮，若提高薪酬及福利水準後，員工工作效率（即生產力）增加之幅度，大於薪酬成本增加之幅度，則應毫不猶豫地提高員工的待遇，以增加企業之總體利潤及對社會大眾之服務。

第二節　生產與生產管理 (Production and Production Management)

研究生產管理，首須瞭解生產管理之內涵及生產系統之營運特性，如此才不致有瞎子摸象之感。

一、生產之定義 (Definition of Production)

何謂生產 (What is Production)?

「生產」，泛指提供「效用」之活動，而「效用」係指能「滿足需求」之能力。具體而言，則指將一切可用之資源 (Resources) 組合起來，製作有形的產品 (Tangible Goods) 或無形的勞務 (Intangible Services)，以滿足消費者的慾望 (Needs)。這種將生產所需之資源組合成投入因素 (Inputs) 後，經過轉換 (Transform Process)，變成產品或勞務的產出 (Outputs) 之活動過程就叫做「生產」，所以「生產」活動乃是「轉換」活動。

在生產過程（參考圖 2–4）中，所需投入的資源在經濟學上叫做「生產因素」(Production Factors)，通常生產所需之生產因素主要有下列八項：

(1)土地 (Land)。

(2)勞工 (Labor) 或人力 (Manpower)。

(3)資本 (Capital) 或金錢 (Money)。

(4)物料 (Material)。

(5)機器設備 (Machines)。

(6)方法或技術 (Methods or Technology)。

(7)時間 (Time)。

(8)情報資訊 (Information)。

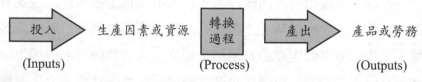

投入　生產因素或資源　轉換過程　產出　產品或勞務

(Inputs)　(Process)　(Outputs)

圖 2–4　生產系統 (Production Systems)

通常產出的產品或勞務可為「形體」(Form) 改變之加工製造品，「地點」(Place) 改變之運輸勞務，「時間」(Time) 改變之倉儲勞務，及「所有權」(Ownership) 改變之買賣勞務。從事這些產品或勞務之行業，都可稱為廣義的「生產事業」，因它們都能提高滿足人類需求之效用能力。換言之，任何改變「形體」、「地點」、「時間」、及「所有權」，而能提高效用的活動，都可以叫做廣義的「生產」活動。

二、生產管理的意義及內涵 (Definition of Production Management)

從圖 2-4「投入一產出」(Inputs-Outputs) 模式可以看出,生產管理人員有兩種方式可控制生產系統。一是藉著改變資源投入 (Inputs) 之速率及品質,控制製品或勞務產出 (Outputs) 之速率及品質;另一是藉生產設備或營運方法 (Transfer) 之變更,以調整產出之水準及品質。生產管理之主要工作即在決定控制生產系統之方法。這種將生產系統(投入一轉換一產出)加以計劃、執行及控制,使生產效率提高的系列活動,稱之為「生產管理」(Production Management)。

生產管理活動可歸納成二大類:⑴生產系統之設計與修正,及⑵計劃與控制。

1. 生產系統之設計與修正 (Systems Engineering and Modification)

⑴生產系統之設計:包括產品設計 (Product Engineering)、生產程序設計 (Process Engineering)。機器操作人員之選擇 (Selection)、設備布置 (Layout)、工作方法 (Methods) 及作業與控制系統 (Operation and Control System) 之設計。

⑵生產系統之修正:為配合新產品、新原料、新製造程序、新設備、新檢驗等技術突破、市場需求改變、新管理技術、現行作業及控制系統之失敗等而修正原來之生產系統。

2. 計劃與控制 (Planning and Controlling)

包括市場需求水準之預測、生產水準之設定、生產時序安排、存貨管理、品質控制、及成本控制等等非現場操作性工作之管理。

三、生產管理技術之發展簡史

我國萬里長城之建築、埃及金字塔之興建,在在顯示生產管理之觀念與技術並非二十世紀之獨特現象。大約在西元 1430 年,零件標準化 (Standardization) 的價值已廣受認識。威尼斯海軍兵工廠計劃委員會當時要求「弓」必須適於各種類「箭」,船尾之所有部分要一致。1776 年亞當斯密 (Adam Smith) 的《國富論》指出分工 (Division of Labor) 之經濟利益,奠定了以後工作簡化 (Work Simplification)、製造分析 (Process Analysis)、時間研究 (Time Study) 之基石。1798 年惠特尼 (Eli Whitney) 在製槍時,採用可互換 (Inter-Changeable) 之零件,導致以後裝配 (Assembly) 產品之快速生產,並同時採用成本會計 (Cost Accounting) 及品質管制 (Quality Control) 之程序觀念。英國人巴貝奇 (Charles Babbage) 亦於 1832 年發表其《機器與製造之經濟論》一書,就強調⑴以科學方法分析企業問題,⑵時間研究,⑶廠房位置之經濟分析,⑷

獎工制度等。

二十世紀初期「科學管理」之來臨，使得生產管理成為今天有效經營之工廠的共同態勢。1911 年美國人泰勒整理各種管理觀念與技巧，發表其《科學管理原理》 (*Principles of Scientific Management*) 一書，使管理觀念與技巧得以廣泛的應用於工業界。與泰勒同時的吉爾博斯夫婦 (Frank and Lillian Gilbreth) 則強調尋求最佳之工作方法，因而發展了動作研究之創意與技術。1913 年是技術創新的一年，美國人亨利福特一世 (Henry Ford) 利用裝配線，大大降低汽車裝配時間，使工人達到空前之產出水準。後來，甘特 (Henry Lawrence Gantt) 之工作觀念與時序安排圖，即所謂之甘特圖 (Gantt Chart, 1914)，以及哈里斯 (F. W. Harris) 之存貨控制經濟批量 (Economic Order Quantity, 1917)，使生產管理觀念與技術更加充實。

早期科學管理之發展大多集中於工廠裡的工人身上，三十年代製造分析上有二種劃時代之發展，其一是修華 (Walter Shawhart) 之抽樣檢驗與統計的品質管制 (Statistical Quality Control, 1931)，另一是梯配特 (L. H. C. Tippett) 之工作抽樣 (Work Sampling)。大約在同時期（1927–1933 年）梅友 (Mayo) 所主持之西方電器公司芝加哥河松廠實驗 (Hawthorne Plant Studies)，發現外在工作環境之改變對工人產出能力之影響效果，遠不如領班對工人態度之改變。此項發現暗示了工作設計與激勵 (Work Design and Motivation) 的重要。在二次大戰期間及戰後，生產管理之發展更是一日千里。數學模式、電子計算機、CAD、CAM、ERP、SCM、CRM、系統觀念、計劃評核術以及其他許多觀念與技術，如看板管理、無存貨管理、零缺點管理、QCC、TQC、6–Sigma 品管、TQM，皆應用於企業機構及非企業機構之管理問題。如今，生產管理觀念與技術皆已發展成熟，然而，如何發揮其管理功效，則有待對生產觀念與技術之瞭解 (Understanding) 及應用 (Applications) 上之執行。

四、生產系統概說 (Framework of Production Management)

如前所述，生產系統是由「投入」(Inputs)、「轉變程序」(Transfer Process)、「產出」(Outputs) 三部分所構成。所以生產管理亦應對此三大組成因素，實施計劃 (Plan)、執行 (Do) 與控制 (See)。

生產之目的在滿足市場之需要，不在於為生產本身或為庫存而活動。因此，生產系統應能以最低之成本，依照計劃提供適質、適量、適時的產出成品。但事實上，生產活動常遭受各種干擾，例如工人 (Man) 曠工、機器 (Machine) 損壞、原料 (Material) 短缺等，以致未能依照原計畫生產。又多數企業之零件並不自造，故於裝配之

前必先備妥，但也不能採購太多或太早，以免積壓太多資金，所以原材料之存貨管制系統是提高生產效率的一個方法。

投入系統之控制除要有明確之最終目標外，還要有產出標準 (Standards) 以便比較執行後之實際成果與原計劃標準之工作績效。要比較標準與實際績效，就須有「衡量裝置」(Measuring Device)，此種衡量裝置在資料搜集點，測量產出實績，將實績回送 (Feedback)，以便確認實際與標準之差異方向與數額後，加以分析原因。如果差異是源於可控制之原因，則採取矯正行動，設定下個新循環的計畫。新的生產計畫根據差異之原因分析，調整「投入」因素流入之數量與品質，或改變生產「設備」或操作「方法」。經過此種調整，衡量裝置將執行之實際績效之情報回送，再做比較分析，再規劃下一步行動。如此，周而復始，循環不息，將產品有效的推出，支援市場行銷部門。如圖 2-5 所示。

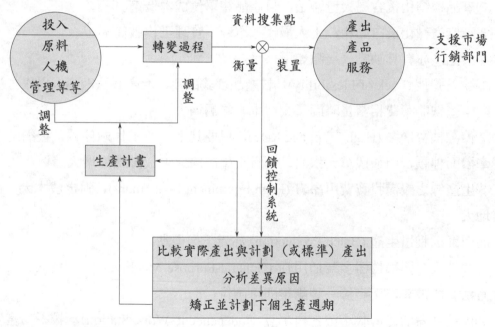

圖 2-5　回饋之控制循環 (Feedback Control Cycle)

五、生產型態 (Production Patterns)

幾乎所有之生產系統都有或多或少之差異，造成此項差異之重要原因為生產型態之不同。瞭解其間的不同，將有助於生產管理技術之應用。

(一) 連續生產與間斷生產之區分 (Continuous and Batch Production)

一般工廠的生產方法大致有三種不同的型態：⑴連續生產、⑵間斷或批量生產

及(3)專案生產。所謂「連續生產」係指在工廠之一端將原料投入之後，依照製造程序，經過連續不斷的加工過程，最後產品在工廠另一端產出的生產方式。在此方式之下，產品品質穩定，生產設備固定，製造程序不變，產品設計經過標準化。例如，汽車之製造、化學品之製造。所謂「間斷或批量生產」(Batch Production) 係指一次機器工具的籌備裝置 (Set-Up)，其使用時間十分短暫，若要製造下一批的訂貨，機器工具就得重新籌備裝置 (Re-set-up)。

至於專案生產 (Project Production) 通常係指獨一無二之產品，其製造時間很長，所須零件繁多，成本投入很大的生產方式而言，如飛機，太空船，人造衛星，船舶，大型建築等均是。

連續生產方式有下列數項優點：

⑴單位產品的製造費用 (Overhead) 與直接人工 (Direct Labor) 成本較低。

⑵產品標準化後容易大量製造，且產品總單位成本低廉。

⑶高度機械化及自動化，工人操作較單純，管理工作較簡易。

連續生產亦有其缺點，概略如下：

⑴缺乏彈性 (Lack of Flexibility)：若產品樣式改變，生產方法改變，操作方法變更，則生產線將須費相當長時間及大成本方能調適。

⑵停線機會增多 (High Stoppage Rate)：只要其中一項工作站停頓，後續之工作必受牽累而停頓，而造成莫大損失，而且全生產線之總故障機率增大。

⑶生產線之設備投資費用昂貴 (High Equipment Investment)，固定成本大，風險相對增大。

而間斷或批量生產 (Batch Production) 亦有下列優點：

⑴彈性大：因為機器多為通用性 (General-Purpose Machines)，產品樣式或生產操作方法有所改變，生產線一經調整即可應付。

⑵前後機器的影響較小或各自獨立 (Independent Work-Station)，較不易產生集體停線之事故。

間斷或批量生產之缺點為：

⑴單位產品的製造費用與直接人工成本較高。

⑵工作安排複雜，需要許多工作指示單，增多文件作業。

⑶管理工作較煩雜，協調工作增多，浪費時間。

（二）存貨生產與訂貨生產之區分 (Inventory or Standard-Made vs. Order-Made Method)

另一種劃分方式將生產方法劃分成「存貨生產」(Inventory-Made) 與「訂貨生產」(Order-Made)。所謂存貨生產係指依據市場之分析 (Market Analysis) 與銷售預測 (Sales Forecasting) 所做之事前大量生產計劃，使產品的生產及存貨保持某一定之水準，即使真正訂單屆時未到，也不停止生產，所產之成品存入倉庫，等候訂單來臨。存貨生產必須依據事前預定之標準而製作，所以亦稱為「標準生產」或「制式生產」(Standard-Made)。存貨生產之通性有下列幾項：

(1)產品之製造多經過標準化，故產量多種類少。

(2)生產批量的大小 (Production Order Size) 係根據經濟生產原則而定。

(3)採用專門性或單一性能機器 (Single-Purpose Machine) 生產。

在二十一世紀初期，許多高科技產業採垂直分工方式，上游廠為下游廠之委託加工衛星廠，但因產品樣式變化快，上游廠若以存貨生產方式事先製造並進入庫存，而下游廠訂單遲遲不來，事過六個月或一年，此庫存品可能已技術性過時，不再為市場所需要，所以該上游廠不得不把大量庫存品報廢 (Write-Out)，形成當年或當季大量虧損現象，此為採行此生產方式者不可不知之事。

所謂「訂貨生產」係依據客戶之訂單規格做生產計劃，如無訂單則生產近乎停頓，不會有存貨；若訂單過多，則要加班趕工。此類生產很不穩定，一切經營活動受到客戶訂單之影響，其通性如下：

(1)產品種類多，每種產量相對地較少。

(2)產量依據訂單而定，是多是少，較難掌握。

(3)採用通用性能或萬能機器 (General-Purpose Machines) 生產。

內銷市場廠家可以採用存貨標準生產方式。而外銷市場及受託加工出口的廠家大多屬於訂貨生產方式，沒有訂單不敢生產，若未得訂單就先生產，就有報廢之憂，所以受人控制之程度甚大，很難擺脫「不穩定」感覺。無疑地，愈成功的穩定事業，愈是走向「存貨生產」方式，以對國內及國外市場的掌握，來穩定生產活動。

六、生產管理之推行原則 (Principles of Production Management)

(一)「計劃第一」管理原則 (Planning-First Principle)

生產管理是否上軌道，首先決定於「生產計劃」(Production Planning) 是否十分妥善，其次決定於生產程序 (Production Process) 是否順暢，最後決定於生產管制 (Production Control) 是否嚴謹。這便是事前計劃→事中執行→事後考核控制的管理循環之運用。沒有良好的生產計劃，則生產過程及其管制必將雜亂無章。台塑關係

企業主持人王永慶先生在民國 62 年 5 月 19 日對明志工專應屆畢業生談話時曾說過:「企業障礙不外乎計劃不好,才會造成的。」生產管理的障礙何嘗不是生產計劃不妥所致呢?

(二)「事前」管理原則 (Before-Fact Principle)

　　生產管理不良的普遍癥候,是生產線停工待料 (Line Stop)。究其原因錯綜複雜,為便於瞭解,特將可能原因以要因分析圖 (Key-Factor Analysis) 或稱魚骨圖 (Fish/ Bone) 表示如圖 2–6。由圖 2–6 可知,為防止停線之發生,積極改進計劃性的事前管理將是十分有效的工具。所有障礙可經由事前的管理而消除,或使其影響減至最小程度。例如為避免採購遲延進廠,生產管理人員於材料零件預定進廠之七天前,就得將採購事前管理「追查表」(Follow-Up Sheet) 有關的項目填妥,逕交採購部門,請其提出準時交貨之「保證」(Assurance of Delivery)。對於未能準時交貨的材料零件,應迅速採取對策,以利生管工作之進行。

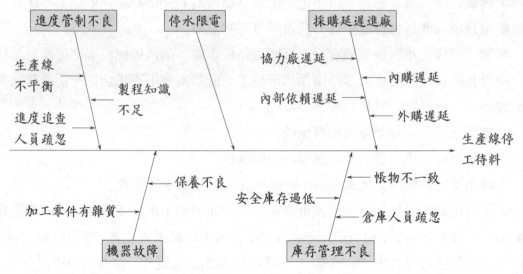

圖 2–6　生產線停工待料之要因分析圖 (即魚骨圖分析法)

(三)「重點」管理原則 (Focus Principle)

　　企業管理必須有重點,生產管理何獨不然? 在生產管理過程中,應用「重點管理」的地方不勝枚舉,今舉「ABC 分析」為例。ABC 分析廣用於物料管理上,將物料存貨分為 ABC 三項。A 類是重要的少數項,項目少而金額多。C 類是不重要的大多數項,金額少而項目多。B 項之性質介乎 A 及 C 之間。ABC 三類材料因重要性不同,所採之管理手法亦有所不同,大體而言,A 類是重點所在,必須嚴密控制,由

廠長追蹤；B 類其次，由課長追蹤；C 類則又次之，由課員追蹤。若已實施電腦自動倉儲管理，這些報告都要自動送到 A、B、C 類之主管面前。

（四）「例外」管理原則 (Principle of Exception)

生產管理過程中，時常有一些「異常」(Abnormal) 現象發生，針對這些例外事件必須事先釐定處理原則，即是例外管理原則的運用，例如緊急訂單之處理便是一例。緊急訂單處理手法如下：

⑴預留適當生產餘力或利用加班來應付。

⑵營業部門與生管部門共同確認緊急訂單接收範圍。

此外在採購事前管理活動中，若事先得不到採購部門準時交貨之保證，則應迅速採取對策或緊急措施（不能忽視，不能等到真正停工待料再來處理），這亦是例外管理原則的運用。

（五）「科學」管理原則 (Principles of Scientific Management)

在生產管理的活動中，必須蒐集大量的資料及數據 (Information and Data)，以供科學客觀的方法做精確的分析，期使生產活動以最低的成本獲得最大的收益，這便是科學管理原則之運用。

現代生產管理常用之技術如：生產線的平衡、人員派工計劃、剩餘產能調查、生產或採購批量的決定、機器負荷之計算、生產量預測、產銷配合之決定、材料管理之 ABC 分析、定期訂購法、定量訂購法、生產設備之擴充……等等問題都可應用科學分析方法，以節省費用，創造利潤。

第三節　生產程序之系統設計 (Systems Design of Production Process)

在探討生產程序之設計時，應先瞭解生產程序設計之決策步驟，如圖 2-7 所示，然後再逐步瞭解其內容。

一、產品設計及信賴度 (Product Design and Reliability)

「產品設計」不僅影響生產程序及設備布置等生產活動，而且影響成本結構與銷售難易。良好之產品設計不但能滿足顧客之需要，獲得顧客之讚賞，同時亦有助於生產活動之進行。

產品設計及其發展次序如圖 2-8 所示。然而各步驟並非一定照圖示次序，有時

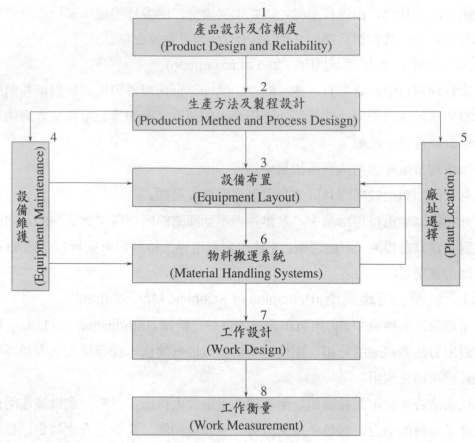

1
產品設計及信賴度
(Product Design and Reliability)

2
生產方法及製程設計
(Production Methed and Process Desisgn)

4
設備維護
(Equipment Maintenance)

3
設備布置
(Equipment Layout)

5
廠址選擇
(Plaut Location)

6
物料搬運系統
(Material Handling Systems)

7
工作設計
(Work Design)

8
工作衡量
(Work Measurement)

圖 2-7　生產程序決策步驟 (Decision Steps of Production Process)

必須回溯到前面之步驟，有時要兩個步驟同時進行。

1. 創意發展 (Product Idea Creation)

新產品之創意 (Ideas) 可來自顧客、科學家、推銷員、競爭者、經銷商及公司有關人員。公司之資源有限，不可能發展所有之產品創意，因此產品創意要經過濾 (Screening) 以剔除與公司目標政策和資源不能配合者。我們應謹記現今是「顧客至上」的時代，產品內容將來是否能滿足顧客之需要是萬萬不能忽略的首要大事。

2. 產品選擇 (Product Concept Selection)

產品創意經過濾後，必須進一步發展成為比較具體之「產品觀念」(Product Concept)，即將公司對產品「功能性」(Functional) 觀點轉變為顧客之「態度性」(Attitudal) 觀點，以便進行市場分析、經濟分析及可行性分析。產品觀念測驗 (Testing of Product Concept) 即在測量產品觀念之利益性，預估將來之銷售情形，充實「觀念」之內容，以及揀選最佳之產品觀念，以便進一步分析。

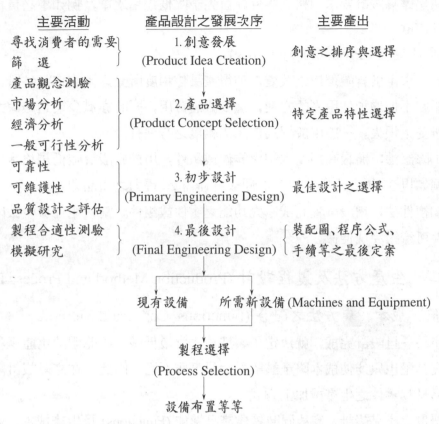

圖 2-8　產品設計及其發展次序 (Product Design and Its Development Process)

3. 初步設計 (Primary Engineering Design)

　　初步設計是將產品觀念或其特徵發展為紙上產品雛形，例如洗衣機須決定其外形樣式、洗衣槽之容積、馬達大小、洗衣槽與脫水槽是否分開等等。同時，在此階段亦應確定產品之信賴度 (Reliability)、使用年限 (Life) 及可維護性 (Maintenance)。良好之設計應使產品易於分解及更換零件，或從事各項例行維護檢查，特別是易於損壞之部分，要設計在容易接觸更換的地方。

4. 最後設計 (Final Engineering Design)

　　此階段須設計產品實體雛形 (Prototype)，試驗或模擬其可用性，修正各項可能缺點以符合施工之要求，並應確定產品之規格 (Specification) 及所需零件 (Parts)。在製造方面，還要決定裝配圖 (Assembly Plan)，以利大量生產。產品規格之詳細程度隨產品精密度而不同，蓋越精密之產品將須更詳細之產品規格。

　　產品設計定案前，必先考慮「效益」與「成本」是否平衡。有時要犧牲效益以減低成本，有時要提高成本以增加效益。這種成本效益之平衡工作可從各零件著手。

對於超過產品設計要求規格之零件，可先予降低規格水準，例如不必負重之鋼板可減少其厚度。

5. 產品信賴度 (Product Reliability)

近年來由於客觀環境之改變，使得產品信賴度所受之重視倍於往昔，提高產品之信賴度不但增加使用者的方便，減少維護費用，同時亦減少製造廠家之保證費及商譽所受之損失。一般用於提高產品信賴度之方法有：

⑴降級法：將較高規格水準之零件或組件，用於原設計較低規格水準零件之產品。例如以 30 馬力之馬達，用於原設計僅需 20 馬力之產品即是。

⑵複件法：增設一種完成原先功能之零件或組件。當一組件發生故障時，另外之複件可繼續完成使命。

二、生產方法及製程設計 (Production Method and Process Design)

1. 機能、成本、與方法之配合 (Functions, Costs, and Methods)

產品一旦設計完成，就決定了製造成本之最低限。再聰明的生產工程師侷於設計，充其量也只能使成本降至該設計之最低限而已。因此，在產品設計階段就要考慮產品及其零件之生產或加工方式。

優良之產品設計，應能同時考慮產品機能 (Functions) 及生產成本，並確定生產方式。此後，製造工程師便需確定生產方法以降低成本。製造程序設計在決定所需之製程 (Process) 及其次序 (Sequence) 時，如果產量不大，製程之選擇可遷就現有之設備 (Equipment)；如果需求量大，設計穩定又不須經常變化，則可考慮採用新的「專用機器」(Single-Purpose Machine)，亦稱「單能機」與生產線布置。

2. 萬能機與單能機之比較 (General-Purpose vs. Single-Purpose Machines)

通常大多數之生產過程，不僅可用「通用機器」，或稱「萬能機」，亦可採用單能機，而此兩者各有其優劣點，在選擇時必須做適當之決斷，茲將其作為表列方式供比較參考，如表 2-1 所示。雖然在步入二十一世紀之後，許多臺灣新投資設廠都採專業分工方式，以購買單能機為主，但在中國大陸投資的工廠則尚有考慮購買萬能機之可能，所以表 2-1 之比較依然具有學習價值。

表 2-1　萬能機（通用機器）與單能機（專用機器）之選擇比較 (Comparision between General-Purpose and Single-Purpose Machines)

決策變數	萬能機（通用機器）	單能機（專用機器）
1.原始投資 (Original Investment)	萬能機供應商較多，又有二手貨可用，故原始投資比單能機為低。	（與通用機器相反）
2.產出率 (Output Rate)	（與單能機相反）	用單能機人工少，更換工具夾具模具次數較少，填裝快，故產出率比萬能機高。但這並不一定是指機器運轉較快之故。
3.直接人工 (Direct Labor)	（使用較多直接人工）	單能機之直接人工比萬能機少。
4.彈性 (Flexibility)	萬能機可應用於較廣泛之操作。	（僅能應用於專門操作）
5.整備時間 (Set-Up Time)	萬能機整備時間較少。	（整備時間較多）
6.維護 (Maintenance)	萬能機比單能機簡單，零件易得，維護較易。	（維護較難）
7.產品品質 (Product Quality)	（品質不易提高）	單能機生產之產品品質與萬能機一致。
8.陳廢 (Obsoletion)	萬能機可塑性及通用性比單能機高，較不易被淘汰。	（若有新機種出現，甚易被淘汰）
9.在製品存貨 (In-process Inventory)	（在製品存貨較多）	單能機生產程序不易中斷，線上存貨堆積現象較少。
10.所需機器數目 (Number of Machines)	萬能機可應用於各種操作，故所需機器數目較少。	（總機數較多，幾乎每一操作皆須一個單能機）
11.操作員之技術要求 (Requirement of Operator's Skills)	萬能機一般需較高技術之操作員，但要取決於機器操作、偵測、及整備。	（因係單能操作，機器本身技術含量高，工人之技術要求不高）

在選擇萬能機或單能機時，除考慮上述因素外，尚須考慮以下之各因素，包括：

(1)足夠的彈性以應付產品變化。

(2)充足之零件及工具以供更換。

(3)與其他機器是否配合。

(4)供應廠商協助裝置及改正缺點之服務。

⑸使用機器之工人的專業訓練程度。

⑹正常之維護與修理。

⑺機器之安全性。

3. 製程規劃 (Process Design)

產品設計及生產方法 (Production Method) 設計完成後，接著要從事製程 (Process Design) 規劃。製程規劃之步驟及其與其他階段之關係，可以圖 2–9 表示之。

裝配圖 (Assembly Chart) 在於顯示零件間之關係、裝配次序、以及合成組件之零件，亦可作為組件裝配之合適性及零件「外購」(Buy) 或「自製」(Make) 之決定。然而它沒有指出各自製零件製作所需之操作及檢驗之詳細情形。故須繪製操作程序圖 (Operation Flow Chart)，指示各零件之操作次序、裝配次序、零件之相互關係。同時區分外購或自製之零件，協助各個工作地點 (Station) 之規劃、指示所需人工數、物料流程性質，物料輸送性質及生產流程之可能困難等等。

操作程序圖詳細的描述必須執行之各種生產性活動，而對於非生產性之活動未予描述。因而有同時注重「生產性」與「非生產性」活動的「產品流程圖」(Product Transport Flow Chart) 以便將操作活動與實際工作場所結合在一起，並指明所需之輸送 (Transport) 及儲存 (Store) 活動。在工廠裡，輸送與儲存等非生產性活動在整個製造循環中佔相當大比例，所以管理當局常想辦法削減這方面之支出。產品流程圖提供了一些可行的方法。此外流程圖尚可用來改良現有之流程，或協助新產品建立良好之流程。由於上述三圖皆係詳細之操作性實務，在此只做觀念之介紹。

4. 自製或外購 (Make or Buy-Outsourcing)

自製或外購分析是目前很多廠商常會面臨的一項取捨活動，尤其在二十一世紀高科技產業講求全球「垂直分工」及「全球運籌管理」時為然。由於有關之因素常影響公司之收支甚大，故一般公司無不謹慎處理。一般而言，零件之自製或外購，在原則上取決於經濟因素，但也要顧及非經濟因素。所需零件如在專利或技術 (Know-How) 上沒有問題，廠商可考慮自製或外購。如果自製較為便宜，則以自製為佳；否則外購。

惟此種成本分析應僅考慮「有關成本」(Relevant Costs)。也就是說，自製或外購分析應僅考慮決策所會直接影響之成本。例如有閒置設備可用，成本分析就不必考慮折舊費用，如果自製不增加燈光、熱力，則燈光、熱力所花之費用亦非有關成本。如果設備並非閒置，則須考慮其「機會成本」(Opportunity Costs)。所謂「機會成本」是指取消其他用途而就本用途，所犧牲之貨幣值。由於非閒置機器設備用於生產某

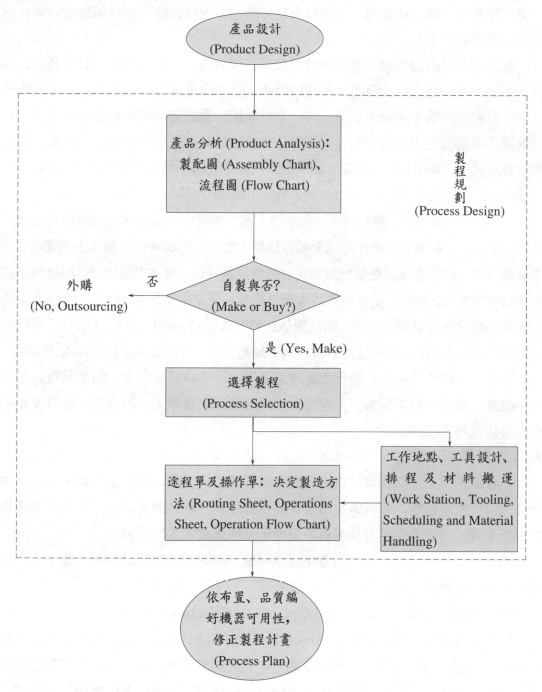

圖 2-9　製程規劃之步驟 (Steps of Process Design)

特定零件，則必會犧牲其他可能用途，故而應考慮其機會成本。

　　換句話說，在自製或外購經濟分析中，以「增額成本」(Incremental Costs) 或「減額成本」(Decremental Costs) 為決策之基礎。對於原為自製零件，考慮外購時，要先

分析「外購減少那些成本？」。如果原來是外購，考慮自製時，應分析增產該零件將發生何種有關成本？

此外，我們尚須考慮一些非經濟因素，例如品質、產品信賴度、製造技術、原料之取得、專利權、交貨日期、長短期因素、公司政策等等。現在（二十世紀末及二十一世紀初）很多美國大品牌公司，常把零配件委託臺灣高科技公司代工生產，而臺灣高科技公司也自製一部分，把另外部分委託其他衛星供應商代工生產，如此層層委外代工（即外購），形成一套很錯綜複雜之外購—外購—外購生產體系。

5. 機器及方法之選擇 (Machine and Manufacturing Method Selection)

當決定「自製」後，接著便須決定製造方法，即決定使用何種機器或經過何種工作程序製造。一般而言，零件可以多種方法加工製造，例如要在一個孔上切螺紋，可用多角車床、自動車床或數值控制車床。其選擇往往以「成本」為準則。如以最小成本法為決策準則，計劃產量及增額成本將是影響決策之主要因素。如果工廠擁有所須之機器，而且亦有足夠之產能，則首須估計整備成本 (Setup Costs)、工具成本等「固定成本」(Fixed Costs)，及包括原料、人工及動力等「變動成本」(Variable Costs)。

除了上述經濟分析外，製程之選擇還要考慮一些非經濟因素，諸如品質、速度及精確度。當交貨日期緊迫時，速度會變成決策之主要準則。同樣的，品質及精確度亦可能成為主要準則。

6. 工具選擇 (Tooling Selection)

工廠所使用之工具相當昂貴，因此在購買新工具之前，應注意有無舊工具可修改或代用，也就是說，儘可能使用或裝修舊有工具。除非確實必要，不然不要輕易添置新工具。同時應保持各種工具放置處所及修護成本等等紀錄。

工具之設計應注意耐用，以避免經常損壞，同時要避免設計錯誤，使工人不致操作不便，而影響工作之進行。

7. 途徑及操作選擇 (Routing and Operations Selection)

最後討論「途程單」(Routing Sheet) 及「操作單」(Operations Sheet) 兩者。途程單及操作單確定產品或零件之實地製造方法。對於製造商而言，此項文件與工程設計圖有同等地位。工程設計圖說明生產什麼，而途程單及操作單則說明如何生產。也就是說，途程單(1)描述所須之操作及操作次序，(2)確定使用之機器或設備，(3)估計整備時間及每件所需之製造時間。如果再詳細的說明操作方法或標準，即為操作單。

三、廠房規劃 (Plant Planning)

製程設計工作完成後，接著就要「廠房規劃」。其實廠房之規劃是製程設計的延伸，只有在詳細之廠房布置完成時，製程設計才算完成，而當製程種類、所需人工及服務類型決定後，才選廠址 (Plant Location)。因此，製程規劃與廠房規劃是連續並相互影響的。本小節採自劉水深教授所著《生產管理》一書，華泰書局出版，讀者可參閱詳細內容。

廠房之規劃可分為兩個主要工作，一為廠址選擇，另一為設備布置 (Equipment Layout)。廠址之選擇一般包含兩個階段，第一為「廠房地區」(Location) 之選擇，即決定在何區域、縣市設廠，如台積電到中國大陸投資 8 吋晶圓廠，傳說要在上海市松江區。第二為「座落地點」(Site) 之選擇。前者與設備布置可同時分開進行。廠房座落地點之選擇，則應先參考「設備布置」(Layout) 設計，再從所選擇之區域中選一適當地點。然後再就廠房座落地點，修正設備布置。其關係如圖 2-10 所示。

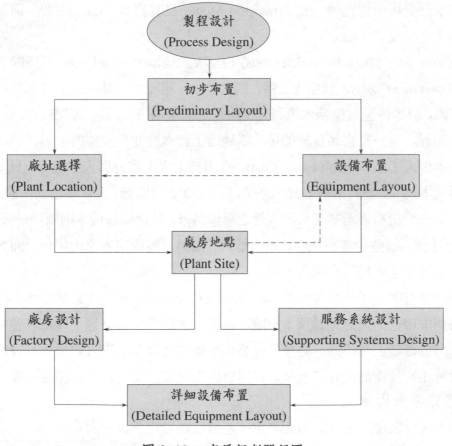

圖 2-10　廠房規劃關係圖

（一）影響廠址選擇之因素 (Factors of Selecting Plant Location)

廠址選擇以降低整體作業之全部成本為目的；亦即，在使公司得到最大利潤。因此，不僅要考慮短期之操作成本，同時還要考慮長期資本投資之平衡。此外，除了數量化之成本因素外，尚要顧及非數量化之因素。

1. 廠址數量因素之分析

為便於分析，可將成本分為「取得」原料之成本 (Acquisition Costs)，將生產因素「轉換」成產品之成本 (Transformation Costs)，及將產品「分配」至消費者的成本 (Distribution Costs) 三種。這三種成本因素影響各行業廠址的選擇，但其相對之重要性卻因行業之不同而有很大之差別，端賴產品性質及其生產技術而定。

「生產因素取得成本」(Acquisition Costs) 包括「直接成本」及「間接成本」。直接成本是原料 (Material Costs) 及其運費 (Freights)，保險費 (Insurance)，間接成本則包括採購之有關成本 (Purchasing Costs)，如訂購 (Ordering)、驗收 (Inspection)、儲存 (Storage) 等。間接成本部分往往取決於採購系統，較少受廠址選擇的影響。原料之運費成本便受可用之運輸方式 (Transport Mode) 及其費率 (Rate) 影響。而費率則決定於廠址之距離 (Distance)。

「轉換成本」(Transformation Costs) 包括人工成本 (Labor Costs) 及所購各種服務之成本 (Service Costs)，包括光、熱、動力、水、租稅等。其中人工成本往往隨著區域而不同，例如各區域生活水準與勞工需求之競爭情形不同，工資率 (Wage Rate) 亦必因此而異。有一點必須注意的是，單純的工資率並非是決策的準則，真正決定因素應是單位人工成本 (Unit Labor Cost)，亦即勞工之生產力與人工成本之比率；光是這一項成本，就使臺灣的勞力密集產業，在 1990 年代開始，大量移植到中國大陸去，造成二十一世紀初臺灣勞工失業大增之蕭條情景。其他轉換成本則取決於製程 (Process) 之性質。某些生產方法中，水、動力、燃料佔轉換成本之大部分，而這些成本可能因廠址所在區域而有很大差異。

與廠址有關之「分配成本」(Distribution Costs) 就是產品之運輸成本。從工廠將產品送到市場，此段之運輸成本亦隨工廠與市場間可用之交通工具及其費率而定。當然，由於運輸工具不同，必會改變公司對顧客之服務水準（如減少訂貨與收到貨物間之時距）及產品之存貨水準，再影響到其他間接費用，這些都應考慮。

2. 廠址非數量因素之分析

除上列之數量因素外，還要考慮一些無法數量化之重要因素。

⑴勞工供給情形及可利用之高級技術人員：各種行業所需技術人員多寡不同，

而各地區所能供給之技術人員亦多寡不同。一般半技術或非技術工人 (Semi-Skilled or Unskilled Labor) 為各行各業所爭取之對象。因此，在考慮各地勞工之供給情形時，除應考慮目前之勞力供需情形外，尚須考慮將來其他工廠湧入之可能性。

(2)環境污染：保護環境漸受重視，如行業之生產會產生噪音或造成水、空氣及泥土之污染時，應選擇可容易處理之地點。

(3)氣候及天然現象：有些地區常發生天災，而使公司遭受損失。此外，各地區之溫度、濕度不同，亦是某些行業選擇廠址之重要因素。

(4)社區對公司之態度：中國大陸各縣或縣級市常以許多優待辦法來爭取廠商設廠，以提供就業機會及增加稅收。例如提供廉價土地、工業區之開發等。例如上海市松江縣（現改為區）提供很大土地及優惠條件，爭取台積電、鴻海、廣達等等大公司去投資設廠，就是一例。

(5)除上述因素外，閒暇消遣設施、社區成長潛力及大學或研究中心之有無等亦應納入考慮。

（二）廠址選擇因素之相對重要性 (Relative Importance of Plant-Location Factors)

廠址選擇因素之相對重要性，各行各業有很大之差別。主要視其「投入－產出」因素、及製程之需要而定。

(1)投入因素之「重量」或「體積」之單位價值很低時，運輸成本將成為決定廠址之重要因素。譬如水泥廠、磚廠、玻璃廠等以靠近原料產地為佳。

(2)成品之「運費」很大時，廠址應鄰近需求市場，如汽車工業，通常將其裝配廠設於需求市場附近，以降低其成品之運輸成本。

(3)「分解」型之生產系統往往設於原料供應地附近，而合成型之生產系統，則以需求市場附近為佳。分解型之生產系統所用原料種類少、數量多、需求市場分散，如在原料產地附近將可減少運輸成本。合成型生產系統恰相反，其原料種類多、產地分散、產品少、需求市場較集中，故在減少運輸成本之觀點，以需求市場附近為佳。

(4)如果生產過程中需要「大量」的水，則廠址應選擇在河流旁邊，例如造紙、化學工業等。如果生產過程需要大量之動力，則應以有廉價動力供應為重點。此外，製程所產生之廢物處理，特別是對動植物有害者，更應選擇容易處理廢物之地區。

(5)如果生產過程需要高技術工人，則應以該地區是否有高級技術工人為著眼，這些公司最好在高等教育機構附近，如美國加州矽谷有史丹佛大學，所以電子電腦

高科技公司就在附近設立。對於勞力密集之行業，應以勞力之供給及勞工成本為主要考慮因素。

（三）廠址決策過程 (Decision-Process of Plant Location)

廠址決策過程，包括三個步驟。首先以上述方法對各個地理區域做一評估，選一最適區域。這個區域可能包括一個 50 至 100 哩為半徑的範圍，而我們假設該區域內的每一位置都具有相同的利益。

每個區域內通常都有三種類型的位置，為城市、鄉村、郊區等。因此，決策的第二步工作為決定設廠於此三種不同類型位置之相對利益。表 2-2 分別列出此三種位置的相對利益，而這些因素的相對重要性，自然隨各行業而有不同，而仍需要主觀及客觀的判決。

表 2-2　廠址位於城市、鄉村及郊區的相對利益 (Comparison among City, Urban and Country)

一、城市位置的優點

　1.有較好之運輸系統運送原料、成品及員工上下班。

　2.各類勞力供給充足。

　3.相關行業的輔助服務多，取得容易。

　4.當地消費者較多。

　5.財務融通較易。

　6.市政服務較佳。

　7.企業服務（資料處理、法律、會計、管理顧問等）較多。

二、鄉村位置的優點

　1.水量可能較充分。

　2.有廉價土地可資利用。

　3.稅率較低。

　4.法令限制較少。

　5.勞工穩定性較佳。

　6.閒暇消遣較方便。

三、郊區位置的優點

　1.可兼上述二者之某些優點。

　2.有規劃之工業用地。

　3.可應用土地面積較大。

　4.勞工、財務融通、相關行業及地方市場均與城市位置相似。

第三步便是找出確定的座落地點。此時管理者必須考慮裝卸設備、材料及員工的運輸設備、擴充及停車的空間以及當地的各種因素。

當然，對廠址做完善的分析，尤其在收集許多可能廠址的各種資料時，成本可能很高昂。但是有許多地方政府機構，願意提供許多這方面的資料，以鼓勵廠商投資。

（四）國外設廠決策 (Foreign Plant Decision)

近年來，企業全球化趨勢大熱，廠商在國外設廠之興趣越來越濃。其原因很多，第一，國內工業化程度越大，勞工之供給越感缺乏，工資率也日漸增加，而一些低度開發之國家，其工資率似乎較低，前往設廠頗為合算。第二，國際市場之開拓，就近生產可節省運輸及其他費用。第三，最近各國進入 WTO，貿易設限日趨降低，各廠競相進入，只有在當地設廠方可就近接近客戶，以達拓展國際市場之目的。

國外設廠當然要考慮到成本問題，許多廠商在國外設廠，其稅捐成本反較其國內者為高，特別是在低度工業化國家，原料成本貴了不少。另者，工資率雖然較低，但生產力則亦甚低，致使單位人工成本方面未能取得助益。國外工廠之其他費用亦較高，因此在考慮國外設廠時，應分析其「總利益」及「總成本」（即可行性研究），而非僅工資率一項。因為對某些項目而言，國外設廠似乎較有利，但在另一些方面，則費用甚高。兩者應互相平衡，採取真正有利之作法。

前面所討論之因素，各國差異很大，特別是工會活動情形不一，影響成本甚巨，應格外注意。

四、設備布置 (Equipment Layout)

設備布置之使命在於安排生產所需之機器設備與人力之配置，使生產能經濟有效的進行。要達成此項任務，設備布置必須儘可能減少零件及人員之移動，以及零件之製造時間，如此方可減少人工及其他費用。

「設備布置」是「製程設計」之延伸，它是就製程設計，並考慮生產數量，而發展出經濟有效的生產系統。也就是說，它整合「生產什麼」（What，產品設計圖及規格）、「如何生產」（How，途程單及操作程序單）及「生產多少」（How Many，預測、訂單、外包）而成。

（一）設備布置之目標 (Objectives of Equipment Layout)

設備布置之最終目標，在有效地安排機器設備與人員工作區域，以使生產過程得以經濟有效的進行。此項目標可細分為以下八點：

⑴便利流線型之生產過程 (Stream-Line Production Process)：機器設備及人員工作區域之安排，要儘可能使原料能平滑的移動，減少不必要之遲延，同時使得半成品經過任一工作點（站）時，容易辨認與計數，而不致與其他批次相混淆。

⑵減少原料之處理 (Least Material Handling)：如果可能的話，原料之處理以機械為之。另外各零件最好能在移動之同時進行加工，如噴漆、烤焙、洗滌等。

⑶維持彈性 (Allowance for Flexibility)：產品組合之改變常須改變布置，因此如能在設計設備布置時，預先考慮未來之可能改變，將較富彈性。

⑷維持在製品高度周轉率 (High Turnover of In-Process Goods)：設備布置要能維持在製品高度周轉率，使在製品存貨減低，所需之營運資金自亦減少，這些都可節省生產成本。

⑸減少機器設備投資 (Reduction of Equipment Investment Costs)：例如兩種零件都要磨床加工，途程安排如使之共同應用一個磨床，將可不必增加另一部磨床投資。

⑹地面之經濟利用 (Economic Use of Space)：設備布置應使機器間之空間足夠供應人與原料操作即可，不必過大而使有用之空間形成浪費。

⑺有效的利用人力 (Effective Use of Manpower)：浪費人力便是增加成本，只有合適妥善的布置，減少不必要的活動，才能有效的利用人力。

⑻提供員工方便、安全及舒適的工作環境及地點 (Better Working Conditions)：發聲大之機器的隔離，危險機器之自動化或加蓋以及通風、光線等等皆應加以考慮。

（二）設備布置之類別 (Types of Equipment Layout)

設備布置之類別有三，其一為程序布置，另一為產品布置，第三類為固定位置布置。

1. 程序布置 (Process Layout)

它又稱功能布置 (Functional Layout)，是將具有相同功能之機器或作業聚集在一起，而形成所謂「機器中心」(Machining Center) 或部門。例如焊接之工作集中在焊接部，油漆作業集中在油漆部。在程序布置中，各項產品利用同一機器加工，當需要某項作業時即送至該部門加工。每一產品或訂單因數量不足，不能完全利用一部機器或一工作站，因此只有與其他產品或訂單共用機器設備。其優缺點與前所述之間斷生產相類似，在此不予贅述。

2. 產品布置 (Product Layout)

它是將機器依產品之製程及操作次序安排，而成生產線之形式。在此布置方式下，原料及零件不斷的往下一工作站推進，直至產品完成為止，故亦有「直線布置」

之稱。在此布置下，機器或工作站完全投注於某單一產品或相似產品，因此常採用單能機設備，而使得布置缺乏彈性。

故只有在某些條件下，比較適宜採用產品布置，例如：

(1)需求量剛好能合理的利用機器，否則徒費機器設備之產能；

(2)產品規格固定，如果產品經常變化，則生產線需要配合修改；

(3)零件要能互換 (Interchangeable)，在生產線上不需要再特殊加工或配合，否則將導致裝配線之中斷；

(4)原料能源源不斷的供應，因原料供應是裝配線之重要關鍵，任何一原料或零件之短缺，將使整個生產線中斷。

3.固定位置布置 (Fixed Position Layout)

它是把各重要機器固定在特定地點，不同產品要加工時，搬到該處加工後，再搬走；這是不專門化生產之工廠的布置法，生產能量不能擴大。

五、工作設計與工作衡量 (Work Design and Work Measurement)

前面探討產品生產方法之總體設計問題，如生產程序、物料之流程及設備布置等等。此等總體設計實隱含著對工作基本結構之訂定，同時亦影響工作之定義及其內容。理論上，前述總體分析並不能保證可獲得最佳之工作結構。然而可能之工作設計不勝枚舉，又無可用之資訊可加利用，故實務上只能在總體設計下求取最佳之工作設計。

（一）工作設計 (Work Design)

工作內容之決定除受到總體設計（生產程序、設備布置等）及產量之限制外，尚須考慮人為及社會因素之影響。過去亞當斯密之分工論一直是工作設計的根據。近年來，許多研究者發現「過度分工」使得員工感到工作枯燥乏味，而工作之「擴大」(Enlargement) 可提高員工的工作滿足、增加生產力及品質水準等等，因此工作內容不能像過去完全取決於經濟因素，同時還要考慮非經濟因素，如員工的工作滿足。

工作內容確定後，才能設計最佳之工作方法。工作方法之設計尚要考慮生理及心理等因素，因為人們具有生理、心理及社會之特徵，這些特徵確定其工作能力與限制。例如一般人能拉 120 磅，工作設計如超過此限度，將減少可用之人選或造成員工之過度疲勞。

綜上所述，工作設計與其他因素之關係可如圖 2-11 所示。

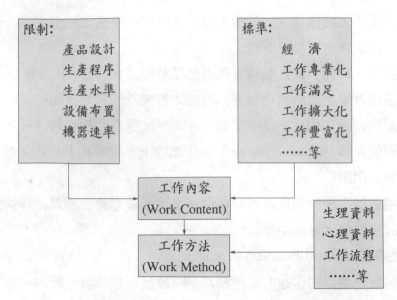

圖 2-11　工作設計與影響因素 (Work Design and Related Factors) 之關係圖

　　近年來，為改善過度分工所造成之缺點，產生許多學說，其中工作擴大化、工作參與、及工作豐富化值得吾人加以探討。

1. 工作擴大化 (Job Enlargement)

　　過度的分工使得工作專門化、例行化及員工對工作產生枯燥與不滿足，假如將工作重新設計，可以改善員工之滿足感並提高工作績效。「工作擴大化」即在增加工作之範圍及廣度 (Width)，以提高生產效率。例如指定裝配工從事較多步驟之工作，以增加其工作循環時間，除去固定移動速率之裝配線，擴大其工作範圍；同時讓他負責其工作之品質，以提高其工作深度。

2. 工作參與 (Work Participation)

　　在此無時不在變化之經濟社會當中，改變工作內容或工作方法，是不可避免的措施。然而不論何種改變，均會引起員工或多或少之抗拒。過去之經驗顯示，當工作內容或方法改變時，往往造成高離職率、低工作效率、產量下降及對管理當局不滿。為避免這些不良後果，讓工作人員參與決策是一個可行的方法。工人對於他們要實施之工作決策影響力越大，其抗拒心將越低，而適應力將越高。因此，在決定工作內容與工作方法改變時，最好讓工人在實質上或形式上參與決策。

3. 工作豐富化 (Job Enrichment)

　　此為管理人員嘗試有效使用人力資源的重要方法之一，此法是經由員工對工作之內生激勵 (Internal Motivation)，而增加對工作之滿意程度，及組織目標之達成。亦

即，經由增加工作深度 (Depth) 來維持及發展員工之內生激勵。富豪 (Volvo) 汽車公司在瑞典母公司主要生產部門所實施之工作豐富化計畫結果顯示，其員工之反應甚佳。員工們一致認為由於工作的多元化，工作範圍擴大，並與工作團體榮辱與共之感覺，讓他們體會到前所未有之工作滿足感。更由於此，生產力無形中隨著提高，減少勞資糾紛與怠工事件，而使離職率亦因而降低。生產力提高之結果，利潤增加，足可抵消因訓練及更新設備所增加之費用而有餘。

在研究工作方法 (Work Methods) 中，管理當局必須設法激勵及維持工人對工作改良之興趣，並強調改良工作方法可增進工作效率。由於工作方法之改變往往需要添置機器及工具，因此，管理當局應負責籌措所需資金，然而更重要的是，管理當局應積極支持，充實人員及設備，並給予精神上之鼓勵。管理當局也應定期檢討各項工作研究，及其績效，並從事定期之規劃與衡量，以評估其成效。

（二）工作衡量與薪工 (Work Measurement and Compensation)

工作方法設定後，管理當局可根據工作方法，發展「生產標準」(Production Standard) 以衡量人力「投入效率」。生產標準說明每單位時間（天、時、分）應該生產之零件數、裝配數、其他生產數量，或指明生產每單位產品所容許之時間。如以所需時間數表示，一般稱為「時間標準」(Time Standard)。生產標準雖用以預計每個雇員之產出，但並非僅包含工作時間而已。事實上，生產標準尚包括因工作而發生之遲延、休息、個人私事寬放 (Allowance)、以及疲勞寬放等時間。因此不同之工作有不同的生產標準數。即使相同之工作，如工作環境不同，其標準數亦應不同。

薪工之制訂不但要能吸引人才及留住人才，最重要的還要能激勵員工努力工作，因此合理之工資除要參考同業之平均工資及地區之平均工資，以及組織內各工作薪工之合理分配。同時，還要在精神上或物質上獎勵績優員工。組織內薪資之合理分配常借重工作評估方法，如利用因素比較法 (Factor Comparison) 及評點法 (Point Plan) 決定各職位之薪資。這些方法在一般人事管理之書籍均有詳細之說明，故不擬在此贅述。除合理之薪工制度外，公司亦應有足以鼓勵員工更加賣力工作的獎工制度及利潤分享計畫。

六、設備之維護 (Maintenance of Equipment)

廣泛地說，維護 (Maintenance) 包括保持整個生產系統，或系統中特定設備於可運用狀態之所有活動。也就是對建築物、生產設備及各種附屬設施等等之清潔、潤滑、檢查、維護及其他應有之保養，以使生產設備保持良好之機能和狀態，用以發

揮正常之生產效能。維護系統請見圖 2–12。

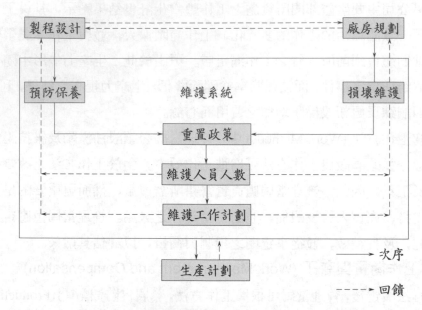

圖 2–12　維護系統 (Maintenance Systems) 圖

維護可分兩大類：「預防保養」(Prevention) 及「損壞維護」(Repair)。預防保養用以減少損壞之次數與嚴重程度。因為設備故障或損壞之次數愈少，操作之效率愈高。然而維護本身亦須成本，故而最佳之維護政策應使總營運成本（修理成本、停工損失、維護成本之總和）最低。

1. 預防保養 (Prevention Maintenance)

　　預防保養包含兩項工作，一為「例行」(Routine) 保養，目的在防止耗損及變壞。適時的潤滑工作可使機器減少磨損，保持精確及延長壽命。原則上例行保養應由設備之操作員負責實施，除非操作員無此技術或有其他原因不能從事時，才交給維護部門負責。

　　另一項工作是「檢查」(Inspection)。定期檢查能在設備損壞之前偵測出來，以便及早修理或更換零件。定期檢查又分「機能檢查」(Function Inspection) 及「精度檢查」(Accuracy Inspection)。前者檢查機器是否有故障或不正常之情形，後者則在檢查機器之精確度。

2. 損壞維護 (Repair Maintenance)

　　預防保養雖能減少損壞次數及損壞程度，但並不能完全杜絕機器之損壞。也就是說，損壞維護是不可免的。

　　損壞維護不一定要由公司內部人員負責，在多數情況下，臨時對外雇用專門人員反而較為經濟，例如汽車、打字機、電子計算機、電梯皆雇用外面專家從事損壞修理。因為這些修護所需技術性較高及修護次數很少，由外面專門人員負責反較為經濟。

　　當設備發生故障或損壞時，有時不必立即修護，或者立即修護也不見得經濟。例如對於一些小的損壞或故障，有時只要減少速率即可操作，為了充分利用維護之設備及人員，維護工作需要安排適當時間，以減少維護成本。

3. 零件之修理或重置決策 (Decision of Repair or Replacement)

　　成本當然是修理或重置抉擇之標準。除此之外，吾人尚須進一步考慮機器之新舊程度，如果機器已經陳舊，則採費用最低者，因其壽命不長，不必花費太多成本更換新零件而使零件之壽命超過機器之壽命。

　　除上述因素外，尚要考慮維護人員之工作繁忙程度，如果工作清閒，可花時間去修理，如果很忙，則以更換零件為佳。目前技術工人難尋，特別是具有維護技術之工人工資更貴，故除小修復即可復元者外，一般趨於更換為佳。

4. 維護人員人數之決定 (Number of Maintenance Workers)

　　預防保養工作除由操作員負責實施者外，其他由維護部門負責之工作應予以彙總評估。當然，工作量 (Work Load) 應以標準工作時間估計，在預防保養工作未建立工作標準之前，亦應客觀估計工作量，再以總工作負荷除以每人之工作量，即可求得維護人力之需求。

　　對於公司自行維護修理之工作，其人員之決定應使人員成本和故障或損壞損失之總成本為最小。損壞維護人員越多，所須支付工資越多，而其閒置之機會越多，但是當機器損壞或故障發生時，可立即修理維護以減少機器故障之損失。

第四節　生產規劃 (Production Planning)

　　生產規劃體系如圖 2-13 所示，包括銷售預測 (Sales Forecasting)，產能規劃 (Capacity Planning)，集體調配規劃 (Collective Planning)，物料管理 (Material Management)，存貨控制 (Inventory Control)，時序安排 (Scheduling) 等步驟。

一、銷售預測與生產規劃 (Sales Forecasting and Production Planning)

（一）預測是計劃的基礎 (Forecasting and Planning)

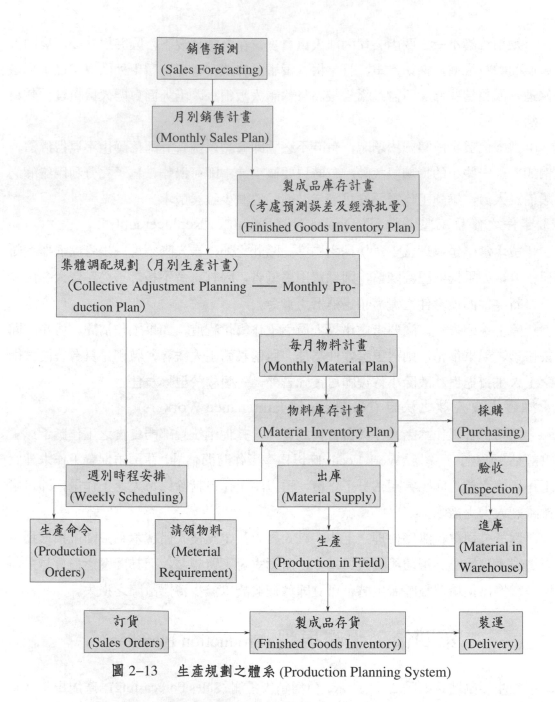

圖 2-13 生產規劃之體系 (Production Planning System)

生產的目的在滿足顧客的需要，然而顧客的需要並非一成不變，廠商要避免缺貨所喪失之銷售機會，或減少存貨過多所積壓之資金，則有賴良好之銷售預測。因此，銷售預測是生產計劃及生產時程安排或簡稱排程 (Scheduling) 之起始點，而生產計劃及生產排程又是採購、規劃工廠生產、準備人、機及工具之基礎。銷售預測尚能指示擴充 (Expansion) 之時機，預先計劃籌措資金 (Capital Financing)，以便擴充廠

房、購買機器及充裕營運資金。

「標準生產方式」(Standard-Made Method) 的廠商在銷售之前，必先製造產品，並存入倉庫。因為從獲取投入因素，至製成產品，往往需時甚久，故銷售之前一段時間，就要籌措一切，此項要求促使「銷售預測」在計劃（存貨）生產上扮演重要的角色。

至於「訂貨生產方式」(Order-Made Method) 的廠商，雖不必預測顧客訂購何種產品，需要多少，但仍然需要預測將來各期之工作量，以便預先備好各種生產因素，應付將來需求之變化。何況多數訂單都有一定的期限，要獲得訂單往往要具備足夠之產能，否則即使訂單接了，無法如期交貨，仍不免違約，以致喪失公司信譽及金錢。

銷售預測之目的既在預估未來可能情況，以供決策參考，故預測要有意義，要發揮其功能，則預測之時距，最少要長於決策及執行決策所需之時間。如果預測之時距甚短，以致無法採取有效之準備行動，則預測將毫無價值可言。

任何決策都要以預測為基礎，但不同之決策可能依據不同之預測類型。在財務上，常採用預算預測為年度預算之基礎，當然亦採短期之營運預測，以考慮現金之流入與支出。在行銷上，則採用年度、季、月之預測，以便擬定銷售目標或銷售配額。預測依其在生產方面之用途可分成三種類型:「長期」產能預測 (Long-Range Forecasting)、「中期」生產規劃預測 (Medium-Range Forecasting) 及「短期」營運預測 (Short-Range Forecasting)。

（二）長期計劃 (Long-Range Planning)

長期產能預測之目的，在決定何時需要擴充產能及其大小。所有的企業，特別是大企業，需要長期預測以規劃新廠房及設備。此種預測較為粗略，一般是預測工廠所有產品總需求 (Total Demand) 之最高額，不必細分個別產品之需求。長期產能預測之時距，必須涵蓋規劃時間、建造期間，以及設備之使用年限。因此其時距往往長達 5 年、10 年甚至 20 年。

（三）中期計劃 (Medium-Range Planning)

中期生產規劃預測在估計「類似產品」(Similar Product Group) 在某一段時期之需求水準，以便規劃生產時序，作為整體之規劃，以決定在既定之產能下; 如何應付需求之變動。

簡單地說，中期生產規劃預測用以決定人力總需求、總生產（如機器小時，所需機器等）及預期存貨水準。為達成該項目的，此類預測應以需求數量表示之。中

期生產規劃之預期時距涵蓋數個製造週期或至少一個需求期。

（四）短期營運計劃 (Short-Range Planning)

短期營運預測是每日營運之主要根據。生產時序安排、原料之採購及存貨控制等均有賴此預測。它是預測「個別產品項目」(Individual Product Items) 之銷售單位，而非類似產品之銷售單位，此種詳細程度非長期產能預測所需。短期營運預測須經常修正，如一個月或少於一個月修正一次，方能因應市場之變化，滿足顧客需要。

總之，預測之用途決定了預測之性質，也可能決定了預測之方法。此外，預測之詳細程度亦取決於其用途。一般而言，預測時距越長，其詳細程度越低。

（五）銷售預測之方法 (Sales Forecasting Methods)

在實際從事銷售預測之前，必須先決定到底企業內那幾種產品需要預測，然後才可以開始採取實際銷售預測的步驟。銷售預測之主要步驟如下：

(1)選取預測方法：預測方法種類相當多，較常用到的有「判斷預測法」，「市場調查法」，「經濟指標法」，「時間數列分析」，「計量經濟模式」等。在選取預測方法之前，應對各種預測方法加以瞭解，然後再設法選取一種最適當的預測方法，這時應考慮下列各種因素：正確性、成本、適時完成，及可瞭解性。

(2)蒐集有關的資料：對於企業外部資料的蒐集，在國際市場上，應該蒐集一些有關國際經濟動向、新技術動向、海外製品動向、競爭對象國家之有關產品之政策等資料；在國內市場上，應蒐集的資料不外涉及到國內經濟情況（包括國民生產毛額、每人可支配所得與國民所得分配等）、國家經濟建設及經濟政策、本產業動向、競爭企業之動向與競爭策略、國內市場大小與消費型態之變化。

(3)編製預測：資料蒐集齊全之後，就可著手編製預測了。預測的項目包括市場佔有率、各地區之銷售量、全年度之銷售量、每個月之銷售量以及產品淡旺季之月份。這些都屬於銷售預測之編製範圍。

銷售預測編製完成以後，銷售預測之工作並未完全結束。我們應該拿銷售預測數值（量）與後來實際發生的銷售數值（量）互相核對，並計算偏差情形。然後進一步加以追查並分析預測偏差的原因。同時一方面將偏差的大小通知生產部門負責人做適當的修正，另方面將追查檢核的結果做成紀錄留作下次預測時之參考。茲將預測之控制系統繪如圖 2-14。

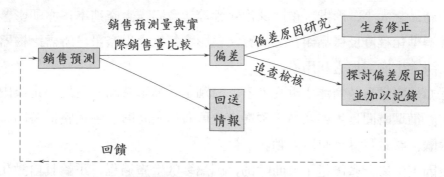

圖 2-14　預測控制系統 (Forecasting Control Systems)

二、產能規劃 (Capacity Planning)

（一）產能規劃以中、長期需求預測為基礎 (Long-Medium Range Forecasting as the Basis of Capacity Planning)

任何廠商在建造工廠時，心中一定有一個期望之生產能量 (Production Capacity)，也就是說，要建造具有某種產能之工廠。然而在這動態之經濟社會中，某一固定產能並不能完全滿足市場長期需求之變化，而且實體產能也無法在短期內調整，往往需要較長之前置時間 (Lead Time)。因此，產能之決定往往要考慮中、長期需求情況，也就是要以中、長期預測為規劃產能之依據。此外，特定產品、產品組合及消費者嗜好之改變皆可使今日生產設備之產能在明日陳廢，由此吾人必須時時注意產能的控制及重新規劃。

（二）影響及限制產能之因素 (Factors Influencing Capacity)

在考慮產能規劃與控制前，應對影響產能之主要因素及限制因素先有所瞭解。它們可用圖 2-15 來表示。

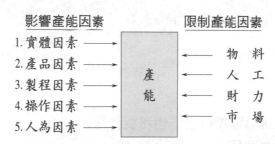

圖 2-15　影響及限制產能之因素 (Factors Influence Capacity)

實體因素包括工廠設計、廠房布置、廠房環境及物料搬運方法等等。

產品因素如產品功能之設計、產品組合、簡單化及標準化程度、品質規格及所

用原料、產品之大小、形狀、重量及複雜性等皆會影響生產速率，亦即影響有效產能。而其標準化程度及產品組合之多寡，會影響每批之生產量，所需之機器整備時間，因而決定生產設備之利用率。

製程亦是影響有效產能之重要因素，特別是「循環時間」更是決定產出之主要因素之一。循環時間是生產產品所須從事之所有活動時間，包括整備時間、上機、下機、檢驗、整理及其他有關活動。

人為因素的影響產能是不言而喻的，因為多數生產過程，不論其自動化程度為何，皆要有人操作，由於各員工之能力限制不同，產能亦隨之改變。故而在考慮產能規劃及控制時，以上各因素均不可忽略。

三、集體調配規劃 (Collective Adjustment Planning)

（一）五種調配策略 (Five Adjustment Methods)

假如廠商之產品需求非常平穩，則規劃工作將是輕而易舉，同時亦可建立一穩定之員工人數及生產時序安排。可惜，在實際情況中，需求甚少是固定的，各產品需求之變化只是程度問題而已。因此，廠商必須發展出一套策略，以經濟有效的應付需求之變化。集體調配規劃即是在產能固定的限制下，以各種手段來應付需求變化的一種方法。其目的在規劃「各期」之生產量，而非建立個別產品之生產時間表。其首要工作即在確定集體需求水準，然後利用模式或其他方法，發展出特定計畫，以確定生產水準、員工人數、加班情形、存貨水準及外包數量等等，以為短期規劃分配各資源給各種產品或訂單時序安排之基礎。

集體調配規劃之主要策略有五：

⑴改變員工數（增雇或解雇）。

⑵改變生產率（加班或減少工作時間）。

⑶改變存貨水準。

⑷外包。

⑸缺貨。

以上五種方式，可以單獨行之，也可混合行之。

（二）調整產能之原因 (Reasons for Capacity Adjustment)

在生產計畫擬定後，真正施工前，往往尚須調整，其主要理由有二：

⑴實際需求可能與用以擬定生產計畫之需求預測有所差異。

⑵實際生產能力可能與計劃能力不相吻合。

　　預測需求值固然會與實際需求不相同，實際生產能力與計劃生產能力亦常有差異，其原因可能是員工之流動率高、出席率低，或零件短缺而使生產能力不如原計劃能力。但亦可能因效率高而使產量超過原計劃生產量。

　　調整計劃產能之目的在於防止過多或過少之存貨。而集體調配規劃，在多數情況下，僅在尋找較為經濟的方法而已，實屬混合各種策略配合運用，並非為個別產品設定新生產計畫。

◨ 四、物料管理 (Material Management)

（一）物料成本佔產品價格之絕大比例 (High Percentage of Price being Material Cost)

　　一般製造業之物料成本（零件及原料之成本）常超過其售價的一半，有些產業，其物料成本所佔之比率更高達 70% 以上，而利潤卻僅佔銷售額之甚小比率。因此，物料成本之些微降低，可大大地增加利潤。要降低物料成本有賴物料管理方法之改良。

　　物料管理包括採購 (Purchasing)、存貨管制 (Inventory Control)、檢收 (Inspection)、運送 (Delivery)、儲存 (Warehousing) 等功能。其作業細則及與其他生產因素之關係，可由圖 2–16 一目了然。

　　在物料管理活動中，有兩個基本概念非常重要，應加提示，它們是價值分析與 ABC 分析。

（二）價值分析 (Value Analysis)

　　採購作業不但要按「規格」(Specifications) 購進適合品質水準之物料，同時還要不斷的尋求「新原料」(New Materials) 或有效之「代替品」(Substitution)，以確保供給來源及降低物料成本。價值分析提供一個結構性方法，以發展在維持一定品質水準下，減少成本的交替策略。本質上，價值分析是一系列的問題與回答；如：

　　⑴是否可用其他代替品來從事所需工作？

　　⑵有無可用之便宜材料可資取代？

　　⑶有無較簡單的方法？

　　⑷有無較快速的方法？

　　⑸是否可以作為其他用途？

　　在問題及回答過程中，有許多構想可一一列出，然後加以逐條評核，實對成本之降低有所貢獻。

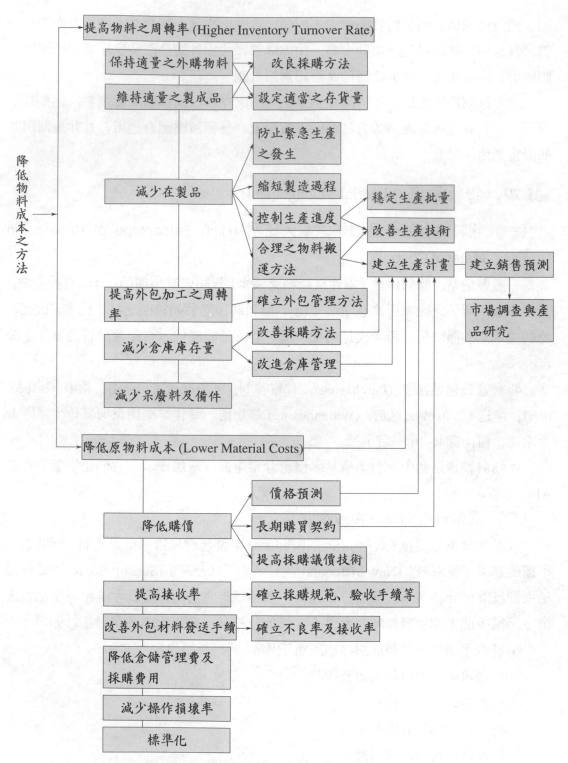

圖 2-16　物料管理及其他生產因素之關係圖

（三）ABC 分析

在工廠所用之千百種物料中，每種物料之重要性並不相同，因此，所應採取的管制程度也應有所不同。我們應採「重點管理」(Focus Management) 方式，對較重要之物料管制得嚴，對較不重要之物料管制得鬆一些。所有物料存貨的項目可歸為 ABC 三類。A 類的存貨項目少，但金額相當大，這就是重要的少數，由廠長控制。C 類的物料存貨項目相當多，金額卻很少，這就是所謂的不重要的多數，可由課員控制。B 類的項目及金額則介於 A 類與 C 類之間，可由課長控制。

對 A 類物料之管理要嚴格正確。要有一套完整的紀錄，藉以分析其需要之型態、數量、與時間。適時提出請購，盡量降低存量，避免浪費大量之存貨儲備成本與積壓大量資金。對 C 類物料之採購則應大批購進，可用複倉式 (Two Bin System) 來管制，以免影響工作進度。對 B 類物料未來需要量不必做過分詳細之預測，只要每日對存量之增減加以記錄，到達請購點時，即以「經濟訂購量」採購即可。

五、存貨控制 (Inventory Control)

不論何種廠商，存貨控制是管理當局所不能忽視的大事。一般製造廠商之存貨佔其資產之相當大比例，而零售商及批發商之資產幾乎全是存貨。因此，存貨控制之優劣影響企業利潤甚巨。二十一世紀初的臺灣高科技電子電腦通訊代工大廠，動輒大筆削減倉庫儲存過時之成品，影響當期損益甚大，並牽動股票價格，原因皆在存貨控制有問題。

廠商投資於存貨之目的很多，主要在避免需求變動所造成之停工待料，或避免成品缺貨失去顧客及裝運之遲延。有了足量之存貨，則可便利時序安排。但不論何種目的，存貨應予以控制，使得在滿足某特定顧客服務水準下，使其存貨成本最低。

存貨控制牽涉到下列二個中心問題：

⑴何時必須補充存貨？（訂購點之決定）

⑵必須補充多少存貨？（訂購量之決定）

因為如果訂貨（或生產）時間過早或數量過多，均將增加存貨量、積壓資金及其他儲存成本。反之，訂貨（或生產）時間過晚，或訂貨數量過少，則供需失調，可能因而失去顧客，或致停工待料。因此，適時適量的補充存貨，才能達成物料管理之目的。

存貨水準包括「最低存量」(Minimum Stock) 與「最高存量」(Maximum Stock)。最高存量係指在某特定期間內，某項物料存量之最高水準，通常以下列公式示之：

最高存量＝一個生產週期時間×每日耗用量＋安全存量 (Safety Stock)

最低存量係指在某特定期間內，能確保配合生產所需之物料庫存數量之最低水準，通常以下列公式表示之：

理想最低存量＝購備時間×每日耗用量
實際最低存量＝購備時間×每日耗用量＋安全存量

「訂購點」(Ordering Point) 係指在最低存量之時，應立即訂購補充物料，否則會影響生產之進行。訂購點通常以下列公式示之：

訂購點＝實際最低存量＝理想最低存量＋安全存量

「訂購量」(Ordering Quantity) 係指存量已達到訂購點時，物料應適時加以補充之數量。訂購量通常以下列公式示之：

訂購量＝最高存量－安全存量
　　　＝一個生產週期時間×每日耗用量

存貨控制若做得好，則產品服務供應率提高，顧客滿意，企業之商譽提高，進而促進產品之銷售。產品對顧客之服務供應量可由下列公式示之：

$$服務供應量 = \frac{交貨期間內實際交貨量}{交貨期間內訂貨量}$$

在一般之生產書籍上，一定可以見到「經濟訂購量」(Economic Order Quantity) 此重要之名詞，經濟訂購量係指「存貨總成本」最低情況下所訂購的批量。在存貨控制中，存貨總成本包括「訂購成本」，「存貨儲備成本」，「短缺成本」，與物料訂購價值。訂購成本 (Ordering Costs) 包括手續成本、採購成本、驗收成本、進庫成本及會計入帳及支付款項所花之成本。「存貨儲備成本」(Storage Costs) 包括資金成本、搬運與裝卸成本、倉儲成本、折舊與陳腐成本、及保險費與稅金。「短缺成本」(Out-of-Stock Costs) 則係指存貨不能滿足需要時，所發生的各種損失。我們必須對這些成本要素有所瞭解，才能進一步求得使總成本最低之訂購量。至於其公式內容因考慮因素之不同，而有不同，因涉及高深數學，故不在此贅述，但是應謹記「總成本最低」之原則。

六、時程安排 (Scheduling)

在前面已討論過集體調配規劃，擬定各期之生產量及人力水準等，在時程安排，簡稱「排程」(Scheduling) 時，尚須將此規劃之生產率依產品項目予以細分，並將可用資源依各產品項目予以分配，此種關係可以圖 2–17 示之。

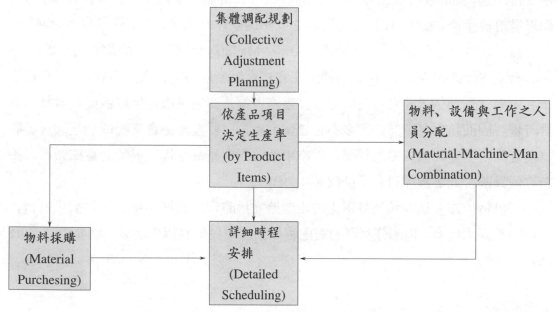

圖 2–17　時程安排關係 (Scheduling Relationship) 圖

時程安排是要將集體調配規劃，就個別產品項目予以細分，並分配各項物料、人力及設備 (Material-Man-and-Machine) 而成詳細之生產活動時間表 (Time Table)。一般人常認為時程安排是「人員」及「機器」之利用時間表，而忽略了「物料」之配合。然而如果缺少物料，人、機亦要呆置。

時程安排所面臨之情況不同，所以其問題之重點與利用技術亦有所差異。一般而言，時程安排之問題情況，依其生產方式，約可分成三類：

⑴專案時程安排 (Project-Type Scheduling)：如船舶建造、土木工程及重機械之製造等所面臨之時程安排。其主要問題為工作之次序、時間與成本之互換與負荷之平衡。單一專案進行時，常採用「計畫評核術」以安排時程，此不在本章討論範圍之內，故不贅述。

⑵連續性生產之時程安排 (Continuous-Type Scheduling)：採用產品布置之工廠，生產途程 (Routing) 固定，因此其時程安排較簡單，只要決定何時生產何種產品即可。

但一生產線常可用以生產相似之產品，此時這些產品之生產順序及生產數量就成為時程安排之重點。對於一貫作業之工廠，其時程安排之重點為原料之及時供應，但如在改變生產前，需要不同之整備工作，則各產品項目之生產次序亦為重要問題。

(3)間斷性或批量生產之時序安排 (Batch-Type Scheduling)：採用程序布置之工廠，其產品種類較多，產量往往又較小，此時時程安排不但要注意各生產命令之順序安排問題，同時要分派工作站之工作時間表，比連續性生產之時程安排複雜得多。如果是訂貨生產，交貨日期固定，時程之安排即要在有限資源內，做最有效之利用。

另外，要注意的是，「訂貨生產」(Order-Made Type) 與「存貨或標準生產」(Inventory or Standard-Made Type) 兩種生產方式之生產程序有很大之差異。在「存貨生產」中銷售預測佔著非常重要的地位。生產者視預測結果決定生產數量，並據以安排時程。因而接到訂單時，大多不必等候生產，只要直接由倉庫提取裝運即可。物料也要配合生產，預先妥為採購，生產單位接到生產命令後，只須向倉庫領料，不必等候採購，此等程序可表示於圖 2-18 (B)。

「訂貨生產」是在接到訂單之後才開始安排時程，並據以釐定物料需求計畫，再採購原料來生產。但部分共同物料則根據預測預先備妥以供需要。請參考圖 2-18 (A)。

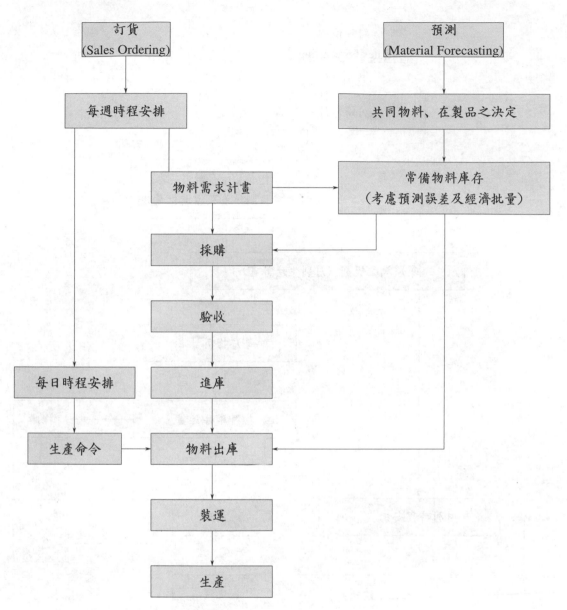

圖 2–18 (A) 訂貨生產之生產程序

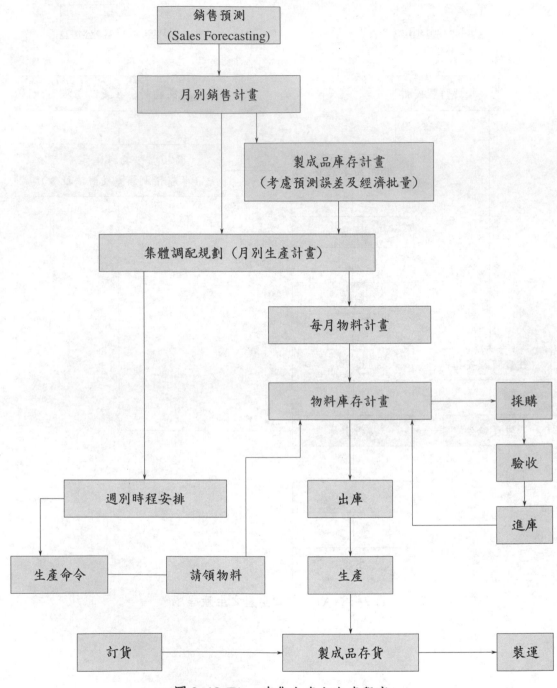

圖 2–18 (B)　存貨生產之生產程序

第五節　生產控制 (Production Control)

　　一般而言，假如所有生產準備工作完善，如「途程設計」及「時程安排」良好，則生產工作應能如期順利完成才對。但事實上，時序安排是很難盡善盡美的，這當然是生產工作不能如期完成之重要原因。但許多偶發事件常使原可圓滿達成任務之工作遭到挫折，例如停水、限電、工人請假、機器設備發生故障、原料短缺等等，常使時序安排為之混亂。因此，即使時序安排已頗完善，仍須控制進度。

　　時序安排後之主要控制活動包括「工作分派」(Dispatching) 及「催查」(Follow-Up)。前者是生產活動之起動工作，而後者則為開始生產活動以後之控制活動、品質水準及生產成本之控制，亦將是本節之兩個主要重點。

一、進度控制系統 (Progress-Control)

　　「工作分派」及「催查」兩者均是控制進度與生產數量之重要措施，然而，要使這些活動經濟有效，必須先瞭解所有生產活動之程序，才能使進度控制更為有效。有關生產活動程序已於前章論及，不再重複。

1. 工作分派 (Dispatching)

　　「工作分派」是依據釐定之「製造途程」及「時序安排」，將適當之工作數量分派給各工廠中之適當「機器」(Machines) 及工人 (Men)，以便隨時開工，並以最經濟之成本，指日完成任務；即須指定工作由誰 (Who) 負責，在那一機器做 (Where)。工作分派一般包含下列作業：

　　⑴檢查原物料是否可立即供應，並將其搬運至工作現場。(Materials)

　　⑵確認生產及檢驗工具設備已否整備妥當。(Tools)

　　⑶檢送產品設計圖、規則及材料單、布置圖、途程卡等給負責之監工。(Documents)

　　⑷從負責設計部門檢取有關檢驗資訊給檢驗部門。(Inspection)

　　⑸通知進度管制部門即將開始生產。(Progress-Starting)

　　⑹通知生產監工開始生產。(Supervision)

　　⑺製造完成時，將有關訓令（設計圖等）送回原處。(Return Documents)

　　⑻保持所有生產紀錄以供決策，如各種原因所造成之時間浪費、機器故障等。(Records)

2. 催查 (Follow-Up)

「催查」是查核各項工作施工程序及實際進度，使各項生產活動與計畫進度一致，而且要能相互協調配合，同時對產品品質的保證亦應回饋，否則產品數量、完工日期雖然與原計畫相一致，但品質如因趕工而降低，將使顧客不滿。催查工作亦可稽核工作分派之績效，指出工人是否按時序安排確實執行。

催查與工作分派常由同一人負責，特別是在專案計畫及連續性生產時。在間斷批量性生產，為便於追蹤控制，催查與工作分派應相互配合，因此不論是否合併，兩者必須要能有助於生產活動之評估與控制。

催查工作一般仍應「重點」處理，可簡化催查工作之負荷，亦可達到工作催查之功能，故為一種較具效率之工作催查方式。

3. 進度報告 (Progress Report)

「進度報告」指出各工作命令之進行狀況，以便在進度落後時能改變命令或改變時序安排。因此，進度報告中應列出已完成之工作及未完成之工作，同時還要說明進度落後之原因。當然，吾人亦可利用「例外管理」原則，只報告與原計畫有差異者。此時，「沒有消息即是好消息」，但不論是否採用進度報告，我們必須知道計畫被執行之情形。

進度報告之另一用途是提供行銷部門有關產品之供應情形或訂單之生產進度，以便使行銷部門與顧客協調。此外，從各種操作時間、廢料之多寡等資料，亦可用以協助將來工作之估計，使其更為合理可行。

再者，進度報告亦可作為成本記錄之依據，例如工作單及移轉單可提供原料之利用情形及員工之工作時數與績效，用以計算薪津。

二、品質管制系統 (Quality-Control)

(一) 品質與信譽及成本 (Quality-Reputation-Costs)

產品之品質直接影響產品在市場上的銷路與企業之利潤，於是現代之企業無不注意品質管制，因為實施品質管制後，一方面可降低產品不良率、減少品質損失費用、降低產品成本，並提高產品生產量。另一方面，可提高產品的品質，建立商譽，與增加產品在市場上的競爭力。

日本自第二次世界大戰以後，工業迅速復興，其最大特色為嚴格之品質管制，使其產品能躋上世界第一流水準，一掃過去對日貨之詬病。這種成果不能不歸功於日本產業界全力推展品管運動之結果。今天，我們要打開國際市場，則勵行品質管

制為當今企業界不可或缺之課題。

（二）全面品管 (TQC)

所謂「品質管制」也就是設定品質標準，並應用所能用的一切方法，去維持所設定的品質標準。其中將統計方法應用在品質管制的部分稱為「統計品質管制」(Statistical Quality Control, SQC)。品質管制不僅限於製造部門或技術部門，品質管制如要獲得真正的效果，必須自產品設計開始，經採購、進料、製造、成品檢驗、倉儲、裝運至產品到達顧客手中，讓顧客滿意為止的整個企業經營過程，成為一整個體系，並使各部門全體負擔品質管制的責任。這也就是「全面品質管制」(Total Quality Control, TQC) 大師 A. V. Feigenboum 所說的：「把組織內各部門的品質發展、品質維持及品質改造的各項努力，綜合成為一種有效的制度，使生產及服務皆能在最經濟水準，使顧客完全滿意。」

（三）品質管制系統 (Quality-Control Systems)

一個良好的品管系統應伸入組織內每個階層中，茲將其系統本身各部門之相互關連與影響說明如下：

⑴品質政策 (Quality Policy)：在制定品質政策時，各有關階層的管理人員必須時時注意消費者對產品品質之評估。將公司本身提供特殊品質水準的技術能力，提供這些水準所需成本，以及外在因素（諸如政府法令）作為產品設計的依據。

⑵產品設計 (Product Design)：新產品或重新設計的產品，必須經過謹慎之測試，當達到一相當水準後，方可正式製造上市銷售。

⑶資源投入管制 (Inputs-Control)：資源投入管制包括原料及人員管制。原料管制可從採購及驗收兩系統著手。人員管制包括人員雇用及訓練。在實施投入管制時，應將所得的資料送回 (Feedback) 各單位，以控制不合標準的投入因素進入製造程序中。

⑷製程管制 (Process-Control)：應檢視程序，並給予必要之矯正，必要之資料必須送回產品設計部門，以調整產品設計、生產系統設計，以及訂立品質標準。資料亦應送回投入部門，作為人員或物料更改之依據。

⑸產出管制 (Outputs-Control)：檢查與測試產出產品，以剔除瑕疵品。

⑹顧客使用情況 (Customer Services)：對顧客而言，產出必有合理的信賴度及維護保養，因此一個完整的品管系統應包括產品的運送以及售後服務。

（四）品質管制之目的 (Quality-Control Objectives)

良好的產品是得自「生產」，並非來自「檢驗」。防止瑕疵品銷售出去是消極的

目的，積極目的應為生產良好的產品。我們應防止瑕疵品之產生，同時在合理範圍內更積極的提高產品品質。深一層次來說，品質管制之目的可分成下列三種：

(1)降低生產成本 (Cost Reduction)：良好之品管減少了重做或報廢之產品數目，使得生產成本降低，同時透過各階段之檢驗，減少了無效之加工。

(2)產品品質之提高 (Quality Improvement)：品管部門根據生產經驗及使用之回饋，可建議改變產品設計與製造方法，加強製造過程中人、機、物之管制，對產品品質之改進有很大之貢獻。

(3)縮短交貨時間 (Shorten Delivery Time)：品管工作維持生產過程中每一作業之品質水準，並減少重做之作業，故能在最短時間內生產完成所需之產品，及時交貨。

三、生產成本控制 (Cost-Control)

前面已論及生產系統之目標在以最低之成本 (Right Cost)，適時 (Right Time) 提供適質 (Right Quality) 適量 (Right Quantity) 之產品。為了達成上述目標，吾人除了要控制數量、時間與品質之外，尚要偵測及評估實際生產成本之變化。事實上，評估各項企業功能績效之基本準則也是成本之一。也就是說，整個企業組織皆要實施成本控制。

成本控制系統通常可以圖 2–19 示之。對於生產活動所發生之「實際成本」(Actual Costs)，吾人依照成本會計制度加以衡量與記錄，然後再將該項實際成本之衡量結果與「標準成本」(Standard Costs) 或「預算」(Budgeted Costs) 相比較，同時分析實際成本與標準成本或預算之差異原因，以便對症下藥，採取矯正行動。此項矯正行動一般是由產生成本變異之單位負責人決定，因為他有職責按照一定之成本標準達成該項生產活動。

圖 2–19 亦隱含「責任會計」(Responsibility Costing) 之概念。「成本會計」(Cost Accounting) 是以每個成本中心為單位加以記錄與累計，而成本中心則設立於整個組織之不同階層。每個單位之負責人即負責該單位之所有可控制成本。「可控制成本」(Controllable Costs) 是負責人能夠調節與影響之成本。換句話說，成本之衡量與記錄應能反映管理之階級與責任。例如裝配部門是廠商之一重要成本中心，其部門主管應取得有關該部門所用人力及物料之特定資訊。但對公司總裁或高級財務主管而言，此項成本須與其他成本彙總成工廠之成本摘要。因此，成本會計制度應依照成本中心之層次，配合組織各階層管理當局之需要，藉以反映各負責人之責任。必要時得重新調整部門之劃分，並重新設立會計科目。

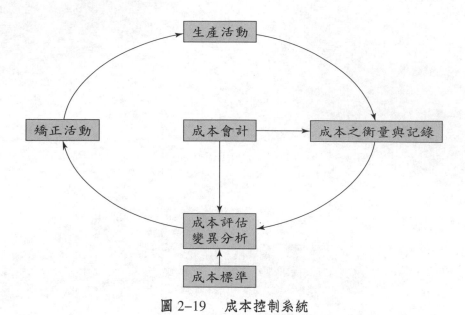

圖 2-19　成本控制系統

📐 第三章 財務管理要義 📐
(Essentials of Financial Management)

第一節 財務管理之傳統與現代性意義 (Concepts of Traditional and Modern Financial Management)

⊞ 一、傳統財務管理的定義 (Traditional Financial Management)

「財務管理」(Financial Management)，一稱「公司理財」(Corporate Financing)。在愛德華邁德 (Edward S. Mead) 所著《公司理財》一書中，將傳統的財務管理定義為，「應用在公司資本籌集及合併重整的一門學問」。換句話說，傳統的財務管理只是介於法律和會計之間的一種產物，如何籌集資金及如何借貸是其重心。而國內早期研究財務管理（或稱公司理財）之學者們大都偏重於討論公司發行的證券種類以及承銷的有關市場活動。甚至有者再討論現行政府法規，或者是再對公司財務報表做粗淺的分析而已。事實上，財務管理發展至今，其範圍不只於此，而且重點亦非上面所述。因此本章不準備討論舊式的財務管理，而是針對現代的財務管理理論做概論性的介紹。

⊞ 二、現代財務管理的定義 (Modern Financial Management)

現代財務管理的學者們認為財務管理最主要的目的，乃是「如何以最有效的理財方式，來配合銷產過程（亦即設備、採購、生產、銷售、財務等一元化），以獲得公司整體的、統合的經營效果，並促成公司價值之長期極大化 (Long Term Maximization of Company Value)」。因此舉凡影響公司價值之財務決策與行動，均為財務管理研討的範疇。在本質上，公司的財務管理是支援「銷」、「產」、「研發」前線活動的後方幕僚活動。事實上，財務管理是揉和經濟、會計、投資學、銀行、證券、保險、管理等等學問，而以企業「投資學」（風險與收益）的理論為基礎，會計學權責發生制為工具，再配合經濟學供需的概念，所發展出來的一套學問。所以探討財務管理之前，大部分的學者（如法瑪教授所著的《財務的基礎》一書所述）均認為應先有投資學 (Investment) 的基本概念，才能更深一步的探討財務管理的理論。本文要點偏

重於三部分：一、「投資決策」(Investment Decision)：亦即財務規劃及資本預算 (Financial Planning & Capital Budgeting)。二、「財務決策」(Financing Decision)：亦即資金結構以及融資政策 (Capital Structure & Leverage Policy)。三、「股利政策」(Dividend Policy)。

三、公司價值的評價 (Company Valuation Methods)

財務管理的終極目的是如何使公司有形及無形價值極大化。換句話說，如何使普通股股東獲得最大的利益，斯為公司的職責。因此如何評價公司價值是我們應加關心之事。通常評價公司價值有下列三種方法：

(1)股利法 (Dividend Approach)。

(2)盈利法 (Earning Power Approach)。

(3)投資機會法 (Investment Opportunity Approach)。

（一）股利法 (Dividend Approach)

在介紹股利法之前，我們先考慮普通股股東 (Common Stockholders) 所獲得的好處為何。一般而言，普通股股東可享受二種好處：一為股利 (Dividend)，另一為資本利得 (Capital Gain)。當然普通股股東出售股票時之股票價格決定於握有該股票之期間以及他所預期的投資報酬。換言之，投資者所願意購買某股票之價格，乃決定於其所預期該股票之未來收益水準，再以某特定折現比率 k 經折現後所得之現值 (Present Value)。

假設股利 $D_1, D_2, D_3,..., D_t$ 表示在期間 1, 2,..., t 每期期末，投資者預期收回的系列股利 (Dividend)。再假設 P_t 表示於投資者預期握有該股票 t 期後之市面價格。P_0 表示該股票現在的理論價格 (Present Value)。因此在股利法下，公司價值之評價公式如下：

$$P_0 = \frac{D_1}{(1+k)^1} + \frac{D_2}{(1+k)^2} + \cdots + \frac{D_t}{(1+k)^t} + \frac{P_t}{(1+k)^t} + \cdots \tag{1}$$

其中折現率 k (Discount Rate) 為投資者預期的報酬率 (Return Rate)。當然該報酬率必須大到能補償投資者本身的貨幣時間價值 (Time Value)，以及其預測未來利潤下所承受的風險 (Risk)。

然那些因素決定 P_t 呢？根據股利法之觀點而言，其仍決定於未來股利以及未來股票價格。於是假若握有股票無限期，則現在股票價格為未來股利之現值。亦即

$$P_0 = \frac{D_1}{(1+k)^1} + \frac{D_2}{(1+k)^2} + \cdots + \frac{D_t}{(1+k)^t} + \cdots \tag{2}$$

假設公司每期支付的股利均相同，則 $D_1 = D_2 = D_3 = \cdots$ 於是(2)式變成

$$P_0 = \frac{D_1}{k} \tag{3}$$

茲再假設每年股利以 g 成長率成長，且 $k > g$，則(3)式又變成

$$P_0 = \frac{D_1}{k - g} \tag{4}$$

（二）盈利法 (Earning Power Approach)

盈利法學派人士認為「股利」是股東最終極的利益，公司是否能支付股利，主要決定於公司的獲利能力 (Earning Power)，因此股票的理論價格為「調整後未來盈利」之現值。而所謂調整後未來盈利即未來盈利扣掉每期預期之投資部分。假設公司於 1, 2..., t 年年盈利為 $E_1, E_2,..., E_t$，而每年年投資額為 $N_1, N_2, N_3,..., N_t$，於是該股票目前之理論價格 P_0 為

$$P_0 = \frac{E_1 - N_1}{(1+k)^1} + \frac{E_2 - N_2}{(1+k)^2} + \cdots + \frac{E_t - N_t}{(1+k)^t} + \cdots \tag{5}$$

其中 $E_1 - N_1, E_2 - N_2,..., E_t - N_t$ 為調整後之未來盈利。

（三）投資機會法 (Investment Opportunity Approach)

主張投資機會法人士認為公司價值主要導源於兩種資源：一為現有的資產 (Present Assets)，二為未來公司成長機會 (Growth Opportunity)。而「現有資產」之價值為這些資產預期能產生之盈利的現值。「未來成長機會」之價值則決定於未來投資之大小以及該投資預期之報酬率。當該投資預期之報酬率小於投資者預期報酬率，則其對公司價值之影響變成負的。

假設：(1)預期公司現有資產能產生每股 E 元之盈利；(2)投資者和公司承受相同的風險，即兩者均用 k 來衡量投資者的預期報酬率；(3)公司每股有 N 之投資機會，其投資報酬率為 r，其中 $r > k$。於是公司現有股價 P_0 為

$$P_0 = \frac{E}{k} + \frac{N}{k} \frac{r-k}{k} \cdots \tag{6}$$

其中 $\frac{E}{k}$ 為現有資產產生盈利之現值，而 $\frac{N}{k}$、$\frac{r-k}{k}$ 為未來投資機會之現值，其中 $\frac{N}{k}$ 為未來投資成本的現值，而 $\frac{r-k}{k}$ 則表示未來投資獲利能力大於投資者預期報酬 k 之指標。

四、風險之分析 (Risk Analysis)

　　財務管理是以促使公司價值極大化為主要前提，進行各種投資決策以及財務融通計劃。在進行各種財務融通計劃時，一般須考慮兩個層面，一為報酬 (Return)，另一為風險 (Risk)。因此投資決策或舉債政策之風險衡量 (Risk Measurement) 以及報酬分配 (Return Distribution) 之衡量，如鳥之雙翼，不得偏廢。本小節先敘述風險之定義以及衡量風險之方法作為以後討論財務管理之基礎。

　　依《韋氏大字典》裡，「風險」之定義為「遭到損失、損傷、不利或毀壞之可能性」。換句話說，我們在執行一項財務決策時，除了應考慮該決策帶來的好處外，還要考慮該決策失敗的可能性，亦即該方案的風險。一般而言，報酬愈高的方案，其風險愈大。而構成風險之因素很多，一般可區分成兩種：

　　第一種為「系統風險」(System Risks)，指財務功能 (Finance Function) 系統內有關的風險，包括：

　　(1)利率風險。

　　(2)購買力風險。

　　(3)市場風險。

　　(4)週期性財務槓桿風險。

　　(5)週期性營運槓桿風險。

　　第二種為非系統風險，指財務功能系統外的風險，包括：

　　(1)非週期性財務槓桿風險。

　　(2)非週期性營運槓桿風險。

　　(3)管理風險。

　　(4)產業風險。

1. 利率風險 (Interest Rate Risk)

　　所謂利率風險，是指市場利率水準發生變動，造成投資報酬率之變動。通常投資活動或財務計劃預期之收入，均以市場利率 (Market Interest Rate) 作為折現率

(Discount Rate)。因此利率水準之變動，常造成財務方案成功的可能性發生動搖。在二十世紀 90 年代，貨幣市場利率在 10% 左右，但在二十一世紀初，貨幣市場利率大降，日本存款利率為零，美國為 1.5%，臺灣為 2%。

2. 購買力風險 (Purchasing Power Risk)

所謂購買力風險，是指由於通貨膨脹之因素，使保有之財富或投資之財富，發生購買力降低的現象。因而此項因素在財務規劃上不得不慎重考慮。在 2001 年 911 恐怖事件後至 2003 年，各國通貨緊縮、消費信心下降，購買力也下跌。

3. 市場風險 (Market Risk)

所謂市場風險，是指行使財務計劃或投資方案當時，由於產品供需市場的波動，導致該投資方案報酬發生變動，所帶來損失的一種風險。由於市場波動，純屬內生性，不論其是否有理性，都依然存在。市場需求變化可能由於新競爭者出現，也可能新競爭產品出現，更可能消費者口味改變。

4. 財務槓桿風險 (Financial Leverage Risk)

所謂財務槓桿風險，即公司利用負債代替自有資本，進行投資決策所冒得不償失之風險。通常以負債對股東權益之比例大小，來衡量財務槓桿之大小。換言之，財務風險為以「負債」融通資金所造成投資報酬發生變動的一種可能性。而財務風險包括系統風險和非系統風險。當公司在商業循環週期銷售額起伏不定中，因使用財務槓桿所造成利潤之擴大或縮小，稱為週期性財務槓桿風險。若公司遭受意外損失（如火災或是董事長死亡），而致銷售額降低，在此情況下使用槓桿作用，導致投資報酬率下降所產生的風險，即是非週期性財務槓桿風險。在景氣時，舉大債經營（即借別人的錢來替自己賺錢），是合算的，槓桿雖大，但有利。但在不景氣時，借大債經營，即使有小賺，也賺不夠還利息，吃大虧，此時大槓桿打到自己，不利。經過企業借債經營數次大風波之公司到後來，都主張走「無債或低債經營」，如豐田汽車。

5. 營運槓桿風險 (Operations Leverage Risk)

所謂營運槓桿風險，即因使用較多的固定資產，所造成報酬之變動之風險。因此固定資產使用得愈大，營運槓桿愈大。其中和商業週期循環有關者，稱為週期性營運槓桿風險。由於事件出於意外者，稱為非週期性營運槓桿風險。銷產營運量大又穩定，當然擴大生產設備及產能是有利的，但當銷產營運量不穩定時，不管銷產營運是大或小，動用大固定資產來營運，都會造成產能過剩之大成本負擔，不利。

6. 管理風險 (Management Risk)

所謂管理風險，乃是因一個公司產品品質好壞，以及經營管理之良莠所造成投資報酬率之變動。管理風險之比重越來越重要，因為上述諸種風險之造因，都是不良管理決策造成的。

7. 產業風險 (Industry Risk)

所謂產業風險，是指一個產業中之各企業，同時受到某種共同力量之影響，而導致投資報酬率之變動。例如外國競爭，反污染法規等，凡此種種均會影響到同一產業內各公司經營成果。一國之產業結構（成本、利潤、需求、創新）受到國際化影響（尤其加入 WTO 之後），可能發生全盤變更，某一產業有利，則諸廠皆得利，某一產業被淘汰，則同行諸廠也難逃厄運。

第二節　財務分析以及財務規劃 (Financial Analysis and Financial Planning)

一、財務分析 (Financial Analysis)

將公司之財務狀況，包括資產、負債、淨值、銷售收入、成本及費用支出、稅負、淨利、股數、股利等等，公開給投資大眾知道，是公司董事會治理的要項，也是財務經理主要職責之一。一般而言，財務經理可以基於內部管理目的，做內部財務分析，以便提供內部各種經營決策之用，此為內部財務分析。若外部投資人士，依據公司所公布之財務報表，加以分析做投資決策之用，則為外部財務分析。

不論如何，此兩者仍離不開以公司財務報表作為基礎。公司財務報表包括：資產負債表、損益表、股東權益變動表、現金流量表及相關輔助表（含合併財務報表）等等。因此財務報表之正確性以及是否符合一般公認會計原理原則，是公司最大的職責，也是公司是否基於倫理道德感之最大表現。二十一世紀初，美國大企業恩龍 (Enron)、世界通訊 (World Com.)、美國線上時代華納 (AOL-Time Warner) 等等公司，爆發財務報表虛假，以虧報盈，大董事長、大執行長掏空公司，而著名會計師事務所幫兇作假，引起市場不信任危機，股價大跌，皆為不道德之罪惡行為。以下將簡單介紹財務分析的方法以及財務分析的運用，俾作為內部財務經理和外部投資人士之參考。

財務分析大致可分為兩種，一為比率分析 (Ratio Analysis)，另一為趨勢分析 (Tendency Analysis)。比率分析基於財務報表上各種因素彼此間的比值關係，找出該

比值之特殊意義，再和同業相比較，以便檢討公司各種政策及方案之正確性。趨勢分析則就同一家公司前後數年變動情形做一比較，評斷其公司成長能力或穩定性，而上述之比值通常以下列四種比率為評斷之指標。（見表 3-1）

表 3-1　財務分析比率類別表 (Financial Analysis—Ratio Analysis)

比　　率　　類　　別	計　　算　　公　　式
1.流動性比率 (Liquidity Ratio)	
a. 流動比率 (Current Ratio)	→ 流動資產 / 流動負債
b. 速動比率 (Quick Ratio)	→ 速動資產 / 流動負債
2.槓桿比率 (Leverage Ratio)	
a. 負債比率 (Debt Ratio)	→ 總負債 / 總資產
b. 利息保障倍數 (Interest Coverage Ratio)	→ 稅前利息前淨利 / 利息費用
3.經營比率 (Activity Ratio)	
a. 存貨周轉率 (Inventory Turnover)	→ 銷貨成本 / 平均存貨
b. 平均收帳期 (Account-Receivable Turnover)	→ 應收帳款 / 平均每月銷貨額
c. 固定資產周轉率 (Fixed Assets Turnover)	→ 銷貨額 / 固定資產
d. 資產周轉率 (Assets Turnover)	→ 銷貨額 / 有形資產
e. 淨值周轉率 (Net Worth Turnover)	→ 銷貨額 / 股東權益
4.獲利能力比率 (Profitability Ratio)	
a. 利潤邊際 (Profit Margin)	→ 淨利 / 銷貨額
b. 資產報酬率 (Return on Assets)	→ 稅前利息前淨利 / 有形資產
c. 淨值報酬率 (Return on Equity)	→ 淨利 / 股東權益
d. 每股盈利 (Earning Per Share)	→ 淨利 / 流通股數
e. 每股股利 (Dividend Per Share)	→ 股利總額 / 流通股數

1. 流動性比率 (Liquidity Ratio)

　　流動性比率可以用來衡量一個公司在某一時點下之短期償債能力。質言之，該公司為短期債權人提供了多少安全邊際，由流動性比率可以測量出來。「流動比率」係用來衡量公司是否能以一個會計年度內之流動資產（如現金、應收帳款、一年內到期之長期投資……）償付短期負債的能力。「速動比率」(Quick Ratio) 係將流動性較差的預付款項及存貨自流動資產中扣除，用來衡量公司是否能以變現性最佳的資產來償還短期負債。因此「流動比率」即使相等，並不意謂兩個公司短期償債能力相等，須透過更進一步地分析其「速動比率」方能斷定。

2. 槓桿比率 (Leverage Ratio)

　　「槓桿比率」又稱長期流動性比率，係用來衡量公司於某一定時點下之長期償債能力。換言之，即長期資金仰賴舉債的程度以及長期債權人安全保障的程度。「負債比率」(Debt Ratio) 係總負債與總資產之比率，又稱財務槓桿，係用來衡量長期債權人獲得安全保障的程度。易言之，用此來衡量「自有資本」和「他人資本」之相互消長的程度。「利息保障倍數」(Interest Coverage Ratio) 則在衡量公司之盈利在某種程度下才能應付每年支出的利息成本。

3. 經營比率 (Activity Ratio)

　　經營比率係以「周轉率」(Turnover Rate) 為主幹，而周轉率之大小又視銷貨多寡而定，故經營比率可衡量公司使用經濟資源之效率及有效性。「存貨周轉率」(Inventory Turnover) 係用來衡量存貨變現的速度；過高，喪失市場佔有率；過低，積壓資金。「平均收帳期」(Account-Receivable Turnover)，亦稱「應收帳款老年期」(A/R Aging)，則用來衡量應收帳款收現的速度；收帳期過短，表示信用政策過緊，導致銷貨減少；過高，表示信用太寬，收現變難。「固定資產周轉率」(Fixed Assets Turnover)則用來衡量固定資產使用效率（與銷售額比較）。周轉率過低，表示公司固定資產生產能量猶未充分使用，或所使用的機器設備較陳舊猶未重置。「資產周轉率」(Assets Turnover) 則用來衡量有形資產使用的效率（與銷售額比較）。「淨值周轉率」(Net Worth Turnover) 則在衡量自有資本運用之效率（與銷售額比較）。判斷「經營比率」是否適當，除了和同業比較外，還可做自我上下期的比較，來推斷公司運用資源之有效性及效率性 (Effectiveness and Efficiency)。

4. 獲利能力比率 (Profitability Ratio)

　　「獲利能力比率」則在衡量公司高階政策、戰略和中下層行動措施之綜合成果，是所有受股東委託經營者所追求的最終重要目標。「利潤邊際」(Profit Margin) 在反映一個營業期間每 1 元銷貨中，扣除一切製造成本、銷、管、財費用、以及支付政府服務及保護之代價（租稅）後，所留給股東之利潤部分。「資產報酬率」(Return on Assets, ROA) 在衡量公司總資產每 1 元中所產生的淨利若干。「淨值報酬率」(Return on Equity, ROE) 則站在公司所有權者之立場，分析該公司之淨利經營成果。「每股盈利」(Earning Per Share, EPS) 以及「每股股利」(Dividend Per Share) 均在衡量每位股東所能獲得之每股盈利及每股可分配股利若干。換言之，所有這些比率均在測定公司經營成果之大小。

　　透過上述這些財務比率，投資者（股東、債權人）及財務經理可以對公司的財務狀況有一通盤的瞭解，以便做外部投資、內部經營管理決策之用。然因此種橫斷

面 (Cross-Section) 的比較僅是靜態性的分析 (Static Analysis)，未能表現動態的營業變化 (Dynamic Changes) 情形。並且損益表僅止於一個年度之動態分析，無法預測長期獲利性。再者，由公司財務結構之細項比率上無法獲知公司成長的情況如何。因此必須再藉助趨勢分析 (Trend Analysis)，來發覺公司縱斷面之長期趨勢 (Latitudal Trend)，再和同業之趨勢相比較 (Industrial Comparisons)，才可對公司之過去和現在有一通盤的瞭解，由此來評斷公司未來之好壞，才不會太偏頗。

二、財務分析之綜合運用 (Composite Index of Financial Analysis)

財務分析係針對各個比率，各個項目分別考慮。然各個項目間有好有壞，實很難判別公司財務狀態或經營狀況是否優良，此時只有憑靠過去的經驗，做直覺的判斷，也因此往往會發生重大錯誤，把好的看成壞的，把壞的視為好的，而失去正確性。因而現代的財務管理專家，設法同時考慮各種比率，以一種總點數 (Composite Index) 來表示該公司之財務情況是屬於健全或非健全，於是利用種種數量方法，如因素分析 (Factor Analysis)，多變量變異數分析 (Multivariate Analysis)，區別分析 (Discriminate Analysis)，將其各個財務比率給以比重權數 (Weights)，而求出其總指數點數，找出區分標準的臨界值 (Critical Value) 來判斷公司之優劣。

三、財務規劃及預算 (Financial Planning and Budgeting)

財務經理主要的職責之一是做財務計劃與控制 (Financial Planning and Control)，而財務預算 (Budgeting) 確是其中心環節。所謂「預算」即是預先利用數學或金額為工具，對將來公司業務活動妥為規劃表達，藉以協調各部門，使之均能致力於公司的整體目標（而非個別目標），進而利用「目標管理」及「成果管理」的觀念，對各部門的績效做公平考核 (Performance Appraisal)，進而對偏差事項採取矯正行為 (Corrective Actions)，冀能日新又新，達成公司價值之極大化。因此嚴格的預算工作，就是「計劃、執行、考核」前一中一後行政三聯制之管理工作，並非止於編製預算表本身，而是包括編製預算表以前的計劃及協調工作，以及編成後之執行，甚至於最後發生偏差時之預算控制、考核。詳言之，預算的功能可由下列三方面加以說明：

第一、計劃方面 (Planning)：

⑴以有計劃式的理智經營代替直覺式的感情經營 (Rational vs. Emotional)。

⑵使有限資源，做最有效的運用，產出最佳效益 (Minimum-Inputs, Maximum-Outputs)。

第二、協調方面 (Coordinating)：

⑴使各部門的目標與組織的目標一致，不致抵觸 (Consistence of Objectives)。

⑵使部門與部門間的聯繫更為密切，使各種機能不致脫節 (Tied Connection)。

第三、控制方面 (Controlling)：

⑴透過目標預算，加強各工作單位之責任感 (Responsibility-Centers)。

⑵發現差異，分析差異發生原因，並提供解決之道 (Review and Corrections)。

在公司之內，所編製之預算大致可分為兩項：「營業預算」(Operations Budgets) 和「財務預算」(Financing Budget)。所謂「營業預算」係指下一營業年度內，各有關銷、產、發、人事、採購等營業活動的計劃與控制所編製的收支預算。其最終目標在編製預計年度損益表 (Income Statement)，故可再劃分成「專案預算」與「責任預算」。「專案預算」(Project Budget) 係指由下一年度公司各部門將進行之主要行動方案，所估計之「收入」與「成本」構成。通常對每一產品品目編列一「產品別預算」(Product Budget)，每一「產品別預算」顯示該產品預計的銷產收入與成本。「責任預算」(Responsibility Budget) 則為負責執行工作計畫之單位負責個人，編製一個收支預算，預算編成後，遂成為對該經理或負責人之「預定目標」，俾與其事後實績相比較，做預算控制 (Budgetary Control)。

所謂「財務預算」係各營業預算最終綜合之產物，就其性質言，其最終目標在編製公司之預計「資產負債表」(Balance Sheet)，短期流量用的「現金預算表」(Cash Budget)，以及長期計劃用的「資本預算表」(Capital Budget)。

「現金預算表」係以現金流入量 (Cash Inflow) 及現金流出量 (Cash Outflow)，來說明在某一段時間內，公司現金之來源與運用去路，它強調適時性 (Right Time)。財務經理可以利用「現金預算表」來確定公司未來一年內，何時有充裕資金 (Surplus)，何時缺乏 (Deficit)，如何充分活用庫存現金，不使爛頭寸，以及如何籌措資金，以支應短缺。因而「現金預算表」的編製可分為兩種：

⑴以「預計損益表」及「預計資產負債表」為出發點，將其現金，經數字調整，反映在現金的來源及去路上。

⑵採用直接估計法，就營業上每項現金收支，一一預計，並配合資本支出及盈餘分配所需支付之現金，表現在現金預算表上。

「資本預算表」則指固定資產投資支出計畫的整個過程中，其經濟壽命在一年以上，所做的預定資金支出計畫，如土地，廠房，及機器設備之購置或擴充，研究發展支出，大規模促銷活動支出均屬之。由於資本支出 (Capital Expenditures) 係以實

現未來利益為目的，投入各種資源，所做的長期承諾，它反映的是追求公司的基本目標，對一個公司的經濟福祉任務有深遠影響。

在第五節至第七節我們將以專題來討論編製資本預算的程序以及資本預算的一些新技術。

第三節　流動資金管理 (Working Capital Management)

一、流動資金概論 (Concept of Working Capital)

（一）流動資金的意義

企業從事銷產活動，以追求利潤為目的，其資金 (Capital) 之運用，除用來購置固定資產外，尚需充做「流動資金」(Working Capital)。關於流動資金之意義，各方說法不一，重要者如下：

⑴傳統觀念認為「流動資金」便是「流動資產」(Current Assets) 超過「流動負債」(Current Liabilities) 的差額，亦即所謂淨流動資產 (Net Current Assets)。此為一般徵信調查人員，會計人員，或投資分析人員所常用，這種定義比較嚴格。

⑵一般企業人員認為「流動資金」為「流動資產」的全部，亦即一般人認為會流動、短期的、會變成現金的資產。

⑶艾特門 (Eiteman) 教授認為流動資金應按照實際用途來區分，凡是營運中的資金，亦即由營運 (Operations) 而產生「經常收益」(Regular Revenues) 的資金叫流動資產，這種定義最為寬鬆。

（二）流動資金的種類

流動資金為企業銷產過程中所運用之資金，是活的資金，依其運用之期間及性質，通常分為下列三種：

⑴經常性或永久之流動資金 (Regular or Permanent Working Capital)。為每一企業開業後，所需之最低限度以供周轉的現金 (Cash)、原料 (Materials)、在製品 (In-Process Goods)、製成品 (Finished Goods) 及應收帳款 (Accounts Receivables)，為任何期間內企業不可缺少的流動資金。

⑵季節性流動資金 (Seasonal Working Capital)，即某一旺季所需特別準備之資金。

⑶特別流動資金 (Special Working Capital)，如預防物價上漲、工人罷工……等所需之流動資金。

（三）流動資金管理的特性

⑴因有流動資金之周轉 (Turnover)，方能產生毛利 (Gross Profit)，為企業收益的主要根源。

⑵對流動資金之管理常需牽涉到對未來之預計 (Future Estimates)，因此易受外在因素之影響，但卻是影響公司甚鉅。

⑶由於流動資金極易招致損失，或發生浪費，或使用不經濟之現象，因此流動資金之管理顯得特別重要。

⑷流動資金之管理為企業每日所面臨之問題，而固定資金之管理問題則不然。

⑸流動資金就數量而言，通常為一企業資產總額的二分之一。

二、現金之管理 (Cash Management)

對於現金之管理需注意下列各點：

1.現金數量之決定

現金為非營利性資產，其本身不能賺錢，所以為數不宜太大，只求其適當而已，否則會成為爛頭寸。關於「庫存現金」多少之決定，要兼顧「營利」(Profitability) 及「周轉靈活」(Liquidity) 兩個目的。亦即在不損害資金流動性的原則下，盡量減少現金存額。因此應隨時注意：⑴現金是否太少，⑵現金是否太多，⑶多餘現金之運用去路。

2.現金收支之處理手續

「現金收入」(Cash-In) 方面，必需防止經辦人員之挪用舞弊，所以「收件」、「記帳」及「經管」現金三者，最好分別由不同人員辦理，以收互相牽制之效。對「現金支付」(Cash-Out) 方面，必須設「定額零用金」(Petty Cash) 以支付小額款項，同時規定在若干金額以上，必需用傳票制度，甚至用支票支付制度，現在銀行與銀行間，銀行與廠家間，公司與廠家及員工間都有銀行帳戶，可供電子轉帳，所以銀行電訊轉帳 (T/T, Telecommunication、Transfer) 也替代支票劃線支付，以避免用現金巨額支付之可能弊端。

3.銀行往來調節表

由於公司帳冊記載與銀行帳冊記載在同一時日上常有出入，必需加以調節，以明真實存款餘額，作為現金調查之依據。

4.需注意支票之時效

由於支票是支付工具，原則上是見票日就是支付日，就是兌現日。可是在實務

上，常有支票兌現日在支票交付日之後，所以收票時應注意支票兌現日，並決定是否接受遠期支票，也應注意支票開票日後之有效提請兌現之時間，以免過期（半年或一年）無效。

■ 三、應收帳款之管理 (Management of Accounts Receivables)

對「應收帳款」(Accounts Receivable，簡稱 A/R) 之管理宜注意下面各點：

1. 應收帳款最大餘額之控制 (A/R Control)

由於應收帳款餘額受銷貨信用條件 (Sales Credit Policy)，延長付款期限 (Postponed Payment)，及現金折扣 (Cash Discount) 之影響，因此，吾人可根據授信天數 (Credit Days)，來推測應收帳款餘額之最大限度，並與實際餘額比較，以檢核催收之效率。

2. 銷貨信用條件寬嚴之決定

銷貨信用條件之寬嚴，關係成交之銷貨金額之大小，亦關係應收帳款呆帳損失之大小。因此宜配合市場情況及行銷策略來擬定最佳之銷貨條件。

3. 催收工作之管理 (A/R Follow-Up)

對應收帳款（即欠款）催收效率之衡量，應本於「增加」之收益 (Incremental Revenue)，應大於「增加」成本 (Incremental Cost) 之原則。

4. 信用保險之利用

為減少呆帳損失，在國外可以利用信用保險 (A/R Credit Insurance)。但國內則無此制度。有部分民營銀行（如建信商業銀行 (Sinopac Bank)），對信用良好之工廠，已開辦應收帳款抵押借款業務，並在網路上自動辦理（即 e-Factoring），對廠家信用融通助益甚大。

■ 四、存貨管理 (Inventory Management)

存貨管理宜注意下列事項：

⑴庫房排列應有條理，且宜加編號。

⑵重要存貨項目應訂定最低安全存量，最高存量，及經濟採購量。

⑶應建立帳卡制度，收發料應入帳出帳。

⑷應訂立經濟生產量。

在管理作業系統電腦化之後，這些存貨管理工作已進入「自動倉庫」(Automatic Warehousing) 之作業時代，成為 ERP 系統之一部分。

🔲 五、國內流動資金之來源 (Sources of Domestic Working Capital)

國內流動資金之來源有:

1. 利用信用交易（賒帳）

即企業利用賒購 (Open Accounts) 原料之方法以延緩付款期限,而達到資金周轉之目的。

2. 利用員工及親友資金

利用員工及親友資金之好處,有: ⑴手續方便,⑵不必提供擔保品;而其缺點為⑴此種存款多為活期,⑵利息負擔較重。

3. 向金融機構融通資金 (Loans from Banks)

目前最常用之融通資金之方式有⑴購料貸款,⑵原料或成品擔保貸款,⑶票據貼現,⑷應收客帳擔保貸款,⑸外銷貸款。

4. 稅捐記帳

5. 利用國外資金

通常可用: ⑴承兌交單 (Documents against Acknowledgement, D/A)、付款交單 (Documents against Payment, D/P)、或遠期信用狀 (Letter of Credit, L/C),自國外進口原料,而達到延緩付款之目的;⑵銷貨時請客戶開紅邊信用狀,准許此地銀行在貨物出口前,預付部分貨款,以供周轉;⑶利用國外貸款。

🔲 六、國內中長期資金之來源 (Sources of Med-Long Term Capital)

⑴企業內部資金來源。

⑵個人之資金。

⑶金融機構資金,其來源包括: ①銀行,②信託投資公司,③保險公司,④其他金融機構,如信用合作社,農會。

⑷發行公司債券,向社會大眾借款（必須有證券商來承銷）。

⑸發行公司股票,向社會大眾募集股本（必須有證券商來輔導及承銷）。

⑹發行海外可轉換公司債 (European Convertible Bonds, ECB),向海外金融機構先借錢,以後可以轉換為公司股票。

⑺發行海外存款憑證 ADR 或 GDR(American Depositary Receipts or Global Depository Receipts),向海外金融機構借美元 (ADR) 或歐元 (GDR)。

第四節　確定性下的資本預算 (Capital Budgeting under Certainty)

一、編訂資本預算的程序 (Procedure of Capital Budgeting)

由於資本預算 (Capital Budgeting) 之實施對公司未來營運有重大影響，因此在擬定資本預算時，不得不慎重做仔細的考慮。一般資本預算的擬定程序大致分為五個步驟：

⑴專案投資方案建議書的提出及可行性研究。(Proposals of Project Investment and Feasibility-Study)

⑵估計現金流量。(Cash Flows)

⑶評估各種投資方案。(Evaluation and Ranking)

⑷挑選最佳投資方案。(Optimum Selection)

⑸實施後的追查。(Follow-Up)

所謂專案投資方案建議書 (Proposal of Project Investment) 的提出，是先針對公司未來的產品行業別及產品項目別投資目標，以土地、廠房、及機器設備擴充為標的物，就公司內部投入產出能力和外部供應、需求、競爭環境，先做可行性研究 (Feasibility Study)，檢視此等構想是否符合公司發展目標之需要；若「是」，才編成專案投資方案計畫書 (Investment Plan)。當可行性研究確定後，「成本－效益分析」(Cost-Benefit Analysis) 為第二個步驟。為了要估計效益及成本，必需估計各年度之現金流量。所謂「現金流量」為稅後「淨利」(Net Profit) 加上「折舊攤提」(Depreciation)，並且必需考慮該特定方案整個經濟壽命 (Economic Life) 期間，年年為之，如十年。

再其次利用「還本期限法」，「淨現值法」，或「內部報酬率法」，將各種投資方案優劣等級排列出來 (Ranking)。然後在公司可用資金限額下，挑選 (Select) 最能促使公司價值最大化的方案，而付諸實施。在實施當中，必須隨時追蹤查核 (Follow-Up)，注意是否發生偏差，而加以矯正，才不會造成公司的損失。

二、投資分析的本質 (Nature of Investment Analysis)

由於「資本預算」係針對公司長期性固定資產的投資，亦即以資產的成本或效益延續一段很長的時間作為我們研究的對象。因此在進行投資分析時，要注意如何

在公司既有的總資源以及各種限制條件下，引導公司朝向最佳的成長方向，並促使公司價值極大化。因而「投資分析」的本質是由「評價理論」延伸而來，為了要確定投資分析（指資本預算）和公司價值間的關係，可以下圖加以解釋：

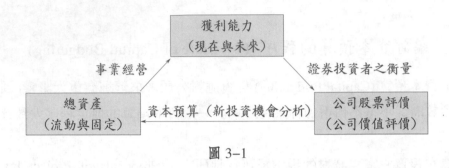

圖 3-1

上圖說明如下：首先，公司資產之大小及財務結構，透過經營者的銷產發經營能力，來決定現在及未來獲利能力，然後由社會大眾投資者衡量，根據公司現有經營結構以及公司未來新投資決策，做全盤性的評價 (Valuation)，決定了公司股票價值的大小及價格高低。而公司本身為了要提高公司之市場價值，必須評估新投資機會是否能增加公司未來之獲利能力，因而產生了公司之「資本預算」行為。由此可知「投資分析」(Investment Analysis) 是一種公司價值「評價理論」(Company Valuation) 的延伸，同時「資本預算」確實也是公司高階決策經營的要項之一。

三、現金流量及投資分析的準則

由於公司「股票價值」可以視為未來調整後淨利的函數，但為何「投資價值」不以未來調整後淨利為其函數？事實上的差別只在名詞上之不同而已。現金流量 (Cash Flow) 之來源為淨利加上折舊，而調整後淨利則是會計淨利加上調整項目，而此兩樣對公司價值之評價是一致的，因此本文以現金流量為投資方案的準則。在計算現金流量時，須注意兩個原則：

第一、增加原則 (Incremental Principle)

決定公司在新投資下和未投資下所增加的現金流量有多少。

第二、稅後原則 (After-Tax Principle)

由於公司稅捐之多寡對於現金流量之多寡及期間有影響，因此只有採用稅後的科目對我們分析才有意義。

瞭解現金流量之決定後，怎樣才能決定是否要冒險去投資呢？我們可以下列五種方法來評估：

⑴還本期法 (Payback years Method)。

⑵淨現值法 (Net Present Value Method)。

⑶內部報酬率法 (Internal Rate of Return Method)。

⑷利潤成本比率法 (Benefit/Cost Ratio Method)。

⑸會計投資報酬率法 (ROI Method)。

然在分析此五種方法以前，我們有幾個假設要加以說明，即：

⑴投資結果完全能肯定。

⑵資本市場完全競爭（因資金供需對利率很敏感）。

⑶股票 (Stocks) 和公司債 (Bonds) 本身沒有差別，其個別報酬率相同。

四、投資報酬率法 (Average Return on Investment Method)

會計投資報酬率法主要是以會計資料為準，其基本公式為：

$$平均報酬率 = \frac{平均稅後淨利}{原始投資額}$$

其中平均稅後淨利是依一般公認的會計原理原則所求得的稅後淨利，先求投資期間各年平均利潤總和，再除以經濟壽命年數即得。而原始投資額，則指公司列入成本之部分。公司本身再制定一個平均報酬率取捨點 (Cut Off Point)，若大於此點，則值得投資，否則即放棄該投資方案。綜觀該法之優缺點如下：

⑴優點：

①簡單：因資料來源為預計的一般會計數字，計算公式簡單，可節省時間，
　且便於追查。

②考慮了整個投資持續期間（如十年）之收入。

③不受折舊政策之影響。

⑵缺點：

①投資方案開始採納後，對於該案之增加投資很難適用。

②時間因素未調整，亦即未考慮金錢之時間價值，使該法之重要性逐漸消失。

③未考慮現金流量之觀念，容易受主觀意識之影響，以及會計政策之左右，
　而失去其正確性。

◨ 五、還本期法 (Payback Years Method)

此法係最簡單且使用最廣的方法之一。所謂還本期法係指一個投資方案所產生的現金流量收入，至其累積額等於原始投資支出額所需的年數，即為還本期 (Payback Period)。當然還本期愈短愈好，表示風險越小。譬如一個十億元的投資案，三年即可還本，比五年還本好，比十年還本更好。其基本公式為，假設 C_0 代表原始投資額，R_t 代表第 t 期之現金流量收入，n 代表還本期，則

$$C_0 = \sum_{t=1}^{n} R_t$$

若 $R_1 = R_2 = ... = R_n = R$，則

$$n = \frac{C_0}{R}$$

應用此法，公司可設定一個還本期（例如三年或五年）作為取捨數個投資方案的準則，若某方案之還本期超過此一準則，則捨棄；若小於，則接受。

綜觀該法之優缺點為：

⑴優點：

①簡單。

②採用了現金流量的觀念。

③注重流動性，就資金拮据之公司而言，具有重大的意義。

④採用此法對於每股盈利有良好的短期效果。

⑤帶給中小企業者心理上的安全感。

⑵缺點：

①忽略了金錢的時間價值。

②忽略了超過還本期以後的現金流量。

③未考慮殘值。

◨ 六、淨現值法 (Net Present Value Method)

所謂「淨現值」是投資方案之現金流量現值減去投資支出之現值之差額。就個別投資方案來說，若其所求得淨現值大於或等於零，該方案便值得採納，若其小於零，即應被擱置。若基於同一標準，而評估各項投資方案之排列次序，則以淨現值

最大者為優先投資。其基本公式如下：

令　R_t = 第 t 年末之淨現金流量

　　C_t = 第 t 年末之資本支出

　　n = 經濟壽命

　　k = 資金成本

　　NPV = 淨現值，則

$$NPV = \sum_{t=1}^{n} R_t (1+k)^{-t} - \sum_{t=0}^{n} C_t (1+t)^{-t}$$

若 $R = R_1 = R_2 = ... = R_n$，且在投資開始後，無增加之資本支出，則

$$NPV = R \times a_n \lceil k - C_0$$

其中 $a_n \lceil k$ 為每 1 元在 n 期內以 k 利率所折算之總淨現值。綜觀其優缺點為：

(1)優點：

　a. 採用現金流量的觀念。

　b. 殘值，增加投資之情況，均予以處理。

　c. 考慮到投資最基本的報酬：資金利息，即資金成本 (Cost of Capital)。

　d. 在投資持續期間內，所有收入均納入考慮。

(2)缺點：

　a. 算法較難，較難以應用。

　b. 經營當局必須決定其資金成本，然而資金成本較難求得。

　c. 對於原始投資額不相等的獨立投資較難予以評估其排列順序。

　d. 對於經濟壽命不等的投資方案，很難予以評估。

七、內部報酬率法 (Internal Rate of Return Method)

所謂內部報酬率乃為：凡是一切投資方案，在其經濟壽命期間的預期現金流量之現值，恰等於其投入成本之現值，則在折現 (Discount) 過程所採用的那個折現率，即為內部報酬率，其基本公式為：

令　R_t = 第 t 年末之現金流量

　　C_t = 第 t 年末之資本支出

　　n = 經濟壽命

　　r = 內部報酬率，則

$$\sum_{t=0}^{n} C_t (1+r)^{-t} = \sum_{t=1}^{n} R_t (1+r)^{-t}$$

此時公司可依內部報酬率 r 和資金成本 k（有時取現行市場利率）相比較，若 $r > k$，則該案可予以接受。如有數個投資方案得評估，則依其內部報酬率大小排列，而以資金成本或以資金限額為取捨點。內部報酬率在資金成本以上之投資方案如係互斥，則取內部報酬率最高者；如獨立，則均可採行。該法之優缺點如下：

(1)優點：

    a. 考慮貨幣時間價值。

    b. 採用了現金流量之觀念。

    c. 考慮了整個投資期間之現金流入、流出量以及殘值。

    d. 克服了比較基礎不一之評估方案所發生的困難。

    e. 在資金成本不易決定時，採用內部報酬率法顯然較淨現值法為佳。

(2)缺點：

    a. 計算相當困難。

    b. r 值可能有數解或無解，則評判工作大費周章。

    c. 在獨立投資方案下，其結果和淨現值法無異，但在互斥投資方案下，則往往受到實際之限制而難以取捨。

八、利潤成本比率法 (Benefit-Costs Ratio Method)

所謂「利潤成本比率法」又稱為「益本比法」。此法係將現金流量收入之現值總和，除以投資方案投入總成本而得一指數（或倍數），若大於 1 則表示利益超過成本，可接受該投資方案。如欲評估數個投資方案，則依指數之高低加以排列，以供選擇。由於本法和淨現值法並無二致，可當作淨現值法的補充，因而似無再加以探討之必要。

第五節　不確定性下的資本預算㈠ (Capital Budgeting under Uncertainty I)

一、風險的衡量 (Measurement of Risk)

前面我們所討論到的是在「確定性」(Certainty) 情況下之專案投資評估或資本預算方法，至於在「風險性」以及現金流量的「不確定性」(Uncertainty) 情況下的資本

預算則須做進一步的探討。事實上這兩種情況對於資本預算決策都有很重大的影響。前文我們也提到財務經理在做財務決策時，除了應考慮利潤「報酬」外，也應考慮「風險」之大小。財務管理理論中的假設投資者與財務經理均是風險嫌惡者 (Risk Averter)。因此在決策方面，一方面考慮如何提高報酬 (Return)，另一方面也要考慮如何降低風險。

然而一般衡量風險是以何指標為代表呢? 通常對不確定性因素需考慮三項: (1) 現金流量之期望值 (Expected Value)，(2)現金流量之變異 (Variation) 程度，以及(3)預期期望值對投資者之重要性 (Importance)。因此我們可以先求出該現金流量與報酬之發生的機率分配 (Probability Distribution)，然後以變異係數，亦即「標準差」(Standard Deviation)，除以期望值之值來代表風險。當變異係數愈高，表示該投資方案風險性愈高。尤其當兩投資方案之期望值（又稱平均值）相同時，則須要用標準差之大小來決定風險之大小。假設現金流量之間彼此互相獨立，則風險之衡量較簡單，以公式表示如下:

第 t 年現金流量之標準差為

$$\sigma_t = (\sum_{j=1}^{m} R_{jt}^2 P_{jt} - \bar{R}_t^2)^{\frac{1}{2}}$$

其中 $\bar{R}_t = \sum_{j=1}^{m} R_{jt} P_{jt}$, $t = 1, 2,..., n$, n 為經濟壽命, $j = 1, 2, ..., m$, m 為可能之事項, R_{jt} 為第 j 事項, 第 t 年之現金流量, P_{jt} 表示第 j 事項, 第 t 年之出現機率。

其投資方案之預期淨現值為:

$$NPV = \sum_{t=1}^{n} \bar{R}_t (1 + i)^{-t} - C_0$$

其預期淨現值之標準差為

$$\sigma_{NPV} = [\sum_{t=1}^{n} \sigma_t^2 (1 + i)^{-2t}]^{\frac{1}{2}}$$

但如果各年現金流量彼此相關時，其預期淨現值之標準差較各年現金流量獨立時，預期現金流量之標準差為高。若其他條件不變，一個投資方案，其各年間的現金流量之相關程度大，則其風險必較高。此時計算其標準差，尚要利用到條件機率 (Conditional Probability) 及聯合機率 (Joint Probability) 方能求出。

二、投資者對風險的看法 (Investor's Perception on Risk)

投資者依其對風險的看法,可分成三類:⑴風險嫌惡者 (Risk Averter)。⑵風險追求者 (Risk Lover)。⑶無差異者 (Neutral)。無可否認的,大部分的人均屬於風險嫌惡者(包括投資者、股東、債權人、經營者均可屬之)。因此要研究投資者對風險的看法,可以藉用「效用理論」(Utility Theory) 來加以分析。通常在不確定情況下,以效用期望值取代貨幣期望值,亦即

$$E(U) = \sum_{j=1}^{m} U_j P_j$$

其中 $E(U)$ 代表效用期望值,U_j 代表第 j 個事項之效用,P_j 代表第 j 個事項出現之機率。而上述三種人之效用函數 (Utility Function) 不盡相同。因此經營者本身的效用觀念,應和股東之效用觀念力求平衡,否則很容易引發經營權之問題,因此不得不重視投資者對風險的看法。

三、公司當局對風險的看法 (Company's Perception on Risk)

雖然未來充滿不確定性,但經營者還是需要在現在下決策,因此如何降低風險,是公司經營當局必要注意的職責。降低不確定性的方法 (Ways to Reduce Uncertainty) 有下列數種:

1. 獲得充分的情報資料 (Obtaining Abundant Information)

同市場調查一樣,事先收集有關情報使下決策更有把握,以減少不確定性。

2. 擴充生產規模 (Expansion of Capacity)

例如由一家大公司同時開採數十個油井,比數家小廠商合力傾資鑿一口油井,風險小得多。又如聚集較大資金及專家人才來投資新事業,比由數個外行人小資金來投資新事業,比較令公司有信心。

3. 產品多角化 (Diversification)

公司往往在某一產品競爭激烈時,採取多角化經營,同時生產數種性質不同的產品,使風險降低而減少損失。但是「多角化」的產品技術不可以太生疏隔離,應有相互關聯性,才不會使經營人員「隔行如隔山」,「隔山找不到嚮導人」,而陷入疲於奔命、勞而無功之困境,反而害了公司總體績效。

🔲 四、不確定性的決策技術 (Decision Techniques under Uncertainty)

（一）投資組合分析 (Portfolio Analysis)

上述「產品多角化」(Diversification) 即屬於投資風險分散組合分析的應用。而所謂投資組合，係透過數種資產投資之組合，以降低事業總風險的一種方法。此乃假定「資產」是可分割成數種小資產，用不同小資產之組合搭配來降低總風險，今以公開上市之 n 種普通股所組合之預期報酬率應為：

$$E_p = \sum_{i=1}^{n} A_i R_i$$

其中 A_i 表示投資於第 i 個小資產的資金佔可用資金之百分比，R_i 表示第 i 個股票之報酬率。而此種投資組合之風險 σ_p 為下式：

$$\sigma_p = (\sum_{j=1}^{n} A_i^2 \sigma_i^2 + 2\sum_{i=1}^{n-1} \sum_{j=i+1}^{n} A_i A_j \sigma_i \sigma_j \rho_{ij})^{\frac{1}{2}}$$

其中 $\sigma_i (\text{or } \sigma_j)$ 表示第 i 個股票（或第 j 個股票）之預期報酬率的標準差。ρ_{ij} 表示第 i 個股票和第 j 個股票之相關係數。由上式公式，我們發現各個股票的相關係數愈低，則投資組合之風險也愈低，即其所能消除之風險也愈大。

（二）確定等值法 (Certainty Equivalence)

「確定等值法」可用來調整現金流量之風險。然首先要確定風險與報酬之更替函數，當風險為零時，即為確定等值點之報酬，於是依確定等值之調整，淨現值法變為：

$$NPV = \sum_{t=1}^{n} \alpha_t R_t (1 + i)^{-t} - C_0$$

其中 NPV 表示淨現值，n 為經濟壽命，R_t 表第 t 年之淨現金流量，i 表無風險折現率，C_0 表原始投資額，而 α_t 為第 t 期之確定等值係數：

$$\alpha_t = \frac{R_t^*}{R_t} = \frac{確定性下之現金流量}{不確定性下之現金流量}$$

由此可知不確定性愈大，α_t 值愈小，由此調整的風險愈大。

（三）調整風險折現率法 (Adjusted Risk Discount Rate Method)

上述確定等值法是針對現金流量加以調整，而調整風險折現率法顧名思義是調整折現率，換句話說，考慮無風險利率和風險貼水 (Discount Rate)，各個投資方案之

風險不同，則折現率互異。換句話說，有風險之投資方案之預期報酬率為無風險投資方案預期報酬率加上風險貼水。因此風險愈高，在計算該方案之淨現值時，所採用的折現率也愈高。

除了上述幾種方法可用來決定不確定性下之投資決策外，尚有決策樹法 (Decision-Tree)，模擬分析 (Simulation)，以及敏感性分析 (Sensitivity Analysis) 等方法。

第六節 不確定性下的資本預算㈡ (Capital Budgeting under Uncertainty II)

一、資金成本 (Costs of Capital)

從上面之分析看來，我們碰到一個很重要的問題，即是折現率 (Discount Rate) 之大小如何決定，亦即我們所謂的資金成本 (Cost of Capital, COC)。它是一種和公司資金來源有關的成本。一部分為明確成本 (Explicit Cost)，一部分則為蘊涵成本 (Implicit Cost)。而所謂資金成本，是一種機會成本 (Opportunity Cost)，它是將來所籌得的各種資金之成本的加權平均數 (Average Weighed Number)，而非為某一特定投資方案所籌集之資金的明確成本。由此我們知道針對不同的資金來源對象，有不同的資金成本，例如長期負債成本（包括公司債成本及抵押借款成本），優先股成本（又可分為累積或非累積優先股成本，參與或非參與之優先股成本，可調換或不可調換優先股成本，可贖回或不可贖回優先股成本），淨值成本（又可分為保留盈餘成本，新發行普通股成本），以下我們將一一對上面幾種資金成本加以說明。

（一）長期負債成本 (Cost of Long-Term Debts)

長期負債成本係指次一年度長期舉債資金成本之加權平均數。通常公司債和抵押借款之稅後實際成本之加權平均數，為舉債成本。由於公司債發行條件不同，而有不同的成本，但一般以下式求其公司債成本：

$$\text{公司債成本} = \text{債券利率} \times \frac{(1-\text{稅率})}{(1-\text{發行成本率})}$$

抵押借款成本因為未牽涉到發行成本以及溢價、折價問題，因此在計算其成本時，較簡單，以下式表示：

抵押借款成本＝契約利率×（1－稅率）

前面我們說過，資金成本是一種加權平均數，因此在求長期負債成本時，係依其借入資金比例為權數，而求得長期負債成本。

（二）優先股成本 (Cost of Preferred Stocks)

在本質上，優先股是一種混血證券，兼具公司債和普通股之名稱以及性質，故其股息固定，類似公司債，當期不發，不視為違約；但又類似普通股，所以在求優先股成本較特殊些。而優先股依其特性又可分為前述幾種優先股。就累積或非累積優先股成本而言，通常以下式來求其成本：

$$k_p = \frac{D'}{P_0(1-f)}$$

其中 k_p 為優先股成本，D' 為定額股息，P_0 為優先股發行價格，f 為發行成本佔發行價格之比率。若考慮到參與與不參與優先股之成本時，不參與優先股和上述累積優先股成本之求法一致。唯獨參與優先股成本之計算頗費周章，如不考慮節稅問題，則參與優先股之成本可以下式表示：

$$k_p = \frac{D'}{P_0(1-f)} + g$$

其中 g 表示優先股息之成長率。其他有可調換或不可調換優先股成本，可贖回或不可贖回優先股成本，由於其成本模式建立較複雜，在此不述及。

（三）淨值成本 (Cost of Net Worth)

淨值資金通常由內部之保留盈餘 (Retained Earnings) 和外部之普通股 (Common Stocks) 構成。通常若將保留盈餘拿來做再投資之用，則公司必須對投資股東有一承諾，即盈餘轉投資之報酬率，至少必須和股東所希求的報酬一致。因此保留盈餘成本可以透過股票報酬率來衡量，其公式如下：

$$k_r = \frac{D_1}{P_0} + g$$

其中 k_r 為保留盈餘成本或股東應得報酬率，D_1 為第一期之股息，P_0 為現有股票價格，g 為公司之成長率。當然此公式之成立必須有下列幾個條件：⑴投資者保有股票至若干年，⑵ $k_r > g$，⑶發行公司之普通股之價格，盈利及股息之成長率每年為 g。

　　然發行新的普通股必須負擔發行成本 (Floating Costs)，因此新發行普通股之成本必會比保留盈餘之成本高些，若不考慮發行成本節稅部分，則新發行普通股之成本可由下式求得：

$$k_c = \frac{D_1}{P_0(1-f)} + g$$

　　其中 k_c 為新發行普通股成本，f 為普通股發行成本率，P_0 為現行股票價格，D_1 為第一期股息，g 為股息成長率，於是淨值成本可由保留盈餘成本和新普通股成本之加權平均數而得，亦即 $k_e = Ak_ct + Bk_r$，其 A、B 為兩者權數。

　　對公司而言，其「資金成本」為「淨值成本」、「優先股成本」、「長期負債成本」之加權平均數。此種計算資金成本純粹由公司內部演算而得，其他有關計算資金成本的方法，不勝枚舉，例如 CAPM 法、Gorden 型之資金成本法，即為財務學者們津津樂道的方法。由於篇幅有限，不予述及。底下介紹融合上述數種方法，為美國現行財務界用來計算資金成本的方法。

二、實用的資金成本計算法 (Application of Calculating Costs of Capital)

　　欲計算淨值與負債之資金成本，首先假設該資金成本為下列八個變數之函數：

(1)長期政府債券利率之現有估計值 (R_f)。

(2)證券市場所有股票超過政府債券殖率之預期溢酬，亦即股票超過長期政府債券之風險溢酬 ($R_m - R_f$)。

(3)某公司普通股之「貝他值」(β Coefficient)，所謂貝他值為保有該公司股票和保有證券市場所有平均股票之相對風險 (β_j)。

(4)該公司過去五年之邊際中央和地方政府所得稅 (t)。

(5)歷史負債對淨值之比率，此比率定義為平均短期負債加上長期負債（加上資本化租賃），除以淨值，遞延借項和少數股權過去五年之平均額 ($\frac{D}{E}$)。

(6)過去五年之短期和長期（包括注入的租賃利息）之平均利率 (i)。

(7)未來預期邊際中央和地方政府所得稅 (t')。

(8)預測未來負債對淨值之比值 ($\frac{D}{E}$)*。

　　在此法下，可由下列三個步驟來計算資金成本：

1.第一步驟：求包括財務風險之淨值資金成本

以前面三個變數，即 $R_f, R_m - R_f, \beta_i$ 來計算該公司過去五年來依平均風險特性下 (β) 之預期資金成本。β 包括了財務風險。假設長期債券之利率為 R，而普通股相對於公司債的溢酬為 p，而該公司之風險為 β，則該公司之淨值資金成本（包括隱含歷史性的財務風險）Y 為

$$Y = R + \beta \times p$$

2. 第二步驟：求單獨事業風險下之淨值資金成本

設法將和過去負債比率（財務風險）有關的風險移掉，單獨考慮事業風險下之資金成本 (C)。此時該公司之淨值資金成本反映公司之特性，同時我們認為該公司在未來將不會改變其現有型態，亦即此事業風險將繼續不變。當然事業風險需考慮經濟及技術的變革。財務風險下之淨值資金成本 (Y) 等於單獨事業風險下之淨值資金成本 (C) 加上財務風險之下報酬，亦即

$$Y = C + (1 - t)(c - b)(\frac{D}{E})$$

其中 t 表過去五年之平均邊際稅率，b 表過去五年所有負債之平均利率，$\frac{D}{E}$ 表過去五年總負債對總淨值之平均比率。由上式解出 C 得

$$C = \frac{Y + (1 - t)(\frac{D}{E})(b)}{1 + (1 - t)(\frac{D}{E})}$$

3. 第三步驟：求總資金成本

根據未來預期保有之目標負債比 $(\frac{D}{CE})$，再經財務風險折現，便可計算出總資金成本 C^*。其算出之總資金成本 C^* 當然小於單獨考慮事業風險下之淨值資金成本 C。此乃因稅後負債成本小於淨值成本，也小於淨值加負債成本，而不論其因負債所產生之較高風險。此公式可以下式表示：

$$C^* = C[1 - t(\frac{D}{CE})]$$

其公式中所設定之負債比率，通常假設公司在某段期間內固定，因此便可用來計算總資金成本 C^*。

此方法中有關之情報大部分可由市場決定，長期政府公債殖率之估計可由銀行

獲得。股票對公債之平均風險溢酬是一個評斷數字，一半是過去數年來的歷史性溢酬，但大部分是對未來之現行看法，伴隨政府法令和通貨膨脹所帶來的額外風險。至於 β 之計算可由上市公司股票報酬率求得。

第七節　資本結構以及舉債經營 (Capital Structure and Loan Operations)

從資產負債表之貸方（右邊），便可看出公司之財務結構 (Financial Structure)，亦即「自有資本」(Equity) 及「他人資本」(Liabilities) 之構成組合情形。兩部分的權利主體不一樣，一為股東自己人，一為債權人別人。若不考慮短期負債，著眼於長期負債和股東權益，則可看出公司的資本結構 (Capital Structure)，也就是該公司資本化 (Capitalization) 的情形。通常檢討財務結構有兩種方法：

第一種、靜態的探討：

通常設法找出一般公認最佳的財務結構，例如負債：淨值為 1:1，或 2:1，或 3:1，或 4:1，以後舉債融資按此比率，並以公司市場價值極大化為前提，進行舉債。負債：淨值之比若為 1:1，屬穩健型，美國多採行；若為 2:1，屬低度冒險型，成長性公司採之；若為 3:1，屬中度冒險型，臺灣企業常採之；若為 4:1，則屬高度冒險型，日本企業常採之。

第二種、動態的探討：

通常先找出公司未來一段時間內資金供需情形，再定期檢討，以決定最佳的財務結構，再進行舉債融資。

◼ 一、影響資本結構之因素 (Factors of Capital Structure)

由於資本結構佔財務結構中很大的比率，因此我們需要考慮其影響因素，以便作為決策之參考。通常影響資本結構的因素有(1)未來銷貨成長率，(2)未來銷貨穩定性，(3)企業競爭結構，(4)公司資產結構，(5)業主對風險之態度，(6)債權人之態度。

1. 未來銷貨成長率 (Sales Growth)

通常銷貨成長率愈高，其資金需求愈高。此時若銷售額超過損益兩平點，則愈是藉用他人資金，愈能使利潤加大。然而也不能因銷貨激增，而迅速提高負債，應該基於穩健原則，使負債和自我資金交互運用，保持一定水準。

2. 未來銷貨穩定性 (Sales Stability)

銷貨愈穩定，現金流量愈能掌握，到期固定負債之利息不怕無法償還，於是風險降低，因此負債比率雖保持相當高水準，亦萬無一失。因此未來銷貨穩定性對於資本結構有很大的關連。

3. 企業競爭結構 (Competition Structure)

企業愈競爭，影響銷貨和利潤愈大。如果此時負債過高，利息負擔加重，對於股東比較不利，所以應使負債比率降低。

4. 公司資產結構 (Assets Structure)

通常一個公司流動資產 (Current Assets) 多，則其主要資金應來自短期債務。而固定資產 (Fixed Assets) 多的公司，則應仰賴長期資金來源，如舉借長期債務，增資發行新股，盈餘轉投資等等，所以公司資產結構和資本結構是息息相關的，所謂「短期需要，短期來源；長期需要，長期來源」之道不可違反。假使公司最高主管及財務主管不走正派經營之道，而想偷雞摸狗，用連續性短期資金借入法，來支應固定性長期投資之需，雖可節省一些利息成本，但當景氣不佳，短期資金來源馬上中斷，無法償還到期之另一短期借款，必致公司於無法償債之窒息死亡境地，太危險，千萬不可亂試。

5. 業主對風險之態度 (Attitude of Owners)

通常小公司股東對於管理控制權 (Management)、收益權 (Profit) 及風險 (Risk) 三者兼顧，因此通常竭力避免發行普通股，以免經營管理權易手。因此若公司屬於進取型，則負債比率會較高。若公司屬於保守穩健型，則應使負債比率降低，而以淨值為基礎。

6. 債權人之態度 (Attitude of Lenders)

通常金融機構之債權人對於負債比率過高的公司比較不喜歡，是否願意放款融資，常是一大疑問。因此金融機構之債權人的態度對於一公司之資本結構有決定性的影響。

二、最適資本結構與資金成本之關係

研究最適資本結構 (Optimal Capital Structure)，大致有三大學派：一為傳統學派，二為摩米兩氏學派，三為折衷學派。此等學者們研究在何種負債比率下會有最適資本結構。

（一）傳統學派

傳統學派的觀點，認為舉債成本與淨值成本，在相當槓桿 (Leverage) 程度下，

不隨負債比率之變化而變化，超過此範圍，則兩者開始上升，當平均成本最低那一點，即最適資本結構存在的地方，如下圖 A 點所示。

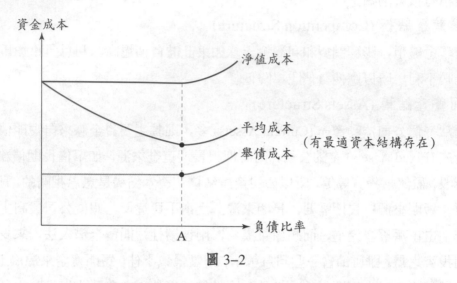

圖 3-2

（二）摩米理論（M-M 理論）

摩米 (Modigliani and Miller) 兩氏認為，舉債與淨值籌資並無最適組合存在。在其假設下，任何理智之抉擇均有相同之成本。易言之，公司之價值並不會受到資本結構之變化而有所影響。然在摩米兩氏模型成立之要件，有下列幾項重要的假設：

⑴只考慮兩種型式之資本：長期借款負債及普通股。

⑵政府對公司收入不課稅。

⑶公司總資產固定，但資本結構可以改變。

⑷預期的稅前、利息前淨利一致。

⑸企業風險和資本市場之財務風險無關。

⑹所有投資者對未來營業收益有相同的看法。

⑺資本市場能提供完全情報給投資者，而且投資者是理智的，也無交易成本存在。

但若考慮稅時，摩米兩氏導出一個結論，即公司價值為稅率和槓桿程度之函數，其公式為：

$$V_L = \frac{(1-T)\overline{X}}{\rho^T} + \frac{TR}{r} = V_U + TD_L$$

其中 V_L 為有槓桿之公司價值，V_U 為無槓桿之公司價值，T 表示稅率，$\overline{X}$ 表示公

司營業淨利之期望值，R 表示利息費用，ρ^T 表示無槓桿之公司資金成本，r 表示均衡情況下之舉債利率，D_L 為槓桿公司均衡舉債水準。由此可知，稅率與槓桿愈大，則其總價值愈高，亦即其平均資金成本愈低。關於負債比率和資金成本之關係，以下圖表示之。

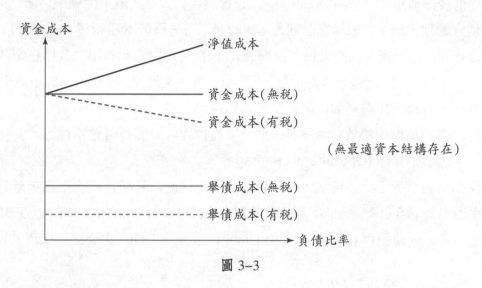

圖 3-3

（三）折中學派

折中派的看法，認為公司確實有最適資本結構之存在，惟其平均資金成本曲線較平坦些，亦即公司對其資本結構之取決較具有彈性。換句話說，公司可依自己的意思在最適結構範圍內進行舉債。若以圖形表示，其關係如下：

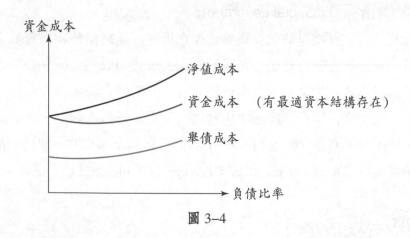

圖 3-4

由此可知，負債比率和資金成本仍然有關聯存在。公司可以依其本身之財務結

構，自行調整，尋求公司價值極大化下之負債程度。

三、財務槓桿理論 (Theory of Financial Leverage)

通常在決定最適資本結構時，我們才進行舉債活動，然而必須舉債成本 (Cost of Debts) 低於淨值成本 (Cost of Equity)，才值得運用，以提高股東的報酬。換言之，利用較便宜的他人資本，來擴充自我資本之報酬，乃是屬於財務槓桿 (Financial Leverage) 之運用（即用別人的錢來替自己賺錢）。但在利用財務槓桿時，我們必須注意此種槓桿的正反面實用性。通常看法是「財務槓桿愈大愈風險，財務槓桿愈小愈穩健」，但另有認為有風險才有利潤，無風險就無利潤。

通常有關槓桿的決策有兩個，一個是營運槓桿，一個是財務槓桿。

（一）營運槓桿 (Operations Leverage)

所謂營運槓桿係指固定成本佔公司總成本的程度，其槓桿程度則指銷產營運量變動的百分比，所引發的稅前、利息前淨利 (Earning before Interest and Tax, EBIT) 變動之百分率。營運槓桿 (Degree of Operations Leverage, DOL) 之公式可以下式表之：

$$DOL = \frac{\triangle EBIT / EBIT}{\triangle Q / Q}$$

由此可知，若其他因素不變，固定成本愈高，營運槓桿程度愈大；而固定成本愈小，則營運槓桿程度愈小。亦即其他因素不變，每銷售單位邊際貢獻 (Marginal Contribution) 愈高，營運槓桿程度愈小。

（二）財務槓桿 (Financial Leverage)

所謂財務槓桿，是指借債佔公司總資產之程度，或是借債和自有基金之比例，也是指稅前、利息前淨利變動引發每股盈餘 (Earnings Per Share, EPS) 之變化的程度。換句話說，當資產報酬率高於舉債利率時，財務槓桿作用是有利的。在某一程度內，負債比率愈高，則淨值報酬率也愈高。反之，若資產報酬率低於舉債利率，則財務槓桿作用是不利的（即反槓桿作用），此時負債比率愈高，淨值報酬率愈低。通常財務槓桿程度 (Degree of Financial Leverage, DFL) 以下式表示之：

$$DFL = \frac{(\triangle EPS / EPS)}{(\triangle EBIT / EBIT)}$$

其中 EPS 為每股盈餘，EBIT 為利息前、稅前之淨利。

　　由此可知運用財務槓桿可以和資本結構結合在一起，來探討最適資本結構之存在性，並選擇何時舉債 (When) 以及舉債的程度 (How Much)。

第八節　股利政策 (Dividend Policies)

一、影響股利政策之因素

　　股利 (Dividend) 之發放是給予投資者之報酬，因此在何時發放多少股利方為最恰當之股利政策，成為財務經理及最高主管主要的課題之一。通常影響股利政策的因素有下列九點，逐一說明如下：

1. 法律的限制 (Law Requirements)

　　如美國法律上有三項規則：第一、「淨利規則」，規定股利只能以現在或過去的盈餘來支付。第二、「資本減損規則」：禁止以資本支付股利，以保護債權人。第三、「無償規則」：規定公司償債未償時，不能支付股利。由此可知，法律的限制對股利政策有顯著的影響。這些法律規定在臺灣及中國大陸都是相同的。

2. 流動資產情形 (Current Assets)

　　公司帳上雖有很多保留盈餘，但是若均已投資於長期資產（如機器設備）之購置，則流動資產，尤其現金，相對減少，便無法支付現金股利，故在發放股利時，公司的流動情況需優先加以考慮。

3. 償還負債的需要 (Debt Solvancy)

　　若公司舉債購置資產，債到償還期時，是以新債還舊債，還是動用保留盈餘（現金）來還債，也是考慮的因素之一。

4. 負債契約之限制 (Loan Agreement's Requirement)

　　通常舉債時，都訂有「借款契約」限制來保護債權人，其限制方式有二種：(1)未來股利不能以過去保留盈餘來支付；(2)當淨營運資金小於某約定數額時，不能發放股利。

5. 利潤率之多寡 (Profitability)

　　投資報酬率決定股利支付的型式，通常利潤率高，投資報酬率高，股利發放的可能性也愈大。

6. 資產擴張比率 (Expansion Rate)

　　資產擴張率愈大，公司成長愈快，愈需要資金，愈無法以現金方式來支付股利，

只能用增資配股方式來發放股息。

7. 盈餘的穩定性 (Stability of Earnings)

歷年來盈餘愈穩定，則愈能預測未來盈餘如何，也愈能預測未來股利發放的多寡。

8. 控制權 (Ownership Control)

公司若透過內部盈餘轉投資來擴張，不向外募股增資，免得原有股東所有權稀釋，致使公司管理權因股權比例變動而旁落他人之手。完全依靠內部資金來擴充，是可以保持公司管理控制權，因之也會減少股利發放機會。

9. 股東課稅情形 (Stockholders' Tax)

如果股東希望獲取資本利得，而不願收取每年股利，以減輕較高的所得稅負擔時，必會影響公司之股利政策。

二、股利政策的型態 (Patterns of Dividend Policy)

通常股利發放政策有三種型態：

(1)每股穩定發放之政策。(Stable Dividend Policy)

(2)固定發放率之政策。(Fixed Dividend Rate Policy)

(3)低經常股息加上紅利之政策。(Irregular Dividend Policy)

所謂「每股穩定發放」之政策，即採取每股股利歷年來均相差無幾，不論公司當年經營好或壞，均發放一定數額的股利。通常此種型態的股利發放政策較為公司經營當局所樂意接受。從投資者而言，他們原希望股利愈多愈好，愈能保證他們的收入。然因不穩定的股利較穩定的股利風險為大，因而就投資者而言，假若他們均是風險嫌惡者，則愈會喜歡穩定股利的股票，導致市場需求增加，促使股票價格之上漲。

所謂「固定發放率」之政策，即是每年所發放之股息以當時股價之某一固定比率發放，所以當股價高時，發放之每股股利亦高；當股價低時，股利亦低。

所謂「低經常股息加上紅利」之政策，則是公司先設定一個較低的股息額，若當年公司經營得法，盈餘大增時，則增加紅利，因此每年真正股利之多寡，端視公司的營運狀況好或壞而定。

另有一種理論來說明股利政策，即殘餘股利政策 (Surplus Dividend Policy)。該政策謂在相同風險下，若外面投資之報酬率比內部再投資報酬率小，則投資者寧願將股利保留在公司內作為再投資，而不願發放股利。因而大部分公司均在一最佳負

債比例下，當向外舉債時，另一方面亦增加股東權益（即保留盈餘）來保持最佳負債比例。然負債之取得和股東權益之取得之資金成本不一定，故必須找出它們的加權資金成本。所以說，殘餘股利政策乃是透過最佳負債比例，來決定股利應該發放多少。

三、股利政策與股價 (Dividend Policy and Stock Price)

有關股利政策對股價是否有影響，有兩學派的說法，其中葛登 (Gorden) 認為股利發放和股價有關。另外一學派，即摩米 (M-M) 兩人 (Modigliani and Miller) 則認為股利發放和股價無關。

（一）葛登理論 (Gorden Model)

首先列出該模型存在之假設：

(1)沒有向外界融資，亦即公司成長完全靠保留盈餘再投資。

(2)資產報酬率 r 固定。

(3)投資者預期報酬率 k 固定。

(4)公司壽命和盈餘流量永久不絕。

(5)不考慮稅賦問題。

(6)k 大於 g；g 為成長率，其中 $g = b \times r$，b 為盈餘保留率。

由此發現其股票價值變為：

$$P_0 = \sum_{t=1}^{n} \frac{D_0(1+g)^t}{(1+k)^t} = \frac{D_1}{k-g} = \frac{(1-b)E_1}{k-g} = \frac{(1-b)E_1}{k-br}$$

由此公式知股利政策與股價有下列三種情況：

(1)當 $r = k$ 時，不管保留率 b 為多少，或股利政策為何，P_0 均最佳。(2)當 $k > r$，則 b 增加，P_0 會減少，當 $b = 0$ 時，P_0 最大，亦即不發股息，股價最高。(3)當 $r > k$ 時，b 增加，P_0 也會增加；$b = 1$，P_0 為最大，亦即股息發越多，股價越高。

（二）摩米 (M-M) 模型

摩米 (M-M) 兩人認為股利發放與否和股價無關，依該模型而言，假設 k_t 為第 t 期投資者預期報酬率，V_{t+1} 為第 $t+1$ 期之股票價值，I_t 為第 t 期之投資，E_t 為第 t 期之盈餘，則發現第 t 期，經發放股利 D_t 後之公式變成：

$$V_t = \frac{(V_{t+1} - I_t + E_t)}{1 + k_t}$$

　　由此可知股利發放，在 M-M 的假設下，是和股價毫無關係的。

　　然而事實上，臺灣證券市場，依實務派人士認為，雖然公司總盈餘相同，但是股利發放多或少和股價高或低是息息相關的。

第四章 人事（人力資源）管理要義
(Essentials of Personnel Management)

第一節 人事管理之意義及職能 (Nature and Functions of Personnel Management)

　　人事管理 (Personnel Management) 亦稱人力資源管理 (Human Resources Management)，為近代管理新生的一環，自 1932 年開始，迄今七十餘年歷史，人資管理成為研究人類行為 (Human Behavior) 的科學與藝術之中心，也是近代高科技產業知識經濟發展以來的新觀念。對任何企業及機構而言，其本身就是一個團體 (Group)，就是一個組織體 (Organization)，而其組成資源八大要素──地、人、財、物、機、技、時、情中，首重的就是有關「人」的因素。

　　有人分析企業之原意，認為企業之所以為「企業」，是因為「人止」，即人員留下來為共同目標而長時間工作也；若人員都走掉就成「止業」──事業死亡也。人事管理即是以招募、選用、訓練、發展、晉升、及留用人才為主要工作內容，務使人才「任用有方以盡其才」，「事得其人以利其行」，「發展得當以利成長」，「考核得宜以奏其功」。換言之，人事管理不僅在消極方面，講求節約成本，且在積極方面，講求提高績效，支援銷、產、研究發展部門對人力資源之需求。

一、人事管理的意義及職責 (Responsibilities of Personnel Management)

　　人事管理是一個組織中關於人力資源 (Human Resources) 的管理與服務工作，包括人員招募、選用、訓練、發展、晉升、留用等人與事的密切配合，人與人間關係的調整，協調與合作、福利與保健等工作，以支援行銷、生產、研發、人事、財會、資訊部門，發揮組織之團隊精神，提高工作效率，所以人事管理亦稱為「人力資源管理」。

　　人事 (Personnel) 一詞之本義，為有關「人」之「事」務，泛指為達成組織目標而使用及激勵組織成員有關之事務。其主體是有生命之「人」，不是無生命之「事物」，但因各部門都有人在從事不同專門性工作，所以人事管理不但要求人與事的適當配

合，使事得其人，更重要的，是人與人間關係的協調。在日趨複雜的企業社會裡，有關員工工作效率及私人行為方面甚須依賴行為科學之知識，並於經驗累積中建立起巧妙的運用技術，以做好有關人的管理工作。「人」是有生命、有感情、有理智之生物，「人」的知識水平越來越高，越不容易以力服之，所以在企業五功能內，人事管理最複雜。

一般而言，企業各部門主管是負責其所配屬員工之人事管理人員，而公司人事幕僚部門則是協助最高主管做好其人事管理之「參謀」(Staff)，及協助與服務各部門主管履行人事管理工作之專家 (Experts)。所以人事管理是各級主管的重要職責。

■ 二、人事管理的原則 (Principles of Personnel Management)

一般言之，人事管理有幾項基本原則，也就是在辦理人事管理工作時應該特別注意及遵守的事項；如果忽略了它們，就不易收到效果：

1. 注意科學方法 (Scientific Methods)

管理的好壞，最重要的是「方法」(Methodology)，將科學的方法運用於人事管理之上，方能保證工作之質與量達到應有的標準。

2. 善用人群關係 (Human Relations)

企業經營之能否成功並且長足發展，不在於有足夠的資金，而在於是否有足夠而適當之人才。因此「明用人」，亦即「獲得適當人才，並加以有效運用」乃是管理者之主要工作之一，其他管理工作為計劃、組織、指導與控制。欲達此一目的，決不可忽略「人群關係」(Human Relations)。各部門經營者及人事部門主管均需瞭解員工之「個別差異」（如智力、性向、性格之差異）、「人性尊嚴」、「交互行為」、及「激勵法則」等，俾能建立良好的人群關係，使員工互相合作，減少摩擦，提高士氣 (Morale) 與工作生產力 (Productivity)，以及增加組員之忠誠心與向心力 (Identification) 等。

3. 活用成員長處（而非短處）(Strength and Potential)

彼得・杜魯克在其名著《有效的經營者》(The Effective Executive) 一書中提到設定組織的唯一目的，是活用員工的長處及潛力，使其長處與潛力發揮到極點，以完成共同的事業目標。也提到只注重人們的弱點來管理員工，必將得不到結果。這種見解正合乎我國古聖先賢所主張的「用人之長，避人之短」的原則。因為找出他人特定長處，以便能使其充分發揮，貢獻於公目標、私目標、及社會目標，乃是人類最偉大的特性。

4. 重視教育訓諫 (Education and Training)

人性有善惡兩面（即性善及性惡），主管人員應激發部屬「善」的一面，遏止「惡」的一面，這就需要適當的教育來達成此種目的。「教育」(Education) 與「紀律」(discipline) 有密切的關係，有了良好的教育，則一定會有良好的紀律。為了經常保持員工的進取活力，維持其素質的正常成長，以避免落伍，發揮潛力，必須加以不斷的教育訓練，才可達到目的。所以我們對員工之訓練與教育應特別加以重視，撥出適當的預算費用及時間，否則整個組織無法發展，甚至被淘汰。

5. 建立標準與制度 (Standards and Systems)

操作標準與作業制度是異中求同的人事管理原則。有關人的問題是變化不定的，如果因為變化不定，處理上也隨之搖擺，其結果必然造成分歧、混亂與不平。所以必須找出若干共同之點，訂定操作標準與作業制度 (Operating Standards and Operations Systems)。如此，任何事情處理的結果，必將趨近於一致，自然能減少不必要的困擾。

6. 避免無謂浪費 (Waste Avoidance)

人事管理也和其他事物之管理一樣，應該要注意到「經濟」(Economic) 的原則。換言之，即是用最少的金錢及時間來辦好最多的事，並且，避免把精力浪費在自己無力改變的事情上面，應該把精力放在自己能改變的事情上採取行動。

三、人事管理的活動內容

人事管理的活動可分為兩項：一項是「管理功能」的活動 (Management Functions)，包括計劃、組織、用人、指導、控制等項；其程度與範圍，隨授權的多寡而異；另一項是「作業機能」的活動 (Operations Functions)，包括招募、任免、薪酬、考核、升遷、訓練、衛生、福利等工作。管理功能是屬於較高級主管的工作，作業機能則屬於較低階層主管及人事幕僚人員的工作。人事部門的主管是屬於幕僚人員 (Staff People)，只具有專業功能性的威權，在上級人員授權之下，提供專業工作性的服務與協助，對平行或較下級之直線單位不能以強迫的方式干涉彼等對其屬員的管理方式。例如有關人員之任用、敘薪、晉升、訓練及解雇，人事單位只可以協助主管人員挑選適當的候選人及建議可行方法，但真正雇用與否以及做何決定，其最後的決定權仍在直線單位之主管，而非在人事幕僚單位。

就公司而言，人事管理的目的，⑴即在雇用最適當的工作人員，訓練適當技能，指派適當工作，使人人均能「勝任而愉快」，而非於所指派的工作「勝任」不愉快，

或「不勝任」而愉快或「不勝任亦不愉快」；⑵使全體員工合作無間，減少組織成員間之紛爭與摩擦；⑶提高工作情緒及效率，減少流動率，使所有人力資源做最有效的運用，以減低成本及增加生產力。總之，人事管理的活動可歸為「求才」、「育才」、「用才」、「留才」，進而促進整個組織之有效發展。

第二節　人事管理之基礎 (Foundations of Personnel Management)

人事管理活動的基礎在於「工作分析」(Job Analysis)，「工作評價」(Job Evaluation)，以及「職位分類」(Position Classification)。

一、工作分析 (Job Analysis)

（一）工作分析之意義 (Meanings of Job Analysis)

工作分析是「工作規範」(Job Specification) 的基礎，是指調查分析工作指派 (Job Assignment) 之主體內容的一種方法。換言之，工作分析即是對一個職位之工作內容及相關之各項因素，做有系統、有組織之描述或記載 (Description and Recording)，其目的在使實際操作時，能盡量減少動作，縮短時間，以提高效率，故「工作分析」亦名「職位說明」(Position Description)。

一般而言，「工作分析」包括一連串有系統的步驟，仔細地觀察 (Observation) 工作，蒐集 (Collection) 及查證 (Verification) 組織中有關人員之資料 (Personal Data) 及工作環境條件 (Work Conditions)。工作分析之觀念發源甚早，原本是生產作業人員職掌之一種研究，到了泰勒倡導了科學管理運動，才真正有系統地對各項工作予以科學分析。通常在分析時，係以科學七支法，即 7W's 為分析之指導架構，即確定工作內容 (What)，為何要如此做 (Why)，如何去做 (How)，標明由誰去做 (Who)，指定何處進行 (Where)，何時去做 (When)，以及要耗費多少資源成本 (How Much) 等項。

（二）工作分析之功用 (Purposes of Job Analysis)

工作分析之功用很多，一般而言之，有下列六項：

⑴瞭解各種職位內工作之內容情況。(Contents of Job)

⑵可以做到適才適所和同工同酬。(Right-Person Right-Place and Equal Payments)

⑶可據以制訂考核工作人員業績之方法及工作評價的基礎。(Performance Appraisal and Job Evaluation)

⑷提供考選訓練、任用、升調等計畫之有關資料。(Selection, Training, Placement, Promotion Data)

⑸提供廠中所有工作性質之完整資料，為建立有效組織之基礎。(Organization Structure)

⑹指明何種工作可能發生危險，以便及時地採取安全措施予以防範。(Prevention of Crisis)

至於工作分析之方法，將因其目的與性質不同，實施之重點自亦互異，但無論如何各種方法必須因人、因時、因地而靈活運用，然後才能收到真正的功效。以下五種方法係常用者，茲分述之：

（三）工作分析之方法 (Methods of Job Analysis)

1. 實地分析的方法 (Empirical Method)

在某種情況下，分析人員要實地學習工作，或成為工作單位的一員，以獲取原始資料。這項分析方法需要有高度的訓練才能勝任。

2. 調查資料分析法 (Survey Method)

這種問卷方法是工作分析的早期步驟，也是目前最通用的一種分析方法。這種方法雖然有便利之優點，但如果填表者不負責任，則資料即不正確，因為填表者可能有誇大或隨便填寫，所以結果之有效性必受影響。

3. 面談方法 (Interview Method)

這是獲得分析資料之最直接方式。面談也有技術，融洽的面談是成功的要訣。在面談時應注意這是在做工作分析，並不是交換意見或解決問題。

4. 觀察方法 (Observation Method)

工作分析人員必須具有仔細觀察之能力，根據工作績效之正確記錄，與其他的數據相校核，以獲得真實的情況。所以「豐富的經驗」為工作分析人員必備的要件。

5. 綜合的方法 (Combination Method)

依據所需工作資料的內容，及數量分析人員所選擇上述各種方法，綜合應用，可以獲得最佳的結果。這些方法，不僅需要應用科學的方法，還要具有易為人接受的人群關係技術。

二、工作評價 (Job Evaluation)

（一）工作評價意義 (Meanings of Job Evaluation)

工作評價為工作分析的延伸，藉以確切探知不同工作的相對價值 (Relative Value)，並將評價改為適當的工資 (Wage) 計畫表。所以工作評價乃是藉有系統之程序，將各工作因素，相互比較與衡量，決定所有工作公平合理工資之方法。換言之，工作評價是決定待遇的比較科學的一種方法，在「計件制」(Piece Rate) 或「計量制」(Quantity Rate) 之工作情況下，可使待遇走向「同工同酬」(Equal Work Equal Pay) 的原則。雖然在評價時可能稍有偏差，但是此種辦法的優點多於缺點。

（二）工作評價之功用 (Purposes of Job Evaluation)

⑴使工作者均瞭解在僱傭關係中人人皆平等，不受年資及人事關係的影響。換言之，待遇之高低，是取決於個人的知識、能力、技術及經驗，並視個人工作熱忱及其工作對事業之整體貢獻而定，以達到同工同酬，待遇公平。

⑵在此一制度下，可顯示一個機構內各工作間的相對價值，並可與其他機構的工作相比較。

⑶在工作評價過程中，可反映工作事實情況，對於人事管理上方便很多。

總之，工作評價就是比較工作價值 (Comparison of Work Value)，由比較而決定待遇的高低。然而，究竟如何進行比較呢？普遍應注意以下兩個重點：

（三）工作評價之重點 (Key Points of Job Evaluation)

第一、工作評價的基礎 (Evaluation Basis)：工作評價的基礎，就是工作的任務 (Task)、責任 (Responsibility)、性質 (Nature) 與工作人員 (Persons) 之條件，如⑴工作的主題事物 (Subjects)、職能 (Functions)、專業技能 (Skills)；⑵處理職務的困難程度與複雜性 (Degree of Difficulty and Complication)；⑶操作性的責任（Operational Responsibility，即工作成果的直接責任）；⑷監督性之責任 (Supervisional Responsibility)；⑸資格標準 (Qualification)；⑹工作的條件（Work Conditions，即使用工具設備等複雜精密程度及工作場所的各種情況）。

第二、工作評價的方法 (Evaluation Method)：即是如何將工作職責程度的難易輕重，用文字 (Wording) 或其他的方式 (Number) 具體的表示出此工作與彼工作間的差異。若差異太多，則須一一列舉；有的尚須詳細比較，有的不需詳細比較，則應視工作評價目的之不同而定其評價的方法。

一般的工作評價是在合理的基礎上訂其薪率。普遍使用的方法，約有下列：

（四）工作評價之方法 (Methods of Job Evaluation)

1. 排列法 (Ranking Method)

這是最簡單的方法，依照操作時之「困難」情形及「責任」程度，將各工作加以排列比較，此法非常容易，但不易精細。

2.工作定等法 (Scaling Method)

預先備有已訂定的工作等級量尺 (Scales)，量尺的刻度，可與工作說明 (Job Description) 相比較。

3.評分法 (Rating Method)

此法採用者較多，即是找出各種工作所含的各種因素 (Factors)，各別給予比重，再依據每一因素應有的評分分數，予以加總，而表出工作之價值。此法對於工作價值的衡量較為詳細，有數字表示並有分析性。一般來說，任何工作，都包括有下列因素：⑴技能 (Skills)、⑵責任 (Responsibility)、⑶努力 (Efforts) 與⑷工作條件 (Work Conditions) 四項，如下表之情形，每一因素再制定一個評量表（即是每一因素均另訂程度表）。

表 4–1

工作因素	評分數	百分數（比重）	指數
1. 技能	0～250	50%	評分×比重
2. 責任	0～100	20%	評分×比重
3. 努力	0～75	15%	評分×比重
4. 工作條件	0～75	15%	評分×比重
			＝總指數

註：此表只是一個例子，工作因素、評分數、百分數（比重）等均可因工作性質之不同而異。

4.因素比較法 (Factor Comparison Method)

此法是排列法與評分法的部分混合，即是選定諸工作中，數種比較重要而明顯的因素 (Factors) 加以比較，而決定工作的價值。但因標準不甚明確，所以不如評分法之簡而易行。

三、職位分類 (Position Classification)

（一）職位分類之功用 (Functions of Position Classification)

所謂「職位分類」(Position Classification) 如同「工作評價」一樣，乃指將職位予以調查、整理、分析和分類的措施而言。辦理職位分類，一方面可使大量不同的職稱職位，分為極少的類別 (Categories)；同時又可使工作上需要同樣處理技能 (Skills) 的職位，歸之於同一類。如此一來，在人事處理上，不但可就某類職位的特性 (Job Characteristics)，採取適當的募才措施；而相同或相似的職位也可以得到同等的處理。這就是所謂「為事擇人」，「人盡其才」，依據客觀標準，用科學方法，建立公平合理

而有效的人事管理制度。

論及職位分類的意義，必須先確定職位一詞的意義。所謂職位，就是分配給每一個工作人員之職務與責任。實際上，它包括著有「職務」和「責任」的意義在內，恰好是一位工作者做應做的事務，負應負的責任。因此，職位分類乃是將職位的職務與責任，根據分類的標準，來分析區別各職位異同之方法。詳而言之，即將各個職位，先從縱的方面按照工作性質分為若干職門 (Categories)、職組 (Classes)、職系 (Departments)；再從橫的方面，按照工作繁簡難易，責任輕重及資格、條件高低程度分各種「職級」(Grades)。

職位分類為一種科學的人事管理方法，採用這種方法可以做到「適才適所」與「同工同酬」，使人與事密切配合，提高效率。一般言之，實施職位分類後，在人事管理上可以發揮下列各項功能：

⑴建立公平合理的薪給制度 (Wage and Salary System)：凡工作性質、繁簡難易、責任輕重、及所需資格條件充分相似的職位，可支領同一個薪給幅度的報酬。這就是一般所說的「同工同酬」。

⑵提供考選任用的客觀標準 (Selection and Placement Standards)：由於對每一職位曾做詳盡地分析，每一職位所需工作知能及所需工作條件，在「工作說明」中均有很明白的敘述，可作為考試與任用的依據，使之達到客觀的標準。

⑶考績標準具體化 (Performance Appraisal Standards)：由於重視「事的分析」，對職位每一項工作，都訂有「工作標準」，作為在工作上考核的尺度，使工作考績有具體的客觀標準。

⑷明示升遷之途徑 (Promotion Path)：由於有職位的區分，使升遷途徑明確，層次分明，在職位說明中對工作人員的升遷與調動有具體的說明，指出其方向及途徑，不但可供作人事上處理升遷問題的依據，且可激勵工作人員努力向上。

⑸健全組織之組成 (Organization Structure)：由於對每一職位都要調查分析，就整個組織而言，立可發現組織是否健全，指揮系統是否正常，權責劃分是否明確，工作指派是否妥善，作業程序是否合理；若有不當，即可加以改進。

⑹改進主管與屬員之關係 (Superior-Subordinate Relationship)：實施職位分類之後，有關之責任範圍均有具體的說明；考績的標準客觀，升遷系統明確；待遇公平合理；使人事上的糾紛減少，促成主管與屬員關係趨於良好。

（二）職位分類的作法 (Methods of Position Classification)

在實施職位分類時，通常採用之分類特徵是：工作性質 (Job Nature)，工作繁簡

難易 (Difficulty)，工作責任輕重 (Responsibility) 及所需資格 (Qualification)。以上之分類特徵在實際使用時有些較為抽象，因此在辦理分類時，多將其區分為較為具體及範圍較小之幾項因素，如下列所示：

(1)工作特性。

(2)工作複雜性。

(3)可循法規明確性。〕工作繁簡難易

(4)所需創造力。

(5)遵守上司指示之嚴格性。

(6)對下屬督導之緊密性。〕責任輕重

(7)與外人接觸之頻繁性。

(8)責任範圍之大小與影響性。

(9)所需資格。

第三節　人事管理之範疇及職能 (Scope and Functions of Personnel Management)

一般言之，人事管理之範疇可依「選」、「訓」、「用」、「養」、維持「發展」來說明。

一、人員之招募 (Recruiments)

（一）人力需要預測 (Forecasts of Manpower Requirements)

一個組織在預測其人力上之需要時，首應分析其需要因素，如人事流動中之「離職」(Turnover)、「擴展」(Expansion) 組織業務，其他工作計畫之「變更」(Changes)、採用新的「工作方法」(New Methods) 等。在預測人力需要時應注意下列各項有關資料：

(1)考慮各職位季節性之變動及一切可能發生之事情。

(2)離職原因之分析統計。

(3)未來退休問題之分析。

(4)各部門人事資料紀錄，以供升遷之用。

(5)分析停職與復職之分析情形。

(6)將來業務發展之資料。

⑺近年來之營運與員工人數之分析，按其成長之情形，決定所需之人員數額及所應具備之資格等。

以上之資料是招募人員之基本前提，換言之，任何人員之招募均應針對組織之需要及性質而進行之，不可盲目「為招募而招募」。

各個機構所採用的人員招募程序，互有差異。有者簡單得只有寥寥數語的會談和身高體重的檢查；有者則複雜得要成立專門部門以處理。無論如何，所招募的人員必須要能勝任工作，則為先決要件，也是最終的目的。

（二）選拔方式 (Methods of Recruiment)

通常，人員招募有時只對組織內發布消息，有時也對外公開招募，兩者均要有選拔之過程。

關於選拔之方式，論者意見不一，普通有以下幾種主張，究應如何採用，需要視實際情形而定：

⑴選舉制 (Election)：即是以選舉方式用人，此法用於部分高級人員則可，對於低級工作人員，則不甚恰當。

⑵委派制 (Assignment or Appointment)：即是用人完全由上一級主管人員負責委派，此法雖有優點，但應特別防止引用私人。

⑶考試制 (Testing)：此法較為公平、公開、合理，是目前公認比較好的選拔方法。

⑷推薦制 (Recommendation)：委託學術機構或專門機構推薦中高階層人員。

⑸上四法的合併使用 (Combination)。

（三）選拔過程 (Procedures of Selection)

人員招募選拔之程序，大略可以下述步驟進行，即⑴審查簡歷資料，⑵面談，⑶申請者填表，⑷筆試，⑸實地作業試驗，⑹評核及決定等。

⑴審查簡歷資料 (Resume Screening)：選取較適合人選，再進行面談、筆試等甄選。

⑵面談 (Interviews)：此步驟是獲取工作申請人有關資料之最適用的方法之一。這也是一種面對面，口頭交談，個人親身觀察，與個人親身審核工作申請人的方法。一般說來，面談不只是雇用人獲得資料的方法而已，同時，也給予申請人資料，幫助申請人瞭解公司的情況，或提供建議以協助申請者決定其對公司的態度。因此，面談可說是雙向的溝通，除了獲取資料外，還給予資料，實含有顧問諮詢的作用，所以，在人事考選的程序中，面談具有很重要的意義。

(3)申請者填表 (Filling Application Form)：雖然對不同之工作，其填表的形式將有所差異，但此項措施，可初步瞭解申請人之背景，並且尚可由填表看出申請人之寫作及回答之能力，以補充在面談時遺漏之事項，更進一步確定申請者能否合適。表格之形式應力求簡明，並且要求填寫之項目一定要與工作性質有關。

(4)筆試 (Writing Tests)：所謂筆試，是雇用人利用受雇者文字的表達方式，來探查所需的事實與資料，普通稱之為「測驗」(Testing)。在根本上，它是一種衡量的程序，衡量一個人能做什麼，以及將來可能的發展潛能。衡量的結果，在本質上是質的 (Qualitative)，但在表現的形式上，可能是量的 (Quantitative)。再者，衡量的結果只代表了受試者的知識、經驗與能力；至於其工作的意願尚不得而知。

(5)實地作業試驗 (Field Operation Tests)：即實地操作工作的某一部分或某一段落，以事實說明其工作的能力，如司機的執照考試，打字員的打字測驗等。在技藝性的職業領域內，採用這種測驗的方法，相當普遍。如果設計得當，並有合理的評估，則對技藝員工的招募，這是一種很有實效的方法。

(6)評核及決定 (Appraisal and Decision)：各種測試之結果應加以評估，選出最適之人選。此時最需注意的是，最後錄取與否的決定權，是屬於直線單位（即用人單位），人事部門只是提供功能性的建議及一系列之作業性服務而已。

二、人員的任用、調遣、晉升、降任與辭退 (Placement, Transfer, Promotion, Demotion and Layoff)

1. 任 用

在人事制度中，所謂「任用」(Placement)，就是將人員配備在一個空缺的職位 (Vacancy)，或一個新設的職位 (New Position) 上。換言之，就是人員與工作的配備相結合。

2. 調遣 (Transfer or Rotation)

所謂「調遣」(Transfer) 是將人員從某某級的職位，調至類似同一等級的另一單位，或稱輪調 (Rotation)。換句話說，調遣是不上不下的平行調動，即未加重該調遣者的責任，亦未將之減少。

3. 晉升 (Promotion)

而「晉升」(Promotion) 乃是指工作人員任用滿一定期限，考核品行及工作績效優良，提高其職位及待遇之意思。

在一個組織中，常因工作需要產生了新的職位，或因人事的變動，而使一個職

位虛懸，凡此職位的人員補充，其方法將因該職位的性質與當時的人事環境而異，可以物色新人，亦可就現有的人員中予以調整，「調遣」、「晉升」或「降任」。

職位人員的配備，雖然是有客觀條件性，但亦含有命令的意義，唯有具有權力的人員，才能將一個人配備到他所屬的工作上。因此，從權力的觀點而言，所有人員的配屬行為，都可稱為上級人員之「任用」行為，所謂調遣、晉升或降任，只不過是另一種形式的任用而已。

4. 人事調整（調遣、晉升、降任與臨時調動）

如果將「任用」一詞的意義，限於新人的派任，則與其他人事調整的意義，有明顯的區別。所謂人事調整，就是將一個人由甲職位轉移到乙職位。這種職位的轉移，有三種情況：第一種情況是甲職位與乙職位在工作上的職責輕重與難易，完全相似；轉移的結果，不發生變化，也不影響工作者之報酬，如此情況即是屬於調遣或輪調 (Transfer or Rotation)。第二種情況是，職位移轉後，工作的職責加重，工作者的報酬也隨之增加，這就是晉升。第三種情況的結果與第二種情況相反，亦即是降任 (Demotion)。除此之外，還有一些特殊的情況，譬如發生有臨時性的工作，一時找不到臨時的工作人員，只有從其他的職位上抽調，此雖改變了權責，但在報酬方面則不改變，這就是「臨時調用」(Temporary Assignment)。還有如一個由低職位晉升到高職位但不予增加報酬，此雖名之為升任，實為「訓練」的作用。另有一特殊情況，就是職位調低，報酬也不變的情況，此也是時有所聞之事，不過，這只是重視人性因素與人群關係之緣故。總之，調遣、晉升或降任，以至臨時調動，暫時任用等目的，都是在求人力的更佳運用與發展，以獲得更佳組織效率與成果。

5. 滿足與榮譽 (Satisfaction and Honor)

如無適時適才的調用與晉升，則人力發展將受到遏阻，不但不能積極地加以運用，而且這些發展後之人力，也將因無滿意的出路而外流。同時，個人的「滿足」與「榮譽」(Satisfaction and Honor) 是重要的人性因素，工作的變化提供了一個良好的機會，使員工獲得他所期望的滿足與榮譽。因此，調遣晉升的另一目的，是在予員工獲得其「滿足」與「榮譽」。並不是每一個員工，都有職位無限晉升的願望，而事實上也不可能使每一個員工的晉升願望，都有達成的機會。但是作為一人事人員，為了達成組織的目標，總要盡最大的可能，提供晉升機會予以每一位員工。

6. 辭退 (Layoff)

至於人事之辭退，主要在於規定何人根據何項規定可以使用此種職權。此可分下列五種：

⑴退休：分自請退休或命令退休。(Retirements)

⑵告退：即自請辭職。(Voluntary Leave)

⑶裁退：因業務減縮將不堪繼續任用者予以裁退。(Layoff on Recession)

⑷辭退：對違反規律、犯有過失，不遵調遣者所予之處分。(Layoff on Disciplines)

⑸撤職：凡觸犯法律，依刑事或民事裁決所予之懲處。(Fire on Criminal or Civil Laws)

三、人力訓練與發展 (Training and Development)

（一）教育與訓練之區別 (Differences between Training and Education)

現代企業為求健全組織與提高生產力，提倡「學習性組織」觀念及「永續學習」制度。必須對員工施以有計畫性的教育訓練，俾能充分發揮潛力，應付競爭，達成組織的目標。為適應事實的需要，各國大企業或大團體組織對其員工，多於長期正規教育 (Education) 之外，再施以短期教育，此即所謂的訓練 (Training)。訓練也就是「選、訓、用」中重要的一環。「訓練」是為一項特定目的而設的短期教育 (Short-Term Education)，也是廣義教育的一部分。今日的一般趨勢，對於「教育」和「訓練」通常是並行實施，有關特定技術性或專業性的知識灌輸，多採用短期的訓練方式，用以發展組織內廣大的人力資源。

今日科學發達，競爭劇烈，學術進步迅速，企業經營全球化，所以員工的教育訓練不能沒有正式計劃。公司為適應實際需要，採用新的生產程序及操作方法，所必需的新技能，不能不依靠經常性舉辦之短期訓練的方法來彌補，員工「訓練」在今後科技愈發達的時代，愈顯得重要。韓信練兵，百戰百勝；「兵不練，不可以上戰場」，「將不練，不可以帶兵」，誠鐵律也。

（二）教育訓練之原則 (Principles of Education and Training)

⑴補充教育與實務教育並重：為求育才用人兩相配合，初任人員應施以「職前」實務訓練，使其瞭解工作方法與常識。於任用之後，為業務發展之需要，經過相當時間即應予以在職「進修訓練」或業務技術訓練，補充員工的知識，以提高素質，增進工作效率。

⑵通才教育與專業教育並重：即是「專」才與「通」才之培養並重，通才應特別注意其充任主管人員所需之計劃能力、組織能力與領導控制能力；專才應特別注意其充任專家技術員 (Technicians) 所需之專門學識與專門技能，兩者並行不悖。

⑶訓練必須理論與實務結合：有理論架構而忽略了實務作業情況，可能使訓練

流於空泛，但只重實務描述而忽略了理論架構，則很難培養舉一反三之創造發展能力，所以訓練必須理論與實務並重，兩者互相印證，然後對業務之執行與改進始有助益。

⑷訓練必須充分發揮考核及選才作用：訓練與考核必須相輔而行，又必須與升遷調職相配合。對受訓成績優良者應給予較高職務或較重要責任。如此，才能刺激員工重視訓練，真正發揮訓練之功能，即補充跟隨環境變化所需之新知識。

（三）職前與在職訓練 (Pre-Job and On-Job Trainings)

除各級學校之正規教育有其特別規定外，職業訓練一般分為「職前訓練」與「在職訓練」兩大類。「職前訓練」係指對新進人員在任職之前給予訓練，使其對擔任之工作及環境有初步認識與瞭解，知道如何去工作。此種訓練如各類考試及格者在分發任職前之訓練，轉業人員之訓練，新進人員之訓練、講習或座談等均屬之，又稱「始業訓練」(Orientation)。

「在職訓練」係指對現職人員予以補充訓練，如主管人員訓練、各類專業人員訓練，建教合作訓練等均屬之。

（四）訓練方式 (Methods of Trainings)

如按照訓練方式來分類，有始業訓練、員工訓練 (Employee Training)、學徒訓練、實習訓練、委託外面單位訓練、輪換 (Job-Rotation) 訓練、會議式的個案研究訓練等。

如按受訓練的對象來分類，可分為工人的訓練，管理階層人員的訓練，高級執行主管的訓練。如按訓練活動的管理而分，又可分為「內部」的訓練與「外部」的訓練。

1. 始業訓練 (Orientation)

是有計畫的指導一個新進員工，使之對所屬機構、所任工作、及其同伴有所瞭解並能適應。因為沒有一個員工，也沒有一機構環境及其周圍的人們，是靜態的。因此，員工的適應能力應繼續不斷的培養。對新進的員工，應介紹其認識新的工作環境中有關的因素，使之獲得工作滿意所必須有的知識、技能與態度，以及迅速的適應公司生活。同時，原有的員工，也必須繼續不斷的適應公司的新政策、人員及物質環境的改變。因此，始業訓練必須包括新進人員的適應，與原有人員對各項改變政策及環境的適應。

始業訓練的方式，一般言之，不論是新進或原有人員，有三種方式，第一為「非正式的訓練」(Informal Training)：在某些情況中，有許多機構覺得非正式的始業訓練，更為有效，譬如要將一個有彈性的計畫納入組織的作業中，非正式的活動，也

許較正式的會議或開班訓練，更為有效。如一個新進人員引進時，有關組織環境的一切，由人事單位做簡單的口頭介紹，有關工作的一切，由主管做扼要的說明，這種形式的始業訓練，介紹說明既簡單，也無具體的文字表達，一般稱之為非正式的始業訓練。

第二為「正式的訓練」(Formal Training)：正式的始業訓練是一種有組織的方案或一種正規的課堂教學。這種始業訓練又可分為兩種，即主管給予的訓練與課堂訓練兩種。主管給予的始業訓練，對於員工的適應力培養，非常重要，如果直接主管的始業訓練失敗了，其他的始業訓練，將全屬白費。所謂課堂的始業訓練，就是用正式的開班來訓練，這種方式較為深入且具體。同時，如有政策、制度、法令、規章等改變，可納入課程之中。亦可將舊有的人員納入該項訓練之中；使新進員工及舊有員工都瞭解這些改變，以便適應。

第三為「其他訓練」(Other Trainings)：除了上述兩者訓練方式之外，尚有其他的方式。因為學習本是一種繼續不斷的程序，在原則上訓練也需繼續不斷的施行，俾有關新事項之處理方法，得以繼續不斷的灌輸給員工。其他形式的始業訓練，即在補救上述二者訓練之不足，此包括有原有人員回答問題，由此瞭解原有人員對始業訓練事項瞭解程度，亦用此提醒原有人員的注意。其他為手冊、影片、公告牌等，均可用作始業訓練的輔助設施。

2.員工訓練 (Employee Training)

所謂員工訓練包括主管人員以下人員的所有訓練計畫，其目的在提高員工的工作技能 (Skills)，及消除員工與各級主管間的界限，使能打成一片。

員工訓練可分為兩種，第一為「一般教育課程」(General Education Courses)。這種一般基礎教育的目的，在使員工發展成為一個合乎中庸而通曉時務的人，但與目前工作無直接關係。這種教育的課程很多，其性質與範圍，亦無限制，諸如公民、健康、家庭、生活、經濟學、語文、文學、儀容、嗜好等，均可列入。在我國工商企業及公務的機構組織中，都有所謂朝會、動員月會、政治訓練、精神講話等，均屬此類訓練。第二為「工作訓練」(Job Training)。就立即應用度而言，工作訓練與一般教育不同。「工作訓練」是直接有關目前工作執行的能力訓練或技術訓練，其目的是要能實際的做出更佳與有效的工作，不像一般的教育，只是增加員工知識與瞭解，培養良好的基礎。「工作訓練」是公司操兵練將的主要部分，同時是定期為之，持久不斷。

「工作訓練」，按其內容，可分為下列四種情形：

⑴機器操作技能的發展 (Skills Development)：如機器的操作、打字等。

⑵心智能力的發展 (Intelligence Development)：如統計學、簿記、速記、檔案處理、藍圖閱讀、機械繪圖、或僱傭面談技術等。

⑶專業知識的追求及發展 (Special Knowledge Development)：這種工作訓練，看起來是與一般教育重疊的，惟此種工作訓練，是要應用於工作上。例如經濟學的訓練，對於一個普通的員工來說，其目的只是希望他成為一個有經濟意識的公民，但對於一個財務或銷售人員而言，就希望他能更深一層的瞭解經濟學在組織業務的影響，而加強其對利潤、成本的認識。這種更深一層的瞭解，即是技能發展的一部分。

⑷態度的發展 (Attitude Development)：所謂態度，就是知識、技能、或意願的實際表達。這種態度，可以直接發展，譬如一個銷售人員，在對顧客銷售物品時，其臉部的表情、言語的措辭、用字的選擇、以及聲調姿態等，都要能在顧客的感應中，產生愉快的接觸，以順利售出物品。其他的態度，如工作者的忠心、熱忱、參與意識、成就感等，都可以用訓練來發展。

3. 學徒訓練 (Apprenticeship)

在工商企業中，技術性的或半技術的工作，多經由學徒的方式來進行訓練。學徒制是我國應用最早的一種藝匠訓練，徒弟跟隨師傅學習三年四個月才算「出師」，可以獨立操作謀生。現今歐美工業發達國家，也都採用小規模、實作性學徒訓練的制度。二次世界大戰前，西德普遍地採行學徒制度，訓練技術工人與低層的工程師，並規定所有人員每週至少須回到職業學校上課一日，這對西德戰後工業的復興具有重大的影響。如西德沒有大量的技工人才，即使有美國「馬歇爾經援計畫」(Marshell Plan)，也難使工業復興得如此迅速。今日美國的工業界，也盛行學徒訓練的制度，美國政府並且訂有學徒訓練制度的法案，明文規定學徒訓練，必須學術兼施，訓練期間待遇，以及訓練完成後的就業，都有保護性與預防性的規定。美日德勞工行政以推行「學徒訓練」為主要業務之一，並且支持各同業公會 (Associations)，設計彙編各行業舉辦學徒訓練所需的教案，以供參考，而求訓練有效。我國在這方面的訓練，尚有待加強。

4. 實習訓練 (Interimship)

「實習訓練」是一種準備性的工作訓練。當新進的員工，雖然經過了始業訓練，但由於新的工作與環境複雜等關係，這個新進員工，不能有效的立即參加實際的工作，尤其是未熟練或非熟練的員工為然。所以為了使一個新的員工，在最短期內能有效地工作，通常要給予一段時間接受實習訓練，尤其醫學院畢業生正式進入醫院

後，要先當實習醫生二年，才能成為住院醫師。所謂「實習訓練」，顧名思義，就是在實際的工作上加以訓練，必須有專人指導，而不是任其自行工作，從摸索中自行發展，茲將一般常見的實習訓練程序列如下：

(1)應有工作訓練員（教師）(Trainer)：訓練必要有學生，也必須有教師。選擇擔任實習訓練的教師必須甚為注重。擔任實習訓練的教師，所使用的標準方法是否符合要求，以及教學的技術是否適當，均應由所屬單位主管或其他人員予以查核監督。工作是否詳細分解，是否有設備與材料的配備以及學生是否按既定技術規範操作等，都是訓練教師必須詳加觀察之基本職務。

(2)實施順序 (Procedures of Training)：第一為教師的訓練 (Trainer Training)。在指派某人為訓練教師之前，必須先給予教學方法的訓練，其教材必須均勻而符合良好教學的原則。第二為教學的步驟之設定 (Procedure Establishment)。首先要做「工作分解」(Work Analysis)，即將所要教學的工作編成「作業單」，詳細說明每一步操作的重點，品質規範，以及有關的安全注意事項。這種作業單，是訓練教材的補充，但不是其代替品，而訓練教材則是根據工作分析建立的教案。第三為實施教學時之場地的準備 (Field Preparation)。實習工作場地，機器設備及材料等，皆應事先準備妥當。工作上不需要的機器設備，就不應置於場地中。訓練教官之儀容，亦應保持整潔，因為這是良好的工作習慣，需要新進員工模仿學習的榜樣。第四才是實施教學 (Executing)。先消除受訓人員之緊張情緒，然後逐步的分解有關動作、示範；再要求受訓人親自去做，一直到順利為止；然後進行追蹤考察，不斷地予員工改正與指導，直到員工都能獨立作業時為止。

(3)訓練單位在實習訓練時之職能 (Functions of Training Institute)：其基本責任是計畫的擬定與執行考核，如教師的選擇，訓練教材的審定，受訓人員的分配等。再者有關訓練教師的複訓或補訓的實施，訓練之進度及成果與改進之報告等等，都是訓練單位所應有的職能。

5.管理階層之管理才能發展 (Management Development)

管理階層一般分為高層，中層，與低層三階層，如一個工廠的最低工作單位（班、組），其主管即是低層主管，如班長，組長，因需直接與操作員 (Operators) 接觸，在生產過程中佔有決定性的地位，故常須施以特別的訓練，稱為「督導人員訓練」(Supervisor's Training)。中層主管，一般包括獨立負責某一方面業務之主管，如課長、經理。高層主管指副總經理、總經理、集團副總裁、總裁級及董事長級之公司決策人員。所以此處所謂管理才能發展包括低級主管、中層主管及高階主管之訓練發展。

　　管理階層的訓練沒有一定的作法，各機構常按其業務的需要，各自定其實施的方式，如參加顧問公司短期（一周）管理訓練班，中期（三個月）管理發展計畫，長期 Mini-EMBA, EMBA 及 Mini-DBA 進修方案，為時六個月到二年。很多工商企業還採用活頁的文字說明方式 (Statements of Manuals)，即將有關的管理技術或管理哲學及實務的檢討改進事項，用文字說明，並印發給予有關的管理主管閱讀並加研討、考試。也有用討論會 (Seminars)，討論的內容，也許是公司發生的個別事項的研討，也許是一系列有系統事件的闡述，但其目的是一致的，皆在增加主管人員的瞭解及改進其技巧。有一些機構，為了達到訓練的目的，特別設立了圖書館 (Library) 或閱覽室或知識管理庫 (Knowledge Management Bank)，訂購各種有關的雜誌、員工考察報告、研究心得、受訓心得等等，供員工自由閱讀。除此之外，還有很多種管理技巧訓練的作法。茲分述如下：

　　⑴有計劃的工作輪調：所謂工作輪調，就是將一位主管從某一個工作調動至另一工作，藉工作的變動，給予學習的機會，而增加其工作經驗。惟工作輪調須先將輪調人員的優點與缺點，以及其發展的潛能，加以精密地分析，使能確切發揮他的才能。在輪調的工作性質方面，也要加以考慮，其裁決原則是相近似，但必有差異。一般言之，工作的輪調，是將一位有經驗的人員，調離他原有專業，對於工作的效果，可能會發生不良的影響；因此，工作性質近似但必有差異的原則，必須特別遵守。但如欲發展普通人員及普通主管，則不必太考慮其原有之專業才能。

　　⑵定期的會議 (Meetings)：用定期的（每週或每月）會議，來達成管理訓練的目的，是今日工商企業中應用得最普遍的方法之一。這種會議也是有計畫的，而最重要的是會議的主持人，必須瞭解與會人員所具有的優點與弱點，以及現階段管理的實況，有什麼問題需加以研討，有什麼事項需要啟發。換言之，他必須瞭解公司業務發展的需要，員工發展之潛在能力以及發展方法。同時，部屬還要有成功的領導能力與經驗。有些人，想做一件創舉的事，或有革新性的觀念，但由於膽怯或其他的心理原因而不能實際付諸實施，或是明白的說出來。在這種訓練性的會議中，因主持人的多方面啟發，可能引起與會人士的共鳴，那些不敢嘗試或無信心的新觀念，在此種訓練會議中，有促其付諸實行或提出研討的鼓勵作用。定期會議的訓練，不但可交換管理觀念及技術的意見，還可促起新觀念的形成，而得到管理上真正的改進。如果有適當的主持人，此種訓練是很具效果的。每週由總經理主持之「公司經營檢討會」及由部門經理主持之「部門業務檢討會」功效最大。

　　⑶工廠訪問 (Plant Visiting)：各機構管理觀念、制度與技術，往往因為工作性質

的不同而各異其趣。因此，相互間的訪問，也是一種學習的機會。訪問的執行也是要有計劃，第一、首先要弄清楚，擬前往訪問的工廠，在管理的實務上，有什麼可資學習與借鏡的；據此，再訂定訪問的節目。第二、確定擬前往訪問的對象，是否有接受訪問的熱忱，以及可能提供資料的願意程度。第三、工廠訪問雖然要有計畫，以期達到某種訓練目的，但在訪問的方式與過程中，不宜控制過緊，以免失去自由的氣氛，因為刺激也是訪問的目的之一。訪問人員的實際接觸與觀察，所能產生的刺激作用，是比較深入，並且可能引起實際行動的。

（五）訓練的考核 (Appraisal of Trainings)

人員訓練的種類已如上述，但無論是那一種訓練，其目的都是根據工作需要，促使員工增進知識、獲得技術、改變態度，有效完成該組織之目的。「考核」是訓練期間最重要的一項工作。因為有考核才能事奏其功。在訓練期間內，可藉考核的方法來鑑別或發現受訓學員之品德、能力與潛能。

一般均認為考核是一項難做的工作；事實上，的確如此。不過，雖然絕對的合理、確實與公平的考核是不易做到的，但相對的合理、確實、與公平應該是可以達成的。在一個訓練班中，絕大多數的員工都是規規矩矩的，只有少數的人是投機或是偽裝的。為做好考核工作，一般來說，應掌握幾個要點：

⑴確定能夠用訓練克服的問題情況。

⑵要兼從員工個人的工作和整個組織著眼。

⑶不僅要顧及現在的需要，也應顧及未來的需要。

工業先進國家的企業，對於員工訓練都非常注意，他們常常就機構的整體人力發展著眼 (Manpower Development)，對該機構的目的、工作、成員等，做全盤有系統的調查分析，以發現整個機構的全部需要在那裡，也就是透過三方面的分析，以決定訓練的途徑。

第一、機構分析：就整個公司的目的，策略，資源等分析，以決定未來訓練的重點在那裡。

第二、工作分析：分析工作內容，要求人員如何操作方能有效地達成，來決定訓練的內容。

第三、人員分析：就一個人的職務，分析其現有的知識、技術與態度，以決定其應加訓練發展的方向。

四、人員之待遇與薪資 (Compensation and Wage-Salary)

人類之基本慾望 (Basic Needs)，如馬斯洛 (Maslow) 所提中即有維持生活一項。而企業組織對其成員，所給之酬勞，或為金錢，或為有價物質，使之維持生活，專心工作，所以一般企業均有薪工制度 (Wage and Salary System)。薪工管理之重點在於合理分配各種薪金工資給不同貢獻程度的員工。薪工制度應以工作效率 (Performance and Efficiency) 與生活費用 (Living Expenses) 水準為建立之基礎，各國多係如此。工資是影響員工工作效率與工作情緒之最重要因素，一般均以「工作評價」(Job Evaluation) 方法制訂工資方案，因為工作經檢討、分析、評價後所訂之工資較為公平合理、有標準可循，可減少員工不滿情緒及糾紛。

（一）制訂工資制度之要點

普通在制訂工資制度時應注意以下各點：

(1)使員工們能維持基本生活。

(2)同工同酬，以求公平合理。

(3)計算簡便。

(4)稍具伸縮性，以應付變動之環境。

（二）工資計付方法

至於工資之計付方法有「計時制」(Time Rate System)、「計件制」(Piece Rate System)、「年資制」(Seniority System)、「考績制」(Performance Evaluation System)、「分紅制」(Profit-sharing System) 及「股票認購制」(Stock Option System) 等。除了正式薪資之外，歐美各國之工商企業，均實行「獎工制度」(Wage and Bonus System)，以鼓舞士氣，提高工作效率。此一制度是按照員工生產力或銷售力或利潤貢獻力超過一定標準時，可獲得額外獎金，以提高生產效率，有的稱為「效率獎金」(Efficiency Bonus)、「生產獎金」(Production Bonus)、「銷售獎金」(Sales Bonus) 或「工作獎金」(Task Bonus)。其計算必須根據事前規定之辦法，並注意品質控制及員工之安全與健康。

現代企業所採用之工廠獎工制度有兩種，第一是依據經驗方法之獎工制度，此是根據過去之紀錄決定標準時間之方法，如郝爾斯獎工制 (Halsey's Premiun System)，羅文獎工制 (Rowan Premiun System) 等。第二為依科學方法之獎工制度，以科學方法決定標準時間，如泰勒差別計件之薪工制 (Taylor Differential Piece-Rate System)，甘特作業獎工制 (Gantt Task and Bonus System) 以及艾默生效率獎工制 (Emerson Efficiency Wage System) 等。

對於行銷人員及研發人員之獎工制度，方式亦甚多。對銷售人員常採取三分之二固定薪資，三分之一變動獎金方法，或二分之一固定，二分之一變動方法。對研發人員常採取基本固定薪資及專案創新、發明獎金（額度很大）之方法。對財、會、人資、總務人員及高級主管人員，則常採取固定月薪及年終好業績獎金（如加二至六個月薪津）。高級幹部則又有利潤分享措施。

第四節　人力計劃與人力發展 (Human Resources Planning and Manpower Development)

工商企業機構有關人事工作的領域廣闊，人事部門的目標與企業政策之間，可能有矛盾，各部門主管者與人事幕僚之業務也可能重複，以致預算不正確等現象，所以人事工作必須有周詳的計畫，俾使各部門能聯繫起來成為一個整體。換言之，就是人事管理部門之措施，要顧慮到對各種功能部門的影響及其交互作用，並重視實施後對其他部門所發生的干擾。

人事計畫 (Personnel Plan) 就是確立機構的人事目標、政策、方案、辦法、細則、及人事幕僚的職掌範圍。有周全之整體計畫，執行時才有依據，以免發生偏差，影響工作效率。

一、企業策略與人事政策 (Corporate Policies and Personnel Policies)

一個企業機構必須有全盤的經營目標、政策及戰略，而人事政策必須配合企業的策略。人事政策是人事管理原則的具體說明，也是人事管理工作內容與程序的指導方針。

（一）人事政策的種類及範圍

⑴有關組織結構的人事政策：指涉及公司所有各階層的政策，如對外發言政策、對內部權責劃分政策、對附屬單位權力授與政策等。

⑵按部門職能組合的人事政策：如每一部門經理在其所轄範圍內人事活動中之計畫、組織、控制的政策及員工訴願之政策等。

⑶部門制訂人事政策的責任：每一部門主管人員，皆應負責制訂其所屬單位的人事政策，但應注意與其上級政策一致，也與其他單位政策相輔為用，而且要在自己的權責範圍之內。

⑷部門人事政策的控制：人事政策應縝密制訂，嚴格執行，並不斷檢討其是否合理可行，如有偏差，即應立即糾正。

（二）人事計劃之範圍與目標

一個企業的人事管理領域，可能像是一片未經勘察的原野，也可能像是一個安排好的新環境，所應做的事情很多，必需周詳的計劃，並配合整體，所以人事計劃的範圍很廣，一切有關的影響因素都應包括在內。人事管理工作從募才、選才、用人、育才、晉才、留才等等各方面都是互相關連的，相輔為用，比如良好的甄選，可以選出真正需要的人才，因此可以減少過多的訓練的麻煩和節省訓練的費用。單位主管執行的寬嚴如不能均衡一致，則必形成內部人事關係的混亂；員工的績效考評，只能限於績效考評的事，而不是用來代替工作評價的方案或考核晉升制度；人事工作的審核，不是事後的追查，而是在工作的同時，審核程序就在進行。總之，人事管理的措施，要顧慮對各種職能部門的影響及其交互作用，並重視實施後果對其他職能所發生的干擾。所以在籌劃全盤的及長期的人事計畫之時，因其所牽涉的範圍太廣，必須協調各有關單位，審慎計畫，考慮周詳，俾所定的人事計畫可以充分發揮其功能。

▉ 二、人力計劃之步驟 (Steps of Manpower Planning)

（一）人力計劃的內容

一個企業機構的設立，第一步是確立目標，建立策略及組織結構；第二步是確立較詳細工作的內容與作業標準；第三步即是在目標、策略、組織、工作內容及標準之下，訂定人員需要的規格標準 (What) 及如何獲得這些人員的方法 (How)。所謂人力需要 (Manpower Requirements) 的標準，就是人力的計畫，其中目標 (What) 包括兩大課題：一是需要多少人力？二是需要何種條件的人力？其中如何 (How) 獲得這些人員，也包括兩大問題：第一是用什麼方法獲得？第二是從那裡獲得？

（二）擬訂人力計畫的步驟

擬訂人力計畫普通均有一定的步驟，這些步驟當然是非常科學的、實在的。一般言之，擬訂人力計畫有下列幾個步驟：

⑴根據行銷、生產、研發、財會等業務計畫的分析，確定各種類 (Categories) 各程度 (Degree) 的人力需求 (Manpower Demands)。此時不僅須研究人力市場變化趨勢，而且須掌握科學技術之革新的方向。

⑵研究企業機構的可能變革 (Organization Changes)，以確定是否由於機器設備

的變更，企業活動的擴大，社會經濟的發展或人民生活與教育的改善，而須調整機構之組織原則及型態。因組織調整就是分工的改變，對人力的需求影響極大。

⑶分析現有人力的素質、年齡及性別之分配 (Manpower Inventory)；以及異動率、缺勤率的高低；並研究員工慾望發展的階段，工作情緒的消長趨勢，以決定各項業務所需的人力。

⑷研究分析就業市場的人力供需狀況 (Manpower Supply)，確定那些類等的人才可自社會大量人力供給來源中取得；那些人力必須與教育及訓練機構合作，預為培植。如發現某些人才無法獲致，尚須獨自建立「人力發展」計畫。

⑸上述四個步驟完成之後，即建立甄選及招募計畫 (Recruitment and Selection Plan)，以選募所需的人才。

⑹人才選募之後，不一定立即使用，故必須視實際情形，予以訓練或培育 (Training or Development)。在一般情形之下，予以短期訓練即可；但如果是特殊技術人才，必須採各種方式，如建教合作，另訂培育計畫，以符合需要。

⑺選募的人才經適當的培養或訓練之後，即據各部門所需要的類等人數，予以適當的分配 (Placement)，並予以最有效的運用，使人力不致有浪費之情況。

三、人力發展 (Manpower Development)

（一）配合業務發展

所謂「人力發展」，即是配合企業未來業務發展需要，在人力供給方面，做長期之調查、分析、研究並做培植的計畫，以免屆時發生財力、物力齊備，但缺少具有適當技術之管理及工程技術人才與操作技工。一個國家，為配合國家建設的需要，一定要有長期人力發展的計畫；同樣地，一個企業，為了長足的發展，一定也要訂定長期人力發展計畫。凡是經營愈成功的事業，其高階主管及人事部門的工作愈注重在人力發展的挑戰性工作上，因為企業雖有各種資源可用，但畢竟是由有靈性的「人才」來操縱運用。企業發展的人力發展關係密切。簡單的說，一個企業機構人力發展之目的在提高工作人員的素質，不斷發揮集體行動力量，以提高生產力。

（二）人力計畫之內容綱要

人力發展通常包括有下列幾個項目：

⑴人力需求預計：針對銷產、研究等業務發展趨勢，估算所需各類人才。

⑵人才羅致：有了完整的人力需求預計，即須及時補充人力，以科學方法，選拔所需人才。

　⑶人員培植及訓練：採有效方法，長期培植或短期訓練各類之人才。

　⑷人力運用：將全部培植及訓練之人力，妥善配置於業務發展之各部門，以避免人才浪費，並發揮最大功效。

第五章　企業會計要義
(Essentials of Business Accounting)

第一節　會計學的概況 (Overview of Accounting)

會計 (Accounting) 乃是透過各種公認原理、原則、方法及步驟，來收集 (Collecting)、記載 (Recording)、整理 (Adjusting)、分析 (Analyzing) 及表達 (Presenting) 一企業內有關營運活動資訊 (Operations Information) 及財務狀況變化資訊 (Financial Information) 的管理學科。其目的在於提供社會任何經濟個體之財務資料，幫助不同的人士，如業主、債權人、投資者、政府、員工、金融機構等等做不同的決策用途。本章第一節將先對會計學做一個概況介紹，而後在其他各節中再做進一步的內容討論。

一、會計學的特性 (Characteristics of Accounting)

會計學是一門介於應用技術與理論科學之間的學問，衍生於經濟學，應用於管理學，而且隨著時間及環境的改變而不斷改進。在二十一世紀初，其本身尚有一些公認問題與爭執（如價值認定、成本認定）尚未尋得一致性答案，有待更進一步的研討。但發展到現在為止，會計學具有五大特徵：⑴相對準確性，⑵計量方法，⑶歷史導向，⑷交易入帳，⑸貨幣衡量單位。

1.相對準確性 (Relative Accuracy)

在會計學中，會計報表僅具有相對的準確性，而不具有絕對的準確性，其主要的原因有二：

⑴會計處理過程，難免需要估計數字 (Estimates are inivatible)：

在會計處理上，「估計」(Estimation) 是難以避免的現象。因為有些事項雖然已經發生，但其發生額度真正為多少，卻非吾人所能確知，譬如「折舊費用」(Depreciation) 即是。而另外一些事項的發生，卻導源於目前之決策或與目前之某一筆收支有關，但為使「成本」與「收入」相互配合 (Consistency of Costs and Revenues)，乃須估計其數額，如「備抵呆帳」(Bad Debts Reserves) 即是。

⑵會計處理方法非一成不變 (Alternative Courses of Action)：

在會計處理上，同一交易事項往往可以採用很多被認為可行的不同方法，只要符合公認會計原理原則就可以，所以不會產生相同數字。

2. 計量方法 (Quantitative Method)

會計主要的是收集有關數量 (Quantitative) 的資料，加以記載、彙總、分析。至於品質 (Qualitative) 的資料就很難加以表達而往往付之闕如，例如一個能幹的高階幹部的價值有多少？誰也說不清，因它是屬於品質的資料。

3. 歷史導向 (History-Orientation)

會計學在過去往往是就已往事實 (Past)，及目前情形 (Present)，做詳盡的表示，故其所提供的資料，均偏重歷史性之報導。而目前，會計學之「歷史導向」的特徵逐漸淡化。主要的是因為未來賺錢能力的「前瞻性」(Future)，愈來愈為人們所注重（尤其高階管理及投資人員特別重視未來性），如預算制度及管理會計之興起，可以作為此方面的特徵。

4. 交易入帳 (Transaction-Based)

買賣交易為會計工作之起點，一切處理，均依交易進行而產生，故稱:「交易為會計處理之原料」(Transaction is the material of accounting processing)。

5. 貨幣衡量單位 (Money as Measurement Unit)

在處理各交易項目時，必然是以特定單位，即貨幣 (Money) 作為準據。就該單位所發生之各項交易做記載、整理、歸納、綜合、及分析的工作，是故處理交易係以貨幣單位為依據。貨幣單位是中性的，可以記錄鋼鐵，也可以記錄農產品、紡織品及專利產品等。

二、會計學的範圍 (Scope of Accounting)

企業機構之規模雖大小不一，業務性質不盡相同，但都須設立會計紀錄，並據以編製報表，凡此種種皆屬「普通會計」(General Accounting or Common Accounting) 或「財務會計」(Financial Accounting) 的範疇，除普通會計以外，另有許多會計性工作，稱為「特殊會計」(Special Accounting)，其中較為重要者有下列六種: (1)會計制度設計，(2)成本會計，(3)預算，(4)稅務會計，(5)審計，(6)內部控制。比較進步及複雜的會計則有「管理會計」(Management Accounting)、「人力資源會計」(Human Resource Accounting) 及經濟活動會計 (Economic Activity Accounting)。

1. 會計制度設計 (Design of Accounting System)

雖然會計上的許多一般性原則可以應用於所有的企業機構，但是三萬六千行中

的每個企業各有它個別的需要及特性，所以必須按照它的實際情形，分別設立適當的收集、記錄、整理、分析、及報表之準則。所以給一個企業公司設計一套完整的會計作業制度，並付諸實施，是會計工作的優先活動之一。

2. 成本會計 (Cost Accounting)

一個有效經營的企業，必須瞭解其每一產品 (Product)、每一製造過程 (Process)、和每一營運部門 (Department) 及每一原材料因素 (Element) 的成本。會計上收集及分析成本的工作稱為成本會計。不過，「成本」的種類 (Cost Categories) 及成本行為 (Cost Behavior) 甚為複雜，所以成本會計工作也比之一般財務會計工作，更為複雜。一般財務會計可以標準作業化及電腦化，但是成本會計常須借助人工操作。

3. 預算 (Budgeting)

一位具有遠見的企業經營者，對企業的未來遠景必會設定目標 (Objectives)、策略 (Policies and Strategies)、方案 (Action Programs)，並以金錢收支方式表示於預算表 (Budgeting) 上，以指揮全體員工共同努力，此種編訂目標、策略、方案，以至預算的程序稱為企劃預算制度 (Planning-Programming-Budgeting System, PPBS)，為會計人員配合企劃人員的重大工作之一。

4. 稅務會計 (Tax Accounting)

所得稅係根據企業營運所得額計算，而世界各國對所得稅的規定日趨繁雜，所得稅率也日漸提高，所以專業會計人員必須注意各種稅法規定內容及其發展趨勢，在年度開始之初，就為公司設定避稅、節稅、免稅等合法性長期措施，以免臨近年底才手忙腳亂尋找減稅方法。

5. 審計 (Auditing)

為了確保會計帳務工作依照公司會計制度執行，以及公司會計制度符合一般公認會計原理及稅法規定，所以必須實施定期追蹤審核，此稱為「審計」，所以「審計」是會計工作之事後審核，為會計作業的重要組成因素。

6. 內部控制 (Internal Control)

公司組織龐大，人員眾多，每日都有各種用錢、用人之行動，而用錢及用人都涉及公司成本之發生，如果嚴格由高階主管人員來核定用錢及用人權力，則可能耽擱公司的營運效率。如果任由每一個人都可以用錢及用人，則公司必然浪費無限。折衷之道是事前設定用錢權及用人權之科目、數額、及「提議、審查、及核准」之職位層級的「核准權限表」，經董事會通過後，交由會計部門把關，控制公司內部用錢及用人之成本開支，把浪費及舞弊事件控制住百分之九十九以上。

第二節　財務狀況之記載 (Recording of Financial Status)

會計學上之記載工作，是以「複式簿記」(Double Bookkeeping Entry) 為方法。所謂複式簿記，簡單的說是指同一交易，有「借」(Debit) 必有「貸」(Credit)，同時借貸相等。此乃涉及到會計上之科目 (Accounts) 及借貸法則 (Credit and Debit Rules)。在此，吾人應先瞭解一下，其作業所依據之一般原則。

一、會計原則 (Accounting Principles)

會計學本身衍生於經濟學，是一門社會科學，其原則常會受到時間、空間、企業本身及企業環境等因素之限制。故而，此處所謂之「原則」(Principles)，乃指經歲月累積而成，可適應各種處理程序與方法的準據 (Rules)。此原則主要受到三方面的因素影響，它們是：(1)政府法令之規定 (Government Regulations)：如記帳單位以法償貨幣的規定。(2)企業經營之要求 (Requirements of Business Operations)：會計乃是企業管理的工具，為達管理之營利目的所使用之方法，如資本支出 (Capital Expenditure) 之決定方法等。(3)經濟環境的變遷 (Changes of Economic Environments)：如帳冊之分割及合併，財務報表之透明公布等。今日之公認會計原則可以舉為下列十四項來加以說明：

1.會計記帳單位，價值必須穩定 (Stable Value)

會計人員假定，為達到衡量各種交易帶來之變動，「貨幣」(Money) 乃是最佳衡量的工具。而各國均以法償貨幣，如美國以美元，日本以日圓，臺灣以新臺幣，中國大陸以人民幣為衡量工具。為要使它能正確衡量交易之價值，此一工具本身之價值需為穩定。在過去，貨幣之購買力所代表之價值比較穩定，故以之為衡量工具，沿用迄今。到今日各國貨幣價值不穩定之情形比比皆是，只好以變動匯率來調整之。

2.永續經營，是重要假設關鍵 (Going Concern)

此亦為會計人員之重要假定，認為其所從事會計工作的企業，係以無限期之繼續經營為目標，在其持續營業期間，足以完成當前計畫並履行其現有的義務。故而企業之價值是以「永續營業價值」(Going Concern Value，常以歷史成本為基礎)，而非以「清算價值」(Liquidation Value，常以當時清算出售之金額為基礎) 表示之。

3.劃分期限，便利決算 (Accounting Period)

會計任務之一為提供財務資料，以備決策使用。故而，會計人員乃假定，企業

所經營之業務，能按一定期間（如年、月）加以劃分，以便瞭解企業財務方面之狀況及結果。此「期限」必須：⑴期限相等，一般均以一年為期；⑵起迄相同，如 1 月 1 日起，12 月 31 日為止。

4. 收入與成本，相互配合 (Matching Cost with Revenue)

由於期限之劃分，使得各會計期間之財務資料，必須看作企業財務狀況和業務進展性的一種短期估算 (Estimate)。為了使財務報表之短期估算具有最大意義，該一定期間之「收入」與「成本、費用」之因果關係必須加以認定，以明所屬，而確認各期損益。與此假設伴隨而來的，有下列兩原則。

5. 保守政策合理實施 (Conservative Policy)

凡涉及估算之事，在樂觀與悲觀之下，所估算金額差距頗大。往昔以「預估一切損失，不估任何利益」為估算之金科玉律，確為保守。但應運而生的反動是「不估損失，只估利益」的矯枉過正之毛病，今日乃以「既估損失，亦估利益」之合理實施為其度。

6. 損益裁決，權責為尚 (Accrued Basis)

以權責發生時日，來決定收入與成本、費用應歸屬之期間，乃是時下一般所採用之「權責發生制」的精義。有些非營利機構採用現金發生制 (Cash Basis) 會計，以現金收支之日期來決定收益與成本者，一般企業皆不採用。

7. 成本基礎，普遍運用 (Cost Basis)

所謂成本 (Costs) 是指為獲取資產或勞務之歷史性代價。在資產負債表 (Balance Sheet) 中各項資產之價值，代表取得成本中尚未消耗之部分，而損益計算書 (Income Statement) 中之各項成本，則表示取得成本中已消耗部分。故從「繼續經營」及「客觀基礎」的觀點來審視資產評價 (Assets Valuation) 與損益取決，「成本」一詞實具有左右盈虧之重大意義。

8. 事實判斷，力求客觀 (Objectivity)

帳目之處理，必須力求客觀。以客觀之事實 (Facts) 為依據，不以主觀判斷為依據，使之保持超然獨立的立場。故而以「可資查核之憑證」(Verifiable Objective Evidence) 為入帳之準據。

9. 交易完成，入帳之本 (Completed Transactions)

前一原則已提及以何者入帳（以可資查核之憑證數字），至於何時入帳，即為本原則所討論的主題，即在「交易」(Transaction) 完成之時方行入帳，而不一定是現金移轉之時。因現金移轉可以在「交易完成」之前或之後為之。

10.**有關資料，充分揭露 (Full Disclosure)**

依照前面九個原則記帳，已足以表示一企業某期之財務狀況及結果。但其僅以金額科目列示，若不加以適當的揭露說明，無法給予一個完整的概念。為使所表達的數字更具有透明意義，可以借助括號或附註方式來說明。此種項目大約有下列幾項：

　　⑴資產估價基礎。(Valuation Basis of Assets)

　　⑵或有負債。(Probable Liabilities)

　　⑶長期負債之利率及到期日。(Interest Rate and Maturity Date of Long-Term Debts)

　　⑷公司股本特徵。(Characteristics of Stocks)

　　⑸有關公司牽涉訴訟案件。(Involved Letigation Cases)

　　⑹會計處理方法之變更。(Changes of Accounting Methods)

　　⑺保留盈餘發放股利之限制。(Constraints of Dividends by Retained Earnings)

11.**帳目處理，前後一致 (Consistency)**

所謂帳目處理前後一致，包括兩方面之意義，其一為前後期之各帳目應以同一方式處理，使前後期得以比較。另一為同一年度內之各帳目應以相互配合的方式處理，以避免矛盾產生，而使財務報表有意義。

但，帳目處理的方式並非一成不變。其因環境關係而有改變需要時，自可酌予更動。但應以附註說明（見前原則之⑹）。但變動處理方式之後，應持久為之，不可在短期內又再變動。

12.**營業個體，界限分明 (Business Entity)**

如前所言各原則，均是指稱某一特定企業，此語即為本條原則──以本「企業」為獨立的會計單位，對其本身作有系統而忠實的報導。即令業主個人（自然人）與其獨資企業（法人）之財務亦不可混在一起。

在實務上，只本著以上十二條原則，仍會發生困難及經濟問題。以下兩原則即在處理衝突及經濟問題。

13.**權衡輕重，決定取捨 (Materiality)**

本原則簡言之，即指理論上的「準確」與實務處理上之「困難」，應相互兼顧，權衡輕重，以真正重要者（對企業最終目的有較大幫助者）而定取捨。

14.**權宜行事，變通運用 (Expediency)**

此原則係指企業財務狀況之表達或營業情形之顯示，有重大關係或涉及重大事項者，應詳為處理。此與第十三原則之涵義類似，而互為表裡。

二、會計科目、法則與模式 (Accounts, Double-Entry Rules and Accounting Model)

在瞭解財務狀況如何記載之前,須先認識其記載的客體。一般來說該客體可以將之區分為五大類,即(1)資產,(2)負債,(3)權益,(4)收入,及(5)費用。茲說明如下:

1. 資產 (Assets)

所謂「資產」係指個人或企業所握有法律上或事實上主權的有形或無形財產(或權益),並對個人或企業具備潛在賺錢能力或服務能力 (Money-Making Power or Service Potentiality)。簡單的說,擁有資產是指擁有「有價值」(Valuable) 的東西。但,其會計帳面金額並不一定表示其所具有之真正價值,有時高於,有時低於。會計帳上之資產金額一般皆以取得時之歷史價值(成本)來表示。

2. 負債 (Liabilities)

所謂「負債」係指一個企業或個人應償還他人之款項。企業若有負債發生,乃表示公司在借用他人金錢來買某種形式之資產(如存貨、土地、機器、廠房等等)來營運。若到期無法償付他人時,則公司可能面臨被債權人宣告破產之風險。

3. 權益 (Equity)

企業各項「資產」總額超過「負債」總額的淨值 (Net Worth) 部分即為「所有權人之權益」(Owner's Equity)。在獨資及合夥事業,均稱為「業主權益」,在公司時則稱為「股東權益」。其所代表之意義為所有權人或業主對企業資產之請求權,此時請求權之金額與實際市場價值往往不相等,因為資產之帳面金額與實際市場兌現售價不一定相等,可能折價,也可能溢價。業主或股東「權益」亦稱為「淨值」(Net Worth),係指總「資產」減去總「負債」後之剩餘價值 (Surplus)。「權益」或「淨值」代表企業欠所有權人之「負債」,所以「權益」與「一般負債」在「資產負債表」上是放在同一邊。「權益」之來源為所有權人之投資資本 (Paid-In Capital)、累積盈餘 (Retained Earnings) 及公積 (Reserves) 與資本增值 (Capital Gains) 等。

4. 收入 (Revenues)

「收入」係指在一定期間之內,由於企業或個人提供給他人(或企業)商品或勞務,而獲得之代價,其金額是各種產品之單位價格乘以銷售數量 ($R=P \times Q$) 之總和。此種代價均應成為資產之一種,可能是現金、應收票據、應收帳款、或其他財產類別。

5. 費用 (Expenses)

「費用」係指以產生收入為目的，而耗用的各種原物料、財務或勞務之成本 (Costs)。有時吾人稱費用支出為經營企業之必要成本，以前人稱當家庭主婦不容易，因為每天開門就有七件事：柴、米、油、鹽、醬、醋、茶之費用發生。現在稱當公司總經理不容易，因為每天公司開門，就可能有一百件事以上要花費成本，假使員工不努力賺錢貢獻，公司就會虧損倒閉。所以費用也被稱為經營企業所必需有的各種活動成本。「費用」是指所用去的原物料、財務與勞務之成本，由此又被稱為「已耗成本」(Expired Costs)，所以不在資產帳上出現。

6. 複式簿記原則 (Double Bookkeeping)

在瞭解會計記載的客體之後，我們應回到「複式簿記」(Double Bookkeeping Entry) 的原則。該原則為：同一交易，必涉及「借」(Debit)、「貸」(Credit) 雙方，且「借」「貸」雙方金額必定相等。現假設「資產」(Assets) 增加為借方，則其貸方之記載可能為：

(1)若由「投資」(Investment) 而來，則貸方為「權益」(Equity) 增加。

(2)若由「借款」(Loans) 而來，則貸方為「負債」(Liabilities) 增加。

(3)若由「收入」(Revenue) 而來，則貸方為「收入」(Revenues) 增加。

吾人亦可以由資產減少來推論複式簿記方法，表5-1為簡單符號之借貸搭配科目表。

由表 5-1，吾人即可以得知在一交易中，所將涉及之各種可能會計科目 (Accounts)，其應置於借方或貸方。吾人尚須注意者，即在同一筆交易之中，借方之科目與貸方之科目數均可以大於或等於一個，只要其金額數目借貸相等即可。

表 5-1　借貸相等科目搭配表

借方 (Debit)	=	貸方 (Credit)
A^+（資產增加）	———→	A^-（資產減少）
L^-（負債減少）	——→	L^+（負債增加）
K^-（權益減少）	——→	K^+（權益增加）
R^-（收入減項）	——→	R^+（收入增加）
E^+（費用發生）	——→	E^-（費用減項）

例如，甲公司購買 100 萬元房子一棟（資產增加），其中 50 萬元以現金支付（資金減少），剩餘 50 萬元以公司債抵付（負債增加）。則會計分錄為：（此稱多項式分錄）

房子（資產之一種）　　　　　　1,000,000

現金（資產之一種）　　　　　　500,000

公司債（負債之一種）　　　　　500,000

從表 5-1 借貸相等中，亦可以得知：

$A+E=L+K+R$（資產＋費用＝負債＋權益＋收入）

$A=L+K+(R-E)$（資產＝負債＋權益＋（收入－費用））

因為收入減去費用成本 $(R-E)$ 為盈餘 (Earnings) 項，在結帳後轉入權益 K 中（故 R 及 E 實為資產負債表之虛帳戶），據此我們可以導出會計之基本等式（稱會計模式）為：

$A=L+K$（資產＝負債＋權益）

在上述「權益」之定義中，即為此一等式之變換形式；即

$A-L=K$（權益＝資產－負債）

三、會計循環 (Accounting Cycle)

（一）會計循環之步驟

在介紹會計記錄原則與作業方法之後，應再瞭解從交易發生，至編製報表，以至結帳之整個「會計循環」(Accounting Cycle)。該會計循環之步驟如下：

(1)交易 (Transaction) 發生：銷、產、研發、人事、財務、採購等等企業活動 (Business Activities) 之發生，都會有財務交易發生。

(2)「日記帳」(Journal) 分錄：提供各項交易之「序時紀錄」（俗稱流水帳）；每日依時間先後，把每筆交易之借方、貸方科目依序記下。

(3)過入「分類帳」(Ledger)：彙集各項流水帳交易結果於受影響的各個特定分類帳戶。

(4)編製「試算表」(Trial Balance Sheet)：查核分類帳之借方餘額與貸方餘額是否相等，並提供帳戶餘額的簡便表式，以應編製會計報表的需要。

(5)編製「損益表」(Income Statement, I/S)：列報當期之經營成果。從「收入」減

「銷售成本」，得「毛利」，再減「銷售、管理、財務費用」，得「稅前淨利」，再減「所得稅」，得「稅後淨利」。

　　(6)編製「保留盈餘表」(Retained Earnings Sheet, R/E)：計算當期保留盈餘變動情形，並列示該帳戶現在餘額。

　　(7)編製「資產負債表」(Balance Sheet, B/S)：表示期末資產、負債、業主權益之財務狀況。

　　(8)結帳與編製結帳後試算表。

（二）作成分錄 (Journalize)

　　「日記帳」或稱原始分錄登錄簿，是依時序顯示每天由交易而產生借方或貸方紀錄，也可能包括有關交易的解釋。許多公司有幾種不同的日記帳，其所需日記帳的種類與數目，依營業性質及各業交易之數量等而定。其最簡單形式為普通日記帳，只記兩欄金額，一欄借方，一欄貸方，可用於各種交易。

　　將交易記於日記帳之過程，稱為「作成分錄」(Journalize)，茲以大臺公司為例：（大臺公司經營不動產業務）

表 5-2　普通日記帳

日　期	科　目　名　稱　及　摘　要	分類帳號	借　方	貸　方
2002 年				
9 月 1 日	現金（資產增加）	1	20,000	
	呂大臺資本（權益增加）	50		20,000
	（說明）呂大臺以現金投資於公司			
3 日	土地（資產增加）	20	7,000	
	現金（資產減少）	1		7,000
	（說明）以現金購買土地作辦公廠址			
5 日	房屋（資產增加）	22	12,000	
	現金（資產減少）	1		5,000
	應付帳款（負債增加）	30		7,000
	（說明）購買房屋並移至公司土地上，部分付			
	現金，其餘 90 天內付清予大方公司			

　　在記錄分錄時，應把握下列原則：

　　(1)年、月、日記於日期欄內，年與月不必每次寫，一般言，只要翻頁或每月開始時記即可。

(2)借方科目習慣記於最左，緊靠著日期欄，借方金額記於同行金額欄之左欄。

(3)貸方科目記於借方分錄之下行，離日期欄少許處。貸方金額記於同列金額欄之右欄。

(4)交易之簡短說明，通常於最後一個貸方分錄之下一列，不必像貸方科目那樣留少許空白。

(5)每一分錄後，通常空一列，以使每一分錄自成一單位而易於辨讀。

(6)多項式分錄 (Compound Entry) 中之所有借方集在一起，並排齊，列於所有排齊貸方之前。

(7)分類帳號一欄，在記日記帳分錄時，其空白不記，等到過帳時才記，以便與分類帳做交互參考。

(8)日記帳科目名稱應正確。

（三）過帳 (Posting)

將借方及貸方由日記帳轉錄到適當之分類帳上，稱為「過帳」，將日記帳與分類帳相互核查。

分類帳之基本形式有兩種，一為 T 字帳式，一為餘額式。格式如下：

1. T 字帳式

（簡式）

科目名稱	
借方	貸方

（完整式）

科目名稱　　　　　　　　帳號

（借方）				（貸方）			
日期	摘要	日記帳頁	金額	日期	摘要	日記帳頁	金額

2. 餘額式

科目名稱　　　　帳號

日　期	摘　要	日記帳頁	借　方	貸　方	餘　額

至於過帳的程序，常用的如下：

(1)找出日記帳第一個科目之分類帳。

(2)將此科目借方之金額記於分類帳之借欄（以下若在貸方，則記入貸欄）。

(3)在分類帳上記下交易日期及日記帳頁數。

(4)在日記帳上記下分類帳號碼。

(5)重複以上 4 個步驟至結束。

(四) 編製試算表 (Trial Balance Sheet)

每筆交易之借方與貸方金額應相等。在各期末為檢驗是否過帳錯誤，分類帳是否平衡，乃編製「試算表」。該表是將各分類帳之餘額，依借或貸之次序表列出來；視其借方總額是否等於貸方總額，以表示當日分類帳是否平衡。

雖然試算表之平衡不能表示已正確分析所有交易（若一筆分錄均未過帳即無法偵知），但其至少能確認下列作業：

(1)所有已記載交易之借、貸方總額相等。

(2)每一科目之借方餘額與貸方餘額計算無誤。

(3)試算表中科目餘額之加總無誤。

若試算表中借總與貸總不相等，則表示有錯誤，常見之錯誤有：

(1)借、貸方反記。

(2)科目餘額計算錯誤。

(3)科目餘額抄列試算表上時之手誤。

(4)加總錯誤（在試算表上）。

(五) 調整分錄 (Adjustment)

若有下列情況發生時，就必須調整分錄，此常在期末發生：

(1)收入業已賺得，但未列帳。

(2)費用業已發生，但未列帳。

(3)收入業已賺得，但列於預收收入帳戶之內。

(4)尚未認定之消耗成本。

最常見的例子是折舊費用 (Depreciation)。折舊雖然不必支付現金，但在營業過程中，確實已使用或保有資產，並已自然發生價值減少之現象，故此費用應歸入各使用或保有期間。其記錄方法為：

    折舊費用 — 房屋　　　　×××

      累積折舊 — 房屋　　　　　×××

前者為費用科目。後者為「備抵」科目 (Contra-Account)，列於房屋資產項下，作為房屋價值之減項，以減低房屋資產在資產負債表上之價值。

調整分錄之後, 隨即過帳及編列調整後試算表。

（六）編製損益表 (Income Statement)

大多數之企業, 都從事繼續不斷的業務經營(不是做單幫生意, 做一筆就結束), 藉以獲取「純益」或「淨利」(Net Income, 指收入超過費用的部分), 而「損益表」即表達在某一期間內（如一年或一月內）企業獲益之結果。

損益表之編製乃是將調整後試算表中之所有「收入」與「費用」項目列出。一般收入項目均列於上方, 其金額在最右邊, 而費用項目依次列於收入下方, 其金額在收入金額之左方。兩者相差為「純益」（或稱「淨利」）, 如表 5-3 所示:

表 5-3　大臺公司損益表

2002 年 10 月 1 日～10 月 31 日		（單位: 千元）
銷貨收入		$1,880
費用		
廣告費用	$300	
折舊費用——房屋	200	500
純益		$1,380

損益表有很多其他的名稱, 如盈餘表 (Earnings Statement)、營業狀況表 (Statement of Operations)、及利益損失表 (Profit and Loss Statement)。

（七）編製資產負債表 (Balance Sheet)

資產負債表乃表示一企業在某特定日期之財務狀況的報表。一般分為帳戶式 (Account Form) 及報告式 (Report Form) 兩種。若為帳戶式其資產列於左邊, 而將負債及業主權益列於右邊。如下所示:

表 5-4　大臺公司資產負債表

2002 年 10 月 31 日

流動資產（左上方）	負　債（外來資金）（右上方）
固定資產（左下方）	業主權益（自有資金）（右下方）

而報告式乃將負債及權益列於資產下方。

編列資產負債表乃將調整後試算表中之所有「資產」、「負債」及「權益」項目依次排列於適當位置。而本期淨利則應包括於業主權益項下, 如此, 借貸雙方才會平衡。

（八）結帳 (Closing)

「收入」、「費用」及「往來」（在獨資及合夥事業中才會出現）科目是暫時性之資本科目，在會計期間中用來影響業主權益之變化。在期末時，應將之結轉至權益之永久性帳戶中，做此分錄即為結帳分錄。其方法為：

(1)先將所有之「收入」及所有之「費用」轉到損益彙總帳 (Income Summary) 上，以結清收入及費用帳。

(2)將損益帳轉入「權益」(Equity) 帳下（若獨資則為業主資本）。

(3)將資本主往來科目結轉至業主資本帳戶，以結清往來帳戶。

此分錄亦應如前，要過帳並編列結帳後試算表 (After Closing Trial Balance Sheet or Post-Closing Trial Balance Sheet)，以確實驗證結帳分錄過帳後，分類帳之平衡。

至此整個會計循環可說是已結束。但在實務上，為了更便捷，尤其是調整分錄較多之公司，往往需要利用工作底稿來幫忙。

（九）工作底稿 (Working Papers)

「工作底稿」是一分欄設計的格式，亦是會計人員於編製調整分錄、定期報表、及結帳分錄時，用以作為會計資料編排之簡便而層次分明的工具。尤其在分類帳戶或調整分錄甚多時，特別有用。其步驟如下：

(1)列出所有帳戶名稱，依「資產」、「負債」、「權益」、「收入」及「費用」等次序。

(2)將調整前各帳戶的餘額，列於試算表欄，並結計借、貸欄總數，視其是否平衡。

(3)將每一調整事項之性質，於工作底稿下端加以說明，並以字母標示。並將其分錄列於調整欄之各帳下，與說明之標示相同。並結計其總數。

(4)將試算表與調整項之金額相加減，分借、貸方，列於調整後試算表內。並結計兩欄總數，以視其是否平衡。

(5)將調整後試算表之各帳戶餘額，應視其屬於何種報表帳戶（A、L、K 為資產負債表項目；股利分派及保留盈餘為保留盈餘表項目，R、E 為損益表項目），分別依借、貸餘額移入。

(6)將損益表兩欄之金額結總，計算出當期純益（或損失），若為益（或損）則移入「保留盈餘」表之貸（或借）方。同時將損益表借貸兩欄結平。

(7)求出保留盈餘差額，移至資產負債表，貸差則至貸方，以為期末保留盈餘數額。同時結總保留盈餘及資產負債表，其均應平衡。

四、記帳的一些問題

（一）試算表不平衡時之錯誤偵測

在編列試算表時，若發現借、貸不平衡，必須要有計劃的找出錯誤。下述的步驟是一般所常用偵測錯誤處的步驟：

⑴驗證試算表各欄之加總，由前次加總反方向再將各欄加總一次，以視加總是否有誤。

⑵若表中不平衡的差額為 9 的倍數，則可能是數字顛倒，或是移位。

⑶找出是否有差額一半的項目，若有，可能是借貸反向了。

⑷找出是否有與差額相同的項目，若有，可能是忘了記錄借或貸方了。

⑸比較分類帳中之餘額與試算表中數額，以確定每一分類帳餘額皆已置於試算表正確位置。

⑹再將各分類帳餘額計算一次。

⑺追查日記帳過帳到分類帳時有無錯誤，查過之項目作一銷號 (Check Mark)。查完之後，將日記帳與分類帳檢查一遍，視有無未經銷號者。在檢查過帳時，還要檢查借貸是否記反了。

（二）錢幣符號之附加

一般而言，日記帳與分類帳中不用錢幣符號。在試算表中用錢幣符號比不用錢幣符號的多。在資產負債表、損益表及其他正式財務報告中均應採用錢幣符號。

在有分欄劃線之日記帳及分類帳中，金額不用逗點和句點，但在沒有劃線分欄時則需要。

（三）分類帳之編號

所謂分類帳 (Ledger) 乃是各種會計科目變動紀錄之帳戶 (Account) 之總合稱謂。此處所指分類帳編號，乃為各帳戶在分類帳中之編號。一般來說，其編號依資產、負債、權益、收入、及費用次序編列。所需之數目則隨公司規模大小、營業性質、管理當局、及經紀商所需資料分類之詳細程度而定。有些公司以一長串數字表示，而每一數字代表其特殊意義（如第一位為 1 —— 資產；第二位為 1 —— 流動資產；第三位為 1 —— 速動資產；第四位為 1 —— 現金；第五位為 1 —— 庫存現金）。

五、電腦化會計作業 (Computerized Accounting Operations)

以上所稱之會計循環 (Accounting Cycle) 作業，若以人工為之，甚為煩瑣，使用

人力多，並容易發生人為錯誤。每月結帳拖延一、二星期，每年結帳拖延二、三個月，不符合管理決策之需要，所以近十年來，電腦化會計作業軟體普及，幾乎比較先進的公司，都採用電腦化作業，只要原始憑證正確，輸入科目及數字正確，其會計循環各節自動作業，每日都可以結帳，及時供管理決策之需要。

第三節 財務狀況之表達 (Presentation of Financial Status)

企業財務狀況之表達，包括三方面的問題：(1)內容 (Content) 問題，(2)評價 (Valuation) 問題，及(3)編排 (Arrangement) 問題。茲以各報表分述此三問題。

一、資產負債表之表達 (Presentation of Balance Sheet)

「資產負債表」(Balance Sheet) 是分類帳結帳之後各科目的縮影，用以表示一企業在某特定日期（如 2001 年 12 月 31 日）之財務狀況。資產負債表分為「表首」、「表身」，及特定「日期」三部分。在表首方面分為(1)「企業名稱」，此應採用法律上之全名，而不宜以簡稱表示。(2)「報表名稱」，資產負債表常見不同種類名稱包括：「資產負債平衡表」(Balance Sheet, B/S)、「簡明資產負債表」(Simplified B/S)、「合併資產負債表」(Consolidated B/S)、及「比較資產負債表」(Comparative B/S)。(3)「日期」，資產負債表以表現某一特定日期之財務狀況為目的，故應於表首標明其日期，如 2003 年 6 月 30 日。

在「表身」部分，包括「資產」(Assets)、「負債」(Liabilities) 及「業主權益」(Equities) 三部分，如表 5-5 所示。

另外有所謂報告式與帳戶式，已如上述不再贅言。而其附註亦在會計原則之十「有關資料，充分揭露」中說明，故亦不再重複。

以下，將就資產、負債及權益三大部分所包括之各項目，做一扼要說明。

表 5-5 資產負債表之表身

資　　產		負　債　與　權　益	
		負債 (Liabilities)	
流動資產 (Current Assets)	××××	流動負債	××××
基金投資	××××	固定負債	××××
長期投資	××××	其他負債	××××
固定資產 (Fixed Assets)	××××	負債合計	××××
		權益 (Equity)	
無形資產	××××	股本	××××
遞延資產	××××	本期盈餘	××××
其他資產	××××	未實現資產增值	××××
		保留盈餘——指用部分	××××
		保留盈餘——自由部分	××××
		權益合計	××××
資產合計	×××××	負債與權益合計	×××××

（一）資產項目之處理 (Processing of Assets Items)

「資產」係指企業或個人握有法律上或事實上之有形或無形財產或權益，對於企業營利行為繼續發生效用者。依性質可以概分為「現金類」、「變現類」及「使用類」等項目。

1.現金項目 (Cash Items) 之處理

所謂現金，不論其為貨幣 (Currency) 或信用工具 (Credit Instruments)，只要具有不受限制而隨時隨地可以充作購買力 (Purchasing Power) 者即屬之。包括有二：(1)「庫存現金」(Cash in Vault)，(2)「同現金」(Equal Cash)，如銀行存款，外國貨幣，支票，匯票，本票等。而停業銀行 (Closed Bank) 之存款，僅能作為特種應收款處理，而非當作現金。「銀行透支」(Credit Line) 為流動負債，而非現金抵減數。「遠期支票」(Long Term Checks) 為應收票據而非現金。「郵票」為文具用品而非現金。

「現金」本身為評價尺度 (Measurement Scale)，不涉及評價 (Evaluation) 問題。只有外幣 (Foreign Currency) 涉及評價問題，其處理準則為：

(1)不能自由通匯時，不能視為現金。

(2)匯率平穩時，任擇其一。

(3)匯率變化時，取決算日之匯率為準。

(4)以官定匯率為準。

對內報表需分別列示外幣種類，對外報表為求簡明，則不必一一列舉。

2. 應收款項 (Receivables) 之處理

應收款項包括「應收款項」(Accounts Receivable) 及「應收票據」(Notes Receivable) 兩項，而前者又可以細分為「應收客帳」、「應收未收款」及「其他應收款」三者。後者分為本票 (Promissory Notes) 及承兌匯票 (Acceptance) 兩種。

應收客帳在原始評價上，即為客帳發生的金額。但若重新評價時，則需考慮正確損益程度，而做必要之調整，其準則為：

(1)銷貨退回與折讓 (Sales Return and Allowance)：根據過去經驗及目前狀況設立分錄（借:）銷貨退回與折讓；（貸:）備抵銷貨退回與折讓。前者為銷貨抵減科目，後者為應收客帳抵減科目。

(2)銷貨折扣 (Sales Discounts)：若規定 10 日內付 98 折，30 日內付全額時，則不設準備科目。

(3)收現費用：收現費用為營運之必需開支，不必從客帳項下扣除。

(4)呆帳 (Bad Debt)：此為客帳最主要之評價問題，其處理方法採「準備法」(Reserve Method)。決定金額之常用方法有二，第一為帳齡 (Receivable Aging) 分析法，即依據客帳拖欠日期，分別設立呆帳比率來決定總呆帳額。

第二為百分比法，其中又分兩法：(1)客帳額餘百分比法，此與上法類似，求出本期未備抵呆帳之總額。(2)銷貨與賒銷金額基數法，求出應提之呆帳數額。

呆帳在一定期限無法收回後，應正式認定，以利以後帳務作業予以註銷 (Cut-Off)。

至於客帳貼現，可用註解的方式，用流動負債，及應收客帳抵減等方式來表現。

應收票據之評價與前者類似，但應先認定其何時變現之流動性問題。而票據貼現，可以採用「或有資產」與「或有負債」來表示貼現部分（前者為「應收票據貼現」，後者為「應收票據貼現之或有負債」，兩對應分錄科目）。

對於上市上櫃公司及公開發行公司之應收款項，在 2002 年 10 月 5 日，臺灣證券期貨監理委員會配合會計準則修正，規定應收帳款及應收票據達一年以上者，須以市場利率（例如 10%）反算出公平的「現值」入帳，把面值與「現值」之差額列入損益表中之損失費用中，降低公司的盈餘估算，以彰顯公司的真正經營狀況。

3. 存貨 (Inventory) 之處理

所謂「存貨」，係指主權歸於本企業但尚未脫手之積存商品，且擬於短期內出售者。

存貨之評價方法有二。第一為「原始評價法」，應以成本發生時數字為依據，此包括：貨物進價本身、陸運費、水運費、關稅、及保險費等為獲取貨物而發生之成本費用總額。

第二為「重估評價法」，又分為四類，⑴成本法 (Costing)：包括先進先出法 (FIFO)、後進先出法 (LIFO)、簡單平均法 (Simple Average)、加權平均法 (Weighted Average)、移動平均法 (Moving Average)、最近進價法 (Most Recent Costing)、基本存量法 (Basic Inventory)，及標準成本法 (Standard Costing)；⑵市價法 (Market Price)；⑶市價成本孰低法 (Cost or Market Price Which Lower)；及⑷淨銷價法 (Net Sales)，此為賣出時市價減去銷管費用，而市價為買入價格。

存貨在資產負債表內，應依照下列五點準則處理：

⑴製造業之存貨，必須就材料、在製品、製成品、配件 (Parts and Components) 諸項，分別列示，不可囫圇吞棗，混為一項。

⑵文具用品盤存，為預付費用之一。

⑶採成本或市價孰低法評價時，若採用市價，應在「成本減存貨跌價抵減數」項下列示出。

⑷應將進貨合同 (Purchase Commitment) 列於附註中，以表示某些進貨之契約已簽訂但交易未完成。銷貨合同亦同。

⑸若以存貨抵押借款，必須加以註明。

4. 短期投資 (Short-Term Investment) 之處理

所謂「短期投資」係指企業將一時多餘資金購買本金安全，收入優厚，變動輕微，並且易於變現之有價證券上，投資時間以一年期以上為準。

其原始評價法應注意三點：⑴以總成本為依據，⑵扣除證券所附利息，⑶若以財產交換取得證券時，應以財產公平市價之數字為準。在重估評價法上，則以成本法為會計上最常用之方法。

其表達若以成本列帳，則應將市價以附註方式表示出來。若以市價表達時，需以附註列出成本及其差額。

5. 預付費用 (Advance) 之處理

「預付費用」之科目，乃權責發生制下之產物。在此制下，當某一會計年度終了之時，若該年所支付之某項費用，其效用迄未耗盡，尚有一部分利益可以延及下年度者，即應將此未耗盡之利益列為預付費用。

其帳務處理有二法，第一為先虛後實法，即先記費用，期末將未耗用部分轉為

預付費用；第二為先實後虛法，先記預付費用，待期末將耗用部分轉為費用。

　　預付費用之表現方法有二，第一列為遞延資產 (Deferred Assets)，第二列為流動資產 (Current Assets)。當其具有(1)可節省後期現金支出，及(2)利益只及下一年度之作用時，則宜列為流動資產。

6. 長期投資 (Long-Term Investment, Permanent Investment) 之處理

　　所謂長期投資係指以發生銷產業務、財務或其他長期利益為目的，所進行超過一年期以上之投資。其對象包括子公司 (Subsidiary Company) 及附屬公司 (Affiliated Company) 之股票、債券及貸款。

　　所謂「子公司」乃指母公司利用股權所控制之另一公司。在這種情形下，可再依母公司掌握子公司股票數額之多寡，而分為(1)全部投資 (Wholly-Owned)，(2)多數投資 (Majority Investment)，及(3)少數投資 (Minority Investment)。

　　所謂「附屬公司」乃指一公司所掌握少數股票之他公司。其目的僅為便利銷、產、研發業務上聯繫，不在於干預經營管理實務。長期投資之處理準則為：

　　(1)對子公司保有完全或多數控制者，一般採用「合併資產負債表」(Consolidated B/S)，將母公司及子公司各資產負債加總，而母公司之長期投資與子公司的淨值（業主權益）則相互抵沖。若不採合併報表表示時，則長期投資金額之表示，可用 (a) 成本基礎法或 (b) 帳面價值法（子公司之當日帳面權益）。

　　(2)少數控制及附屬公司者，因較無實際隸屬關係，故以成本列示為當；若有必要，可以附註說明。

　　在債券投資方面，因票載之名義利率與市場上之實際利率不同，故而發生債券交易價格與票載價格不符，即所謂溢價 (Premium) 及折價 (Discount) 問題。此項差額，可以在債券存續期間平均攤提，或以實際利息與名義利息差額攤提（此法基礎為每期未攤提額加票載值）。

　　在表現上，對外以一項「長期投資」列示，但對內應依性質不同詳實列載。

7. 基金投資 (Fund) 之處理

　　所謂「基金投資」為將所提列之基金，在尚未達於目標期限前，交由信託人或自行投資，藉以產生收入，充實基金內容。基金之設定，有因要購買資產而來之「自動基金」(Voluntary Fund) 及為償債（償債基金）及收回自家股票（即庫藏股）之「強迫基金」(Compulsory Fund)。

　　設立基金時，應有兩項分錄：⑴（借:）償債基金，（貸:）現金；⑵（借:）保留盈餘，（貸:）償債基金準備。其後可以另設基金帳（信託人多採用）。

其表達準則，可分三點加以說明：

⑴對外只列總數，對內分別表示。

⑵投資本公司債券時，可列為投資，亦可列為負債減除。

⑶投資本公司股票時，同以上處理方法。

8.固定資產（長期資產）之處理

所謂長期資產係指為企業長期（一年以上）掌握，並且在業務上運用的資產。一般來說，除了土地之外，固定資產均會由於時光流逝、使用日久、或科技性淘汰，而使其價值日減。基於「收入成本相互配合原則」(Revenue-Cost Matching Principle)，此日減之價值應在各期列為費用，此即所謂之「折舊費用」。科目為：（借：）折舊費用，（貸：）備抵折舊。

固定資產之處理準則如下：

⑴土地：其成本包括地價本身、過戶費、地稅、及殘留建築物清除費等。土地沒有折舊問題。但在中國大陸，因土地屬國家所有，但可批租給外人使用一段時間（如 30 年、50 年、70 年），其所付批租費用可列為土地成本（即資產），但每年要攤提使用費，使該土地價值，像機器設備一樣每年有折舊費用。

⑵房屋、機器、設備及運輸工具：其成本均應包括從購買起，以迄可供使用止之過程中所發生之一切必要費用。此類資產必須提列折舊。

⑶工具：其性質與上相同，惟因零星而價值較低，所以有以「折舊法」及「實地盤存法」來處理，但為簡易計，常採「定額法」，即每年將「補充」工具之金額列為費用。

⑷遞耗資產 (Wasting Assets)：代表各種天然資源，其成本包括獲得成本及探勘成本。每期應予折耗攤提 (Amortization)。

9.無形資產 (Intangible Assets) 之處理

所謂無形資產係指不具實體，不易變現，並且與企業本身聯為一體的資產。它可分為 AB 兩型。所謂 A 型，指有一定存續期限者，如專利權 (Patent)、特許權 (Licensing)、版權 (Copy Right)、及租賃權 (Leasing) 等；所謂 B 型，指無一定存續期間，如商譽 (Goodwill)、祕方 (Secret Formula) 等。

其評價均以取得成本為準，而於預定存續期限內予以攤提，所攤提部分轉內損益計算之費用中。若攤額因預期數與實際數有出入，則有二法可以選擇，第一為以後各年按新比率攤提，第二為全數以新比例攤提，普通以第二法較為常用。

無形資產之表現依下述準則處理：

⑴未經攤提者，以原始成本列表。

⑵以淨額表現，而不採用備抵科目。

⑶商譽除確因支付金額取得外，常以 1 元來表列。

10.遞延借項與其他資產 (Deferred Charges and Other Assets) 之處理

凡某種費用支出，其成效及於後期，為使成本與收入之時間相互配合，乃將該費用遞延於以後各期負擔，此費用則稱為遞延借項，包括開辦費、債券折扣、債券發行成本、研究開發成本、及機器改變排列成本等。此等費用均應在一定日期內（如三年）予以分攤。

至於其他費用，性質不一，應個別處理，如停業銀行存款，應以可能收回之成數為根據；另擴充用土地以成本為列帳基礎。

（二）負債項目之處理 (Processing of Liabilities Items)

在負債方面，長、短期負債是最重要的問題。短期負債 (Short-Term Debt)，一稱「流動負債」(Current Liabilities)，指各項欠款 (Loans) 或債務 (Debts)，依據合理的估計，應在一營業循環（或一年）內償還者。長期負債 (Long-Term Debt) 則為不屬於流動性或一年內必須償還之長期性債務。

如長期債務到達日在一年以內者，若其設有基金償還，仍列於長期負債下；否則應轉為短期負債。以下分就各科略為分析。

1.流動負債 (Current Liabilities) 之處理

「流動負債」包括之種類有「應付帳款」(Accounts Payable)、「應付票據」(Notes Payable)、「應計薪工」(Accrued Wages-Salaries)、「利息」(Interests)、「稅捐」(Taxes)、「應付股利」(Dividends Payable)、「未賺得收入」(Unearned Revenues)、及「分期應付帳款」(Installment Accounts Payable) 等等。

此一方面之處理可以比照流動資產，只是情形比較簡單。至於購貨之現金折扣有採「毛額法」及「淨額法」兩者。一般會計學者主張採「淨額法」，即購貨分錄按淨價 (Net Price) 入帳。若未來未能取得折扣時，則將之列為管理費用。

2.長期負債 (Long-Term Liabilities) 之處理

所謂長期負債係指一年以上到期應償還之債務。一般而言包括⑴抵押票據，⑵不動產抵押公司債，⑶動產抵押公司債，⑷證券信託公司債，及⑸信用公司債。第一種比較少見，較常見者為公司債 (Corporate Bonds)。

公司債 (Bonds)，如同資產類之長期投資，有折價及溢價方式，其帳務處理方法相同，只是其借方、貸方相反而已。其在資產負債表上之表達準則為：

⑴各類長期負債分別列示，並應表達核准額及未發行額。

⑵溢價列為遞延貸項，折價列為遞延借項。

⑶遞延貸項位於長期負債與股東權益之間。

⑷若為「可轉換公司債」(Convertible Bonds, C/B)，應加以註明其轉換股票之條件及種類等。在交換時，應將一切有關該公司債紀錄（包括折價或溢價）予以沖銷。

3. 或有負債 (Contigent Liabilities) 之處理

或有負債係指目前並無負債，但將來情勢發展可能成為負債之數額，通常是由於外界人士之行動或違約結果而發生。或為他人擔保，屆時該人不履行債務，而須由本公司擔保履行，即屬或有負債。至於其處理方法因情況不同，而有所不同：

⑴若發生負債及相關損失或費用的可能性甚微時，只須要在資產負債表內以附註說明該或有負債即可。

⑵若負債及有關損失或費用似將產生時，可設置一負債帳戶，貸記之，另以費用或保留盈餘科目借記之。

⑶若在票據貼現等類似狀況下而發生或有負債時，其對應科目為或有資產。

4. 其他負債 (Other Liabilities) 之處理

此乃指一些難以歸類之負債，應分別列示處理。

（三）權益項目之處理 (Processing of Equity Items)

權益 (Equity) 之內容與表現方法，因企業組織的不同而有所不同。企業之所有權組織有三種主要型態：⑴獨資，⑵合夥，⑶公司。以下分別就此三類加以說明。

1. 獨資 (Proprietorship) 型態之企業

在資產負債表上只有資本帳戶。該帳戶用來表示業主原始投資 (Original Capital)、嗣後增資 (Increased Capital)、純益 (Net Profit)、純損 (Net Loss)、及提存 (Reserves or Drawing) 等變化。

一般常以「業主提存」(Drawing) 帳戶，來記載業主提存之變化。此為虛帳戶，故在期末應轉入資本帳戶。

2. 合夥 (Partnership) 型態之企業

合夥乃二人以上互約出資以共同經營之事業。其帳戶為每名合夥人均設立一資本帳戶及一提存帳戶。比較麻煩的是損益分配及改組之處理。為免除以後之糾紛，有關投資、提存、損益、改組、權利與義務等問題，均需事先詳加訂明於合約或董事會紀錄中。

當合夥改組為公司時，公司可以繼續使用合夥人帳簿，或將合夥的帳簿結束，

而為公司設置新帳簿。

3.公司 (Corporation) 型態之企業

公司為一獨立的法人 (Legal Entity)，其權益不可如同獨資或合夥型態歸予特定之自然人，而應以股票代表股東對公司之求償權。故應將其權益依來源不同分別列示。

(1)股本與保留盈餘 (Capital and Retained Earnings)

股本可以分為兩大類，即普通股 (General Stocks) 及優先股 (Preferred Stocks)，而優先股又可以細分為收入優先股、資本優先股、收入及資本優先股、累積優先股、非累積優先股、收入參與優先股、資本參與優先股、收入及資本參與優先股、非參與優先股、可調換優先股、不可調換優先股、可贖回優先股、保證優先股、有表決權優先股等等。其性質在法定範圍內可以自行設定。在我國來說，股本不能折價發行。但若溢價發行，則該金額應歸入輸納盈餘帳戶。

至於未收足之股款，若已催收或將催收時，則列於流動資產。將已催收，但非短期內可收到者，列為其他資產。目前無催繳打算之部分，則列為股本抵減數，表示其已繳交股本部分。以下為列帳處理準則：

①各類股票之額定數額、未發行數額、及已發行數額，應分別表示。

②各類股票，應按其收入及資本分發先後次序，逐一列示，並將其主要權利扼要表明。

③庫藏股票（即本公司股票曾發行在外，而被自己買回來，現存於本公司）列為股本抵減數。在本質上，庫藏股越多等於減資越大，但因在外流通之股票相對較少，每股盈利較高，所以股票市價可以提高。

④購入庫藏股票應將盈餘指用數額明顯列示。

⑤優先股票之積欠股息，應將欠息數額以附註表示。

⑥決算日，若仍有認股證在外，應以附註方式予以說明。

⑦股票分割 (Stock Split) 與股票股利 (Stock Dividend) 應作適當說明及附註表示，以使人明瞭。

(2)盈餘 (Surplus)

盈餘可分為三類，即營業盈餘 (Operating Surplus)、資本盈餘或資本公積 (Capital Surplus or Capital Gains)、及重估價盈餘 (Revaluation Surplus) 三者。而資本盈餘包括保留盈餘 (Retained Earnings, RE) 及捐贈盈餘 (Donations)。

在表現上之處理準則如下：

①營業盈餘應依據指用與非指用而分別列明。

②各種盈餘排列次序並無一定準則，只要前後期一致即可。

③資本盈餘應就各項盈餘分別列示。

④對外報表可以總額來表示各類盈餘。

⑤重估價盈餘應依據「內詳外簡」原則表現。

⑥關於資本及重估價盈餘之變化，應另編盈餘計算書及重估價盈餘計算書，以補充資產負債表之不足。

二、損益表之表達 (Presentation of Income Statement)

企業經營所發生之各項收入 (Revenues)，必有各種成本、費用及損失 (Costs, Expenses, Losses) 同時一起發生，損益之計算即據此原則而產生。企業經營的成功與否，即以收入減去支出（成本、費用）後之利潤（淨益 Net Profit）來認定。當利潤額大到淨值報酬率 (ROE) 高於資金成本 (COC) 一倍半以上時，就歸為「成功」，低於一倍半以下時，就歸為「失敗」。

（一）收入項目之處理 (Processing of Revenues Items)

收入之來源包括「營業收入」(Operating Revenues) 及「非營業收入」(Non operating Revenues) 前者係經營正常銷產業務所得，包括銷貨收入及勞務收入，後者為主要業務以外之各項收入，如財務利息收入，投資股息收入，出售資產收入等。

而收入之時間認定，有五種標準：

⑴銷售標準：以銷售時點為劃分收入實現與否之標準。

⑵收現標準：以債款收現時點為收入實現與否之標準，分期付款及銀行等少數場合採用此制（「預收」不為收入實現）。

⑶生產標準：對長期工程而言，其盈虧計算有採完工比例法來認定收入者，此即採生產標準來決定收入實現之謂。

⑷孳長標準：在森林種植及家畜飼養方面，依所增價值比例合理分入各期收入者，即屬此制。

⑸增值標準：即指資產因物價上漲而增值，此增值部分列為收入。

（二）成本、費用及損失項目之處理 (Processing of Costs, Expenses, Losses Items)

成本 (Costs)、費用 (Expenses)、及損失 (Losses) 之列計，以實際發生時為原則，以預計發生時為例外。可以分為五類說明：

　⑴銷貨成本：在販賣業為購貨成本及其附加費用。在製造業之計算就比較煩雜，可在成本會計中述及。主要的簡式為：

$$（期初製成品＋本期製成品）－期末製成品＝銷貨成本$$
$$（期初在製品＋本期製造成本）－期末在製品＝製成品成本$$

本期製造成本包括直接原料、直接人工（合稱主要成本）、間接製造費用。

　⑵管銷費用：乃一般管理及行銷工作推進時，所發生之成本，列為發生年度之費用。

　⑶財務費用：為資金運用調撥時所發生之費用。

　⑷其他費用。

　⑸前期調整及特殊損失：此在「淨盈餘學說」應列為當期費用，但在「即期經營學說」，則應列為盈餘帳。

　某一期間內的損益表 (Income Statement) 乃在說明淨益計算方式。例如表 5-6 第一行銷貨收入，乃是說明顧客為取得企業的商品或勞務所支付的代價，為資產增加之代表。而第二行則在說明除此之外其他收入的來源。

　其次，損益表列示了費用，即表示為了獲取收入所耗用的資產。一般而言，費用可以劃分數類，說明所耗用的資產種類，如表 5-6 所示的費用項目計有六項。

　損益表的底部是保留作為非常損益說明之用。表 5-6 中，該公司出售長期投資之債券，其售價高於原始購價，由於該項交易並非該公司正常營業項目，故須與正常收入和費用之項目區分。然而，在損益表上，僅列示該項交易的淨益數字而已。

　由上可知，淨益乃是彙總某一期間企業營運所認定的損益數字。反之，若淨益為負數時，則稱為淨損。

表 5-6　華孚公司損益表

民國 91 年 1 月 1 日至 12 月 31 日　　　　　　　（單位：千元）

銷貨收入		$8,000
利息和其他收入		140
總收入		$8,140
費用：		
銷貨成本	$4,920	
薪資	1,160	
折舊	300	
利息費用	40	
其他費用	780	
估計所得稅	470	7,670
非常事項前淨益		$ 470
非常事項：債券出售利益		50
淨益		$ 520

三、保留盈餘表之表達 (Presentation of Retained Earning Sheet)

保留盈餘表 (Retained Earning Sheet) 如同損益表係以期間為編表依據，用來說明上一年資產負債表至下一年資產負債表所列示「保留盈餘」科目之變化情況。

一般而言，保留盈餘表係聯貫損益表和資產負債表之橋樑。這種關係可藉下列公式得到證明。資產 − 負債 = 資本 + 保留盈餘，亦即是企業產生淨益。因銷貨使流入資產大於流出資產之費用，更正確地說，淨總資產增加，若原資本不變，則淨益的數額一定是計入保留盈餘中。

同樣地，現金股利的分配減少淨資產，此種變化在會計恆等式中，該現金股利數額係來自保留盈餘。

典型的保留盈餘表包含項目如表 5-7。第一行為期初保留盈餘 2,630 千元，加上該公司民國 91 年度淨益 (取自損益表) 520 千元，當年度發放現金股利給股東為 350 千元，其餘額為 2,800 千元轉列於民國 91 年 12 月 31 日的資產負債表上。

表 5-7　華孚公司保留盈餘表

民國 91 年 12 月 31 日　　　　　　　（單位：千元）

期初保留盈餘	$2,630
本期淨益	520

合　計	$3,150
減：現金股利	350
期末保留盈餘	$2,800

四、財務狀況變動表（資金流程表）之表達 (Presentation of Fund Flow)

　　財務狀況變動表在於表達當年度的資金流轉情形。而資金一般是定義為流動資金。例如，表 5-8 即在說明來自一般營業的資金流入為 770 千元，發行公司債 200 千元，以及出售長期投資債券 50 千元。而這些資金中，幾乎一半用於擴充廠房和設備（$500 千元），餘下 350 千元用於發放現金股利和 170 千元作為流動資金之用。

　　表 5-8 僅是說明既存關係。例如，它透露來自營業的資金並不足夠提供發放現金股利和資本投資之需。因此，一位報表使用者，需要探詢這種結果是種因於積極的擴充計劃，或產品本身的脆弱。同樣地，資金轉至流動資金雖是事實的陳述，但它本身的優劣則取決於是否合理而定。

表 5-8　華孚公司財務狀況變動表（資金流程表）

民國 91 年度 12 月 31 日　　　　（單位：千元）

資金來源 (Fund Inflow)：	
來自營業	$ 770
出售債券	50
發行公司債	200
合　計	$1,020
資金運用 (Fund Outflow)：	
支付現金股利	$ 350
擴充廠房和設備	500
流動資金增加	170
合　計	$1,020

第四節　財務分析與成本分析 (Financial Analyses and Cost Analyses)

一、財務報表分析 (Analyses of Financial Statements)

廠商經營之價值決定於「風險」與報酬或「獲利性」。一般來說，風險係以流動比率、槓桿比率及經營比率來衡量。至於獲利性則以獲利能力比率 (Profitability Ratio) 來加以衡量。本書第三章財務管理要義表 3-1 曾列出通用之各種財務分析比率之公式及意義，可供參考。

在分析上尚宜加以比較，一般採用⑴同業平均 (Industrial Average) 及⑵公司趨勢 (Company Trend) 兩種方式。

除此之外，尚有他法，如：

⑴橫析法：在比較報表中，對相關項目作增減百分比分析。

⑵縱析法：在同一報表中，對各構成因素作交叉比率分析。

不論採用何法，所做之百分比或比率分析皆須有實質意義，如資產報酬率之計算應為「稅前利息」之淨利，而非稅後淨利。

二、成本分析 (Cost Analyses)

企業潛在利潤大小，深受產品單位售價與單位成本之影響，所以成本之有效控制甚為重要。成本分析之目的在於使成本保持於原定營業計劃限度之內，以確保有效的競爭能力與獲致最高的利潤。本處將就標準成本法來討論成本差異分析。

所謂「標準成本」(Standard Costs) 乃指對各種成本，如直接人工、直接原料、及製造費用等項目，事先所設定之標準單位成本。而採此法之制度即標準成本制度。而實際成本與標準成本間相差之數值，稱為成本差異 (Cost Variances)。若實際成本低於標準成本時稱「順差」或有利差異 (Favorable-Variances)，反之即為不利差異。

將實際成本與標準成本比較時，僅就例外或差異情況提出報告，此種「例外原則」(Principle of Exception) 之報告可使負責部門在成本控制上，集中注意力於發生差異之所在，並加以改正。

成本差異之種類與分析如次：

1. 直接原料差異分析 (Variance Analyses for Direct Materials)

(1)數量差異＝（實際數量－標準數量）×標準價格

(2)價格差異＝實際數量×（實際價格－標準價格）

數量差異應向工廠主管與生產部各負責人員報告。價格差異則應通知進貨部門，以明原因加以控制。

2. 直接人工差異分析 (Variance Analyses for Direct Labor)

(1)工作時間差異＝（標準工時－實際工時）×標準工資率

(2)工資率差異＝實際工時×（標準工資率－實際工資率）

直接人工成本中工作時間之控制，掌握於生產部領班或工頭之手，為協助其控制及分析任何直接工時差異之原因起見，工作日報或週報必須按時編報，將實際工時與標準工時比較，作為分析與研究直接人工效率之基礎。

至於工資率之決定，為人事部門或工廠工頭之職責，以實際工資率與標準工資率相比較，則可考核人事部門或工頭在選擇各級直接人工方面對於生產效率之功過。

3. 製造費用差異分析 (Variance Analyses for Manufacturing Expenses)

製造費用之差異分析有二段式，三段式，及四段式。

(1)在二段式差異分析時，應計算：

　①可控制差異。

　②數量差異。

可控制差異之數額及其指向可以顯示製造費用是否保持在所定預算效率限度以內。數量差異為工作效率的差異。

(2)在三段式差異分析時，應計算：

　①預算差異 (Budget Variance)。

　②能量差異 (Capacity Variance)。

　③效率差異 (Efficiency Variance)。

(3)在四段式差異分析時，應計算：

　①預算差異 (Budget Variance)。

　②效率差異 (Efficiency Variance)。

　③數量能量差異 (Volume Capacity Variance)。

　④數量效率差異 (Volume Efficiency Variance)。

一般為了經濟原則，採二段式分析法的為多，但四段式分析法在學理上最為健全。

第六章　企業科技研究發展之管理

(Management of Technological Research and Development)

第一節　研究發展的定義 (Definition of Research and Development)

一、研究發展之意義及內涵

研究與發展（Research and Development，R&D）的活動就是發明 (Invention)、發現 (Discoveries)，創造 (Creation) 及創新 (Innovation) 的根基，為現代社會進步的主要泉源。二十世紀末葉，藉著醫藥、科技、運輸及無線通訊與電腦結合的進步，使人類生活水準有極大的改變 (Change) 及改進 (Improvement)。

「發明」是指創造出宇宙環境以前未有之事或物。「發現」是指宇宙環境早已有的事或物，被新探討知曉了。「創造」是指由某人新做出來的事或物，不論此事或物是否早已存在此宇宙環境中。「創新」是指把「發明」、「發現」、「創造」的事或物，應用到企業經營的產品、勞務及方法上，有助於市場競爭，有利於盈餘增加之研究發展行為。「發明」之事或物，可以申請專利，得到政府法律保護。「發現」及「創造」之事或物，若屬於「發明」，就可申請專利保護，否則只能當作比競爭者先知先覺之優勢而已。「發明」、「發現」及「創造」能否賺錢，就視「創新」管理是否有效而定。「發明」、「發現」、「創造」及「創新」對企業而言，都是「改進」或「改變」或「革新」，都是研究發展管理的成果。

熊彼德 (J. A. Schumpeter) 在他有關經濟發展的理論中就曾指出，工業的成長有賴於「創新」，近代的經濟學者如沙穆森 (Samuelson) 等亦認為研究發展創造了企業對資財的需求，同時也是促成投資人熱衷於投資新風險 (New Venture) 事業的主要原動力。「創新」是大廠維持繼續領先的戰略，「創新」也是小廠趕過大廠的戰略。中國古代就有「苟日新，日日新，又日新」的創新教訓。

從個體經濟的眼光來看，由於研究發展代表各公司未來的發展潛能，因此投資人在評估投資機會時，每將其視為一極重要的指標。儘管目前臺灣研究發展支出在

整個經濟中尚未佔很大比例（民國 90 年調查未達 GNP 之 3%），但它卻應是整個新社會經濟中最為重要的一環。

　　如何有效管理研究發展，一直是廠商感到為難的一個課題，其困難之處在於研究發展的預算、工作評價、人員管理、協調聯繫等都沒有一個客觀衡量標準。以前研究發展的成果主要來自工程師的個人天賦，所以一般性的工作評價方法無法適用，同時由於研究發展具有高度不確定性，所以其工作計劃無法像生產計劃一樣地準確排定。至於研究發展預算編製能否作為控制研究發展成本及衡量研究發展成果的工具，迄今仍大有疑問存在。

　　界定研究發展意義的最容易的方法就是從說明研究發展的功能著手。一般科學或工業上研究發展的主要功能可分為⑴純研究或稱基本研究，⑵應用研究，⑶發展及工程設計，⑷試產四部分，略釋如下：

1. 基本研究 (Basic Research)

　　所謂「基本研究」係指為了增進「科學知識」(Science Knowledge)，但沒有特定實用目的的研究活動。在實驗室中，新觀念 (New Concepts) 或新想法 (New Ideas) 常在無意中被創造出來，並經試驗證實。雖然這些結果並不一定具有商業上的價值，但往往是下一步實驗的基礎。商業機構的純研究可能限於與其本身產品及興趣有關的方面。美國 AT&T 及 IBM 曾擁有過大型研究實驗室，從事基本研究。一般的基本研究工作皆由政府研究院及大學研究所來從事，並支用政府預算經費。

2. 應用研究 (Applied Research)

　　所謂「應用研究」係指為特定實用目的而進行之增進知識之研究活動。這一部分包括了搜尋科學情報，並研究如何將其直接應用到商業上，它與純研究主要區別在於其有特定之實用目的 (Practical Purposes)。

3. 發展及工程設計 (Development and Engineering Design)

　　所謂「發展及工程設計」係指將基本研究或應用研究所獲得之新知識，進一步轉變為商業上可以獲利之「新產品」、「新勞務」、「新原料」、「新製程」、「新設備」及「新檢驗方法」之研究活動。在這一個階段中，基本的科學觀念及有關的情報，資訊，都已獲得，在此則進一步將這些結果轉變成可在市場上獲利的產品、勞務、原料、設備、或製造程序。到這一階段時，研究發展之不確性已經很低。

4. 試產 (Pilot-Run Production)

　　所謂「試產」或「試製」係指將發展或工程設計好之產品、原料、勞務或設備，進行實際小量生產之活動。因為整個產品是否能達到預期滿意水準，必須經過試產

階段，經過數次試產，將經濟規模、生產流程加以確定，同時也準備將生產技術轉移給實際的大量生產單位 (Mass Production)。

二、研究發展之目標對象 (Targets of Research and Development)

研究發展活動的功能已分述如上，但如何才能有效地管理研究發展，則需再瞭解研究發展之目標對象。研究發展的目標對象可分為下面幾種：

1. 防衛性的研究發展 (Defensive R&D)

這是指為了應付市場顧客的新需要，或是為趕上競爭者創新產品所進行的研究發展活動。

2. 進攻性的研究發展 (Offensive R&D)

這一類的研究發展是在想取得市場上的優勢，在競爭者創新活動之前搶先為之。例如想壟斷某一新的市場或正在發展中的市場。

3. 長期的研究發展 (Long-Term R&D)

這是指在為三年後才能產品化的研究活動。這種研究發展如果獲得成功，常由於企業內其他部門（如財務、生產設備、市場行銷通路）尚未準備妥善，大約三年之內無法將研究的結果商品化。另外，遲延商業化的原因，是由於市場本身尚未成熟到能接受新產品，或是政治法律因素無法即時上市。

4. 短期的研究發展 (Short-Term R&D)

這是指在一年內可以變成商品，引進市場的研究發展活動。

5. 中期的研究發展 (Medium-Term R&D)

這是指在一年至三年間可以商品化的研究活動。

不論分類如何，所有研究發展的最終目的都是在協助企業達成創造顧客滿意及合理利潤的崇高目標，以追求生存及成長。

通常企業的研究發展都是以進攻性的為主，因為「攻擊是最好的防守」。但有時一個短期防禦性的策略也十分重要，尤其是當產品正處於生命週期 (Product Life Cycle) 的下降階段時，跟隨著競爭者或消費者而動，往往是損失最少的策略，請參閱圖6–1。

計劃 (Planning) 是任何活動成功所不可或缺的要素，而在研究發展活動方面，因其不確定性的工作性質特殊，其計劃工作亦異乎尋常。第二節即將討論這個問題，第三節將討論研究發展的組織，第四節將討論預算編製，第五節將介紹研究發展人員的領導與激勵。第六節將討論研究發展的聯繫與控制。第七節將討論研究發展的

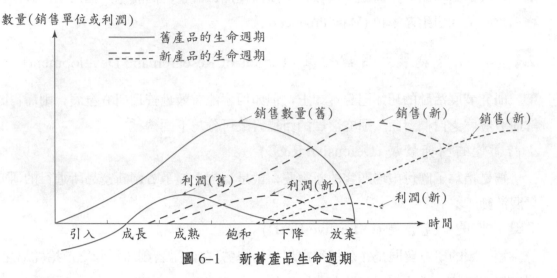

圖 6–1　新舊產品生命週期

工作績效評估。

第二節　研究發展的計劃 (Planning of Research and Development)

一、研究發展活動的特點 (Characteristics of R&D Activities)

研究發展 (R&D) 的功能異於企業其他功能，如行銷、生產、採購、外包、財務、會計、資訊、人事、總務等。研究發展活動所具有的特點使得研究發展的管理更需要一些特殊的技巧，因此也需要一些特殊的計劃方法。

1. 研究發展是企業變遷的新原動力 (New Forces of Changing Business)

如同購買其他公司 (Company Acquisition) 一樣的重要，研究發展是改變公司在市場地位的一項重要的手段。企業其他功能是在現有產品市場 (Existing Product-Market) 的地位上，求取利潤的極大化，而研究發展則是在新產品市場 (New Product-Market) 地位上，尋求利潤的新來源。

2. R&D 不能重複 (Non-repeativeness)

其他企業功能的努力，是在設法使其作業能夠一再重複 (Repeativeness)，以致生產力能達到最大，而研究發展的生產力則是視其結果的創新差異性 (Innovative Differential) 而定，不在於重複性。

3.研究發展效果難以度量 (Difficult to Measure Effectiveness)

由於研究發展的成果必須經由生產、行銷等步驟後才能充分發揮，故往往會因為生產製造、裝配、推銷、廣告、促銷、物流、服務、客訴處理等步驟的失敗，使研究發展的成果顯得模糊或遲延。所以一個真正創新活動的成功，等於一個新企業的經營成功，必須統合行銷、生產、財務、人事等等功能，才能知道最終效果的高低。

二、研究發展計劃的特殊問題 (Special Problems of R&D Planning)

「計劃」(Planning) 是泛指為企業建立未來行動目標及方法 (Future Ends-Means) 的用腦思考過程的程序，其內容涵蓋目標、策略、方案、預算、組織、資源、及作業程序的設定。研究發展計劃有如下特殊問題。

1.研究發展目標的建立必需是一連續的過程 (A Continuous Process)

生產上的目標，如生產配額，可以事先設定並藉以控制其生產活動，但是在研究發展計劃的進行中，「新知識」的獲得可能會導致「新目標」的產生 (New knowledge or information lead to new objectives)，見圖 6-2，所以以往將計劃與控制嚴明分開的作法變得極為困難。在新知識不斷發展的情況下，需要決定是否要控制研究發展活動，使其真正達成原先的目標，還是轉而建立新的目標。

2.研究發展的策略必需確實地符合企業的最高策略 (Fit to Top Strategies)

企業的其他功能，在突破現存的產品市場地位時，由於慣性的緣故，一般總會停留在原來的主流中，但研究發展的目的在尋求改變之道 (Search for Changes)，會使公司脫離其原有的型態。所以研究發展策略（方向）只要按照最高管理階層的需要而決定，不必拘束於原有產品市場內。

3.研究發展計劃及預算必需要有彈性以適應新的機會 (Great Budget Flexibility to New Opportunities)

新的知識與新創意不斷會出現，因此在制訂研究發展預算時，並不能完全涵蓋預算期間內所有新的研究標的。所以研究發展預算的制訂程序，必需隨實際需要而調整，不可拘束於原先不太明瞭未來情況所隨意設定之預算項目。

4.不同的階段必需使用不同的計劃控制方式 (Different Planning-Control Methods for Different R&D Stages)

在「產品發展」階段，一般可採用傳統的直接計劃及控制技術，因其目標可直接與未來的收益相連接，但是在「基本研究」時則不能適用一般的直接計劃及時間

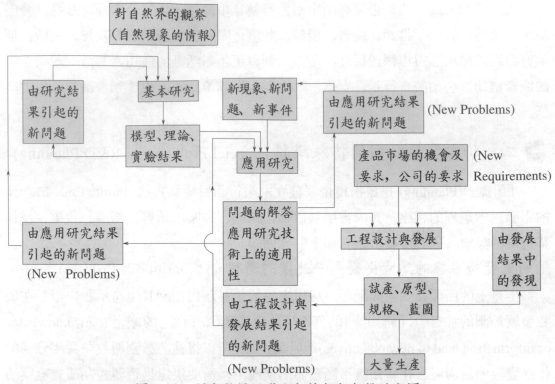

圖 6-2　研究發展活動之新情報新知識流程圖

控制方法，因它的計劃及控制是比較間接而無固定結構。至於「應用研究」則介於「產品發展」與「基本研究」二者之間。研究發展的實質內容與時間進度控制，不能像生產計規與控制那樣細節、確定、死板，而是要採取每月性，每季性，半年性，及年度性之「目標管理」方式，由專案主持人自訂目標及自行控制，而非由他人來控制。

三、研究發展計劃的時間及深度 (R&D Scheduling and Depth)

正式計劃之方法 (Formal Planning Method)

正式的研究發展計劃，應該建立定期的「計畫及檢討」程序 (Periodic Plan-Review Process)，及書面的紀錄。

在商業機構中，通常有下列三種層次的正式計劃方法：

1. 作業計劃 (Operational Planning) —— 基層計劃

通常這是指工廠中每日進程的安排。在作業計畫中比較有關的有兩方面：

⑴專案計畫想法的產生 (Project-Ideas Generation)。

⑵專案計畫的評價及選擇 (Project Evaluation and Selection)。

2. 管理計劃 (Management Planning) ── 中層計劃

在這方面有兩個問題比較重要:

⑴按照權力、責任、情報、及工作流程等所建立的企業資源分配結構 (Resources Allocation Structure)。

⑵企業營運所需各種資源的取得與發展 (Resources Deployment)。

3. 策略計劃 (Strategic Planning) ── 高層計劃

在這方面,包括公司整體目標的建立、策略的設定、主要資源的調配、專案評估及選擇標準的建立等。

企業整體策略性計劃與研究發展有著雙向的關係,一方面研究發展的工作方向必需與企業目標相符,另一方面也因為研究發展引入新的科技創新機會,因而影響及改變了企業的整體策略(如競爭及成長策略方向)。

正式的研究發展專案型計畫端視企業所側身其中之行業的科技水準 (Industrial Technology Level) 與產品市場情況而定。如果技術發展穩定,而產品及市場是逐步轉變(例如汽車或食品加工工業等),則研究發展計劃的重點就應該放在基層作業及中層管理計劃上。如果科技及產品市場改變極為迅速(如電子或化學工業等),或者企業本身正致力於改變其產品市場的地位時,高層策略性的計劃就應被列為著重的對象,同時也還要輔以活潑的作業及管理計劃。

計劃的繁簡則需視企業的大小及研究發展費用的比例而定,有龐大研究發展預算的大企業,如二十一世紀初的臺灣高科技電子、電腦、電訊大廠商,每年花用鉅額費用於專利發明及申請者,需要詳細而正式的研究發展計畫。如果研究發展的活動沒有詳細地加以劃分,則許多資源可能會被浪費在重複的目的上。

▣ 四、研究發展之目標設定方法 (R&D Objectives-Setting Methods)

「目標」是泛指期望在未來一段期間內實現的「理想境界」(Ideal State to be Realized in Certain Future Date),可用來指導並衡量工作進行的方向及程度。研究發展的目標應包容在企業的整體目標之下。企業通常會有多重的目標,例如投資報酬率、市場佔有率 (Market Share)、盈餘成長率 (Profit Growth)、收益的穩定性 (Income Stability)、生產力,創新力、設備及財務結構 (Physical and Capital Structure)、員工訓練與發展 (Training and Development)、社會責任等等,由於這些目標之間常會相互對立,所以企業最高主管必需對這些目標設立優先順序,而研究發展目標就是創新力

目標，其設定就應該按照這個優先順序而行。

1. 產品發展專案之目標 (Product-Development Projects)

「產品發展」(Development and Engineering) 階段的計畫，是研究發展計畫中最能用經濟方式來表示的一種，因此每一個重要的「發展」專案計畫都應該具有適當的目標及優先順序，通常包括利用投資報酬率或內部報酬率來評估。

事實上有許多專案計畫並沒有大到值得去做這些經濟評價的地步，這時候與整體目標相關的「近似目標」，就可以用來作為這類計畫的目標。這些替代目標包括回收還本期 (Payback Period)、對收益的貢獻 (Profit Contribution)、對銷售的貢獻 (Sales Contribution)、對降低製造成本的貢獻 (Cost-Reduction Contribution) 等。

由於全套的專案計畫評估 (Project Evaluation) 耗時費力，因此專案計畫之目標的精確性應視專案的大小 (Project Size) 及其潛在的重要性 (Project Importance) 而定，通常只有對重要的專案計畫才評估其是否達成經濟目標。對於每天的控制及監視，則是用整體目標再細分出來的特定近似目標來作為直接計量之用。就發展性之專案計畫而言，這通常包括該專案計畫的預估成本，產品的預計價格，及預計的完工日期等。

2. 應用研究專案之目標 (Applied-Research Projects)

「應用研究」的專案目標較難跟企業的整體目標連接起來，因此其近似目標也就更不精確。這類的研究活動可能是希望達成新產品或新製程的創新，增進企業的科技競爭能力，或是擴大企業的市場地位。儘管如此，每一個專案計畫的目標，仍應是由一個或數個企業的整體目標所推衍出來，並與之相連。

3. 基本研究專案之目標 (Basic-Research Projects)

「基本研究」活動的結果，通常無法預見，並與最終的獲利能力相隔更遠，因此基本研究專案的目標應按下面的層面設定：

⑴專案計畫的創新性。(Creativity)

⑵與競爭者相比的工作品質。(Work Quality)

⑶在研究策略內列明應該獲得的競爭能力。(Competitiveness)

⑷潛在應用能力的寬度，指能夠應用到與企業相關科技之範圍的大小。(Scope of Application)

每一種研究專案計畫都需有由企業整體目標所衍生導出的個別目標來支持，這些目標必需儘可能地詳細，以供衡量其成果之用。例如產品或工程發展計畫 (Product-Development Projects) 的目標應列為「對每年的新銷售額貢獻若干元」，或是「到年

底以前減少甲工作程序的成本若干元」。應用研究專案 (Applied-Research Projects) 之目標應該列出像「每年提供若干個在技術及經濟上合用的新產品構想」。基本研究專案 (Basic-Research Projects) 之目標則可能是達成「在丙範圍內得到第一流的研究水準」或是「推進丁範圍內的改進狀況」。

五、研究發展之策略設定方法 (R&D Strategy Setting Methods)

（一）策略是達成目標的重要手段 (Strategies are tools to objectives)

穩定成長中的企業可能不需要特別的策略，因為從以往的情況，就可以推斷並決定要達成未來目標所需的方法。但是處在激烈變動環境下的企業，卻極需要「產品市場策略」(Product-Market Strategies)，列明高階之指導綱要及決策原則 (Top Guidance and Decision Rules)，供:

(1)指導企業成員尋求新產品及新市場機會。(Directing Members to Search New Products and New Market Opportunities)

(2)統合組織成員的成長及擴張的努力。(Integrating Organization Members' Growth and Expansion Efforts)

(3)評價新機會是否符合企業所希望之成長方向。(Evaluating the New Opportunities to Fit the Expected Growth Direction)

一套完整的策略就是一套複雜的指導綱要，其中的一個重要層面是將企業成長分為表 6-1 中的四個方向：

(1)增加現有產品的市場佔有率 (Old Products in Old Market) ── 「市場滲透」(Market Penetration)。

(2)現有產品滲透到新的市場 (Old Products in New Market) ── 「市場發展」(Market Development)。

(3)為現有市場發展新產品 (New Products in Old Market) ── 「產品發展」(Product Development)。

(4)為新市場發展新產品 (New Products in New Market) ── 「分散多角化」(Diversification)。

企業「研究發展策略」應與「產品市場策略」相符合，其主要目的在於分配研究發展預算，並將其努力導往所希望的方向。在表 6-1 中的對應策略是新產品及新製程的發展，舊產品及舊製程的改進，以及科技能力的維護及改進。

表 6-1　產品市場策略與研究發展策略間的關係

產品市場策略／研究發展策略	分散多角化 新產品 新市場	產品發展 新產品 舊市場	市場發展 舊產品 新市場	市場滲透 舊產品 舊市場
1. 新產品／新製程發展	✕	✕	－	－
2. 舊產品／舊製程改進	－	－	✕	✕
3. 科學及技術的改進	✕	✕	✕	✕
研究發展策略的層面	攻擊性策略	攻擊性策略	攻擊—防禦性策略	防禦性策略

　　另一個由產品市場策略，影響到研究發展策略優先順序的層面，是防禦性及攻擊性的分類。如表 6-1 所示，「攻擊性策略」是在支援新產品及新市場，而「防禦性策略」則是在維護現有的產品及市場地位，「防禦—攻擊性策略」是為了現有的產品線（可能加以修改以適應新顧客的需要）滲透新市場之用。

（二）將研究發展作為企業策略的來源 (R&D as New Sources of Business Strategies)

　　企業的產品市場策略有一部分是取決於目標，另一部分決定於經濟新趨勢，新機會及新威脅。如同上面所指出，這些策略應轉換成相對的研究發展策略層面，同時科技的趨勢能夠而且也應該作為產品市場策略中的機會來源之一，提供這項投入的責任，則在研究發展的管理人員身上。

　　為完成這個責任，應先分析本企業產品市場地位的科技基礎，即瞭解科技的發展趨勢 (Technology Trends) 及識別科技差距 (Technology Gap)。如果差距不大，則有可能導向新的產品市場。這些趨勢及差距分析，可以指出企業經濟活動及科技計劃的新方向。換言之如能將本行業科技的進展逐項加以分析，將對本公司有甚大助益，下面是可使用的幾種思考創新之方向：

　　⑴新作業方法 (New Operations Methods)。

　　⑵新比率 (New Ratio)。

　　⑶新空間層面 (New Space Dimension)。

　　⑷新化學、電機、電子、光學或機械的性質 (New Chemical, Electrical, Electronic, Optical and Mechanical Nature)。

　　⑸新物理性質 (New Physical Nature)。

　　⑹新的度量，巨視或微視的 (New Scale, Macro or Micro)。

⑺新的計量或檢驗能力 (New Measurement or Testing Capability)。

⑻新的分析能力 (New Analytical Capability)。

由於研究發展主管人員有提供企業高階決策者所需情報資料的責任，促使他必須與企業的高階主管人員保持有特殊的關係存在。他必須同時是個跟隨者 (Follower) 及領導者 (Leader)，他也必須指導 (Directing) 研究發展活動，以符合高階主管人員所制訂的策略，同時還要經由分析，建議 (Suggest) 上級改變或重新訂定發展的方向。這種高階層人員與研究發展主管人員間應有的密切溝通關係，在許多企業中並未好好地建立，值得改進。

（三）研究發展的自製或外購策略 (Make or Buy in R&D)

另一個研究發展策略的重要層面就是「自製或外購」(Self-Made, or Out-Buy, or Outsource) 的決策，也就是要決定是由自己研究自己做或是向外界購買成品、技術授權、委託外界研發或使用公開的研究報告等外界來源，來取得所希望的成果。通常，一家大企業的創新成果往往同時來自深入及廣泛的外購技術 (Buy Technology) 與內部自行研發，但大部分的中小廠商則沒有能力同時進行這兩種尋求創新的過程，而偏向於外購技術，或不進行任何創新活動。為了彌補眾多中小企業無力進行研發的現象，許多國家都設有財團法人式之工業技術研究院及各行業別研究所，來協助中小企業做「外包式研發試驗工作」(Outsourcing typed R&D and Testings)。

當然，廠商通常在規模大到足以負擔自己的 R&D 費用時，就會進行自己的產品開發活動。但是對應用及基本研究方面的活動則較不明確及不熱中。以下是幾項在做這類「自做或外買」決策時應考慮到的準則：

⑴自行研究是否能使企業獲得專利的好處？（若是，宜自行研究製造）

⑵企業是否有能力負擔應用或基本研究？（若是，宜自行研究製造）

⑶所需的創新知識是否能從外界以較低的成本購入？（若否，宜自行研究製造）

⑷企業的這項需要是否專業到只能從自己的研究中獲得的地步？（若是，宜自行研究製造）

⑸企業內部的基本研究是否需要外界做成的科學成果來支應？（若否，宜向外購入一些支助）

六、計劃與實施間的連繫 (Planning and Implementation Connection)

與企業其他功能部門之活動一樣，研究發展專案計畫的實施 (Project Execution) 與原計畫 (Project Plan) 組合間有密切的關係。在實施已經選定的專案計畫時，一般

都是利用專案計畫評核術 (Project Evaluation and Review Technique, PERT) 來做進度的管制。但在許多情況下，在專案的實施期間，會碰到許多意外的問題或機會，而需要經常地修改原計畫，同時也需要更富彈性的時間控制技術。

在專案計畫實施途中的新發現，可能會導致原計畫的重新修訂，或是資源的重新分配。如果在實施的早期能花少量的資源，試行多種不同專案，由此得到的新情報可能避免日後大量資源的浪費。在重要計畫實行的早期，若能進行平行的數項備案研究 (Parallel Projects)，則研究發展的主管人員可以利用較為精確的情報，來改進對各項備案優劣點的評估，並據以修改原先計畫與預算。由於研究發展活動在實施中有求得新知的特性，使得分離專案計畫的實施與控制，和專案計畫的產生與選擇等變得十分地困難。

因此研究發展的計劃與控制就需要一些特殊的表格。為能有效地利用表格內載明的意思，請大家很快地看一遍這種表格（見表 6-2），就應該看出專案計畫已經完成了些什麼？現在將做到那裡？預期的成果是什麼？及預期與實際的表現如何隨時間而變動？表格所包括的實施重點應該有：

(1)預算及使產品商品化的全部預估成本。

(2)目標及其推衍項目。

(3)過去計劃的檢討及核准。

(4)計劃與實際表現的記錄。

(5)計劃與實際的成本比較。

(6)工作全部表現的評價與成本的比較。

表 6-2　專案研究的計劃及控制表 (Project Plan-Control Sheet)

專案計畫之名稱及描述：	計畫編號：
原始目標： 1. 2. 3.	計畫主持人＿＿＿＿　日期＿＿＿＿ 計畫經理＿＿＿＿＿　日期＿＿＿＿ 共同研究人＿＿＿＿　日期＿＿＿＿

1. 預算檢討表 (Budget Review Sheet)

費用總計		申請金額				完成的預估成本			
期　間	數　額	申請單位	數額	核准人	日期	研發	行銷	生產	總計

1.								
2.								
3.								

2. 選擇及評價表 (Evaluation Sheet)

期間	科 技			商 業			投資組合			全 盤		
	日期	評分	評分人	日期	評分	評分人	日期	評分	評分人	日期	評分	目標改變
1.												
2.												
3.												

* 如果可能的話，使用 DCF 或 ROI。

3. 專案的成果表 (Project Performance Sheet)

專案名稱 / 月	1	2	3	4	5	6	7	8	9	10	11	12
1. 預期進度 / 實際進度												
2. 預期進度 / 實際進度												
3. 預期 / 實際												

4. 專案成本表 (Project Cost Sheet)

時間		1	2	3	4	5	6	7	8	9	10	11	12(月)
人力成本	預期 / 實際												
作業成本	預期 / 實際												
成本合計	預期 / 實際												
完工總成本	預期 / 實際												

5. 績效表現評價表 (Performance Appraisal)

原始成功的機率

成功的機率				
預算成本的百分數 (A)				
每期工作表現的達成率 (B)				
表現指數 =(B)/(A)				
成本指數=預計全部成本/預算				

七、研究專案的選擇 (R&D Project Selection)

在各預算之中，個別的研究發展專案計畫需要加以評價及選擇，而公司目標及策略的指導作用在這個程序當中，仍佔著極重要的地位。

每一個專案計畫的成果，都必需依照其對各目標的「貢獻」(Contribution) 程度來加以衡量，同時每個專案計畫也必需從是否合乎企業的「成長」(Growth) 策略來評價。

在做最終的選擇 (Selection) 之前，每一個專案計畫都必需再經過兩項檢驗 (Two Testing Examinations)。第一個檢驗是在確定這項專案計畫的成果估計 (Result Estimates)，是否切合實際？是否過分樂觀或悲觀？這其中牽涉到了測量該專案及企業之間能量 (Capacity) 的配合，即應檢討研究發展專案所需的人力、技術、設備、生產能力、市場能力及一般管理能力之資源需求，是否為企業能力所能負荷 (Bearable)？並且能否讓這個專案計畫獲得利潤 (Profitable)？最後還需評價這項專案計畫與企業其他活動及未來計畫之間的綜效組合能力 (Synergism) 如何？

第二個檢驗的方法是採正式評估技術，包括有檢查表 (Check List)、評分表、指數公式 (Index)、數量規劃模式 (Mathematical Programming) 及投資組合 (Investment Mix) 分析等技術，略說明如下：

（一）供個別專案計畫評估用的檢查表 (Individual Check-List)

「檢查表」適用於評價「基本研究」(Basic-Research Typed) 及「應用研究」(Applied-Reseach Typed) 之專案計畫。但當預測上的困難使得詳細的「現金流量預測」(Cash-Flow Forecasting) 無法進行時，也可以應用到產品發展 (Product Development Typed) 專案上。在評定一個專案計畫中每一個有關因素的優劣點 (Pros and Cons) 時，需要專家的判斷。例如一家工業化學產品公司的研究發展部門就可能考慮下列在「應用研究」或「產品發展」專案計畫上的特性，而給予「極優」(Very Satisfied)、「滿意」(Satisfied) 或「不滿意」(Very Unsatisfied) 的三等級評價。

1. 有關研究發展能量（R&D Capacity）因素之評估（「極優」、「滿意」或「不滿意」，以下同）

　　⑴研究知識 (Knowledge Status)。

　　⑵專利權狀況 (Patent Status)。

　　⑶研究發展投資回收期間 (Payback Years)。

2. 有關生產能量 (Production Capacity) 因素之評估

　　⑴所需的生產能量 (Quantity Requirements)。

　　⑵原料 (Material Requirements)。

　　⑶設備的需要 (Equipment Requirements)。

　　⑷生產程序的熟練程度 (Skillfulness of Production Process)。

　　⑸新固定資產的回收時間 (Payback Period of New Fixed Assets)。

3. 有關市場能量 (Market Capacity) 因素之評估

　　⑴與現有產品線相似的程度 (Similarity to Existing Product Lines)。

　　⑵對現有產品線的影響程度 (Impact on Existing Product Lines)。

　　⑶銷售給現有顧客的能力 (Selling Ability to Existing Customers)。

　　⑷促銷的需要條件 (Sales Promotion Requirements)。

　　⑸市場發展的需要條件 (Market Development Requirements)。

　　⑹技術服務的要求程度 (Technical Services Requirements)。

4. 有關市場需求潛能及競爭壓力 (Market Potentials and Competition Pressure) 因素之評估

　　⑴產品競爭程度 (Level of Product Competition)。

　　⑵產品的優點 (Advantages of New Products)。

　　⑶產品生命週期的長度 (Length of New Product-Life-Cycle)。

　　⑷預計的年銷售額 (Estimates of Annual Sales Volumn)。

　　⑸達到預期平衡點銷售額所需的時間長短 (Time Estimate of Break-Even Point)。

　　⑹週期或季節性的需求 (Seasonal and Cyclical Requirements)。

　　⑺市場需求穩定性 (Market Demand Stability)。

　　⑻市場需求趨勢 (Market Demand Trend)。

5. 有關公司目標 (Company Objectives) 因素之評估

　　⑴對獲利能力的貢獻 (Contribution to Profitability)。

　　⑵對成長的貢獻 (Contribution to Growth)。

⑶對營運彈性的貢獻 (Contribution to Operations Flexibility)。

6. 有關公司策略 (Company Strategies) 因素之評估

　⑴與現有產品市場的配合程度 (Synergism with Existing Product-Market)。

　⑵與企業所希冀新產品市場地位的配合 (Synergism with New Product-Market)。

　⑶與期望中研究發展專案的配合 (Synergism with Expected R&D Projects)。

　⑷轉移到其他研究發展的專案 (Switch to Other R&D Projects)。

　⑸對企業的特殊好處 (Special Advantages to the Company)。

　通常的檢驗會對每一個因素給予「評分」（如「極優」10 分，「滿意」5 分，「不滿意」0 分），再給予一個比重（如 3 倍，2 倍，1 倍），然後將「評分」乘「比重」後之「指數」加總起來，構成這個專案的「總指數 (Total Index)」分數。總分數越高者，選擇優先性排名越高。

　（二）指數方法 (Index Method)

　一項計算優點的指數可以按下列的公式計算得出，然後將各專案計畫加以排名 (Ranking) 比較。其公式為：

$$指數 = \frac{r \times P_R \times P_I}{C_R + C_I}$$

r＝預期利潤

P_R＝研究發展成功的機率

P_I＝研究發展成功實施的機率

C_I＝將研究發展結果引入營運的成本

C_R＝研究發展的成本

指數法適用的情況有下面兩種：

　第一、在專案計畫的大小及潛在的重要性不足以要求更精確而完整的投資報酬評價時。

　第二、在無法獲得所需的資料做較精確的評價時。

　（三）數量規劃模式 (Mathematical Programming Model)

　數量規劃技術（如線型規劃 Linear Programming 等模式）通常是用在想將資源分配 (Resources Allocation) 到數個發展專案上，而使其能符合資源上的特定限制 (Constraints)，或是能由其研究成果所得到的總收益極大化。這些數量模式使得主管人員可以同時考慮到所有的備選方案 (Alternatives)，並在很高的可信度下，做成本

效益分析 (Costs-Benefits Analysis)，以利進行專案計畫的選擇。但是下面有幾個在實行數量規劃模式時，可能會碰到的問題，值得正視及克服：

第一、在研究發展計劃期間，不同的目標及其在選擇時所用標準的差異，並沒有加以考慮。

第二、主管人員在做考慮時，並沒有將全部有關的可能專案計畫之機會都包括進去。

第三、在對決策變數 (Decision Variables) 做合理而有效的估計時，所需的情報資訊往往很難獲得。

第四、由於研究發展人員的抗拒心理，使從這模式所做成的決策，在實施時會遇到困難。

第五、備選方案間的相互關係，並沒有反映在大多數的數量規劃模式中。

（四）投資組合分析 (Investment-Mix Analysis)

前面的各種方法或多或少都無法包括前述評價專案計畫時所需考慮的能量 (Capacity)、策略 (Strategy)、目標 (Objectives) 及競爭 (Competition) 與需求 (Demand) 等四個層面。組合分析的方法就是在希望能有一個包含了四個層面的完整架構。但是大家皆可以想像得到，像這樣一個架構一定相當地複雜，在圖 6–3 中就是一個包括 18 個個別評估步驟的組合分析選擇模式。

在圖上所顯示的四個主要層面分別如下：

第一、步驟(1)～(6)是與策略配合有關。這些項目是在確保專案與企業的產品市場、財務，及行政策略相符。

第二、步驟(7)～(11)是在衡量能量配合與目標配合。前者是在看專案計畫是否與企業能量相符，後者是看專案計畫是否與企業目標相符。同時步驟(7)也是在看當專案計畫成功之後，在市場上是否具有完全的競爭能力。

第三、步驟(13)～(17)是在當專案計畫非常有前途或是需要與企業策略分離，或是需要企業重大的資源協助及風險負擔時，對這專案計畫做一完整的評價。

組合分析並不是用來取代前面的幾種方法，而只是一個整合的分析架構。因此可以在步驟(1)～(10)用檢查表，步驟(11)用指數法，而步驟(12)用數量規劃方法去分析。

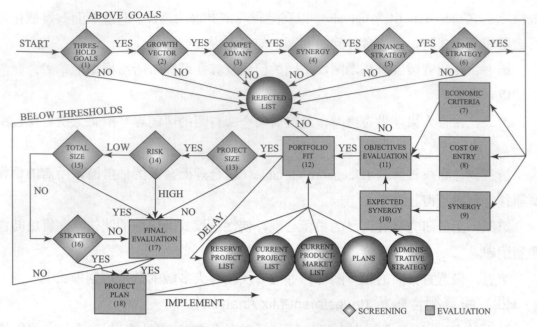

圖 6–3　投資組合分析流程

第三節　研究發展的組織 (Research and Development Organization)

一、影響公司研究發展組織之因素

　　沒有一種研究發展研究發展部門的組織型態可適用於所有的公司，因為組織的結構必需視其本身的能力，以及公司的目標需求而定。表 6–3 中所列的是影響研究發展部門組織的一些因素，當一個公司在其生命週期上的地位改變，或是影響到組織的因素改變時，其組織結構就需隨之改變。

　　我們也應瞭解一個公司可能會在同時存在著數種不同的研究發展組織結構。例如一個公司採取分權或集權式管理就可能有不同之組織結構。它可能按區域 (Area)，也可能是按顧客、產品或製程來劃分組織結構。但無論如何，其劃分的方法都應由管理階層體認公司的需要而建立，換言之，不論是那一種類型的組織結構，都應以有效地達成公司目標為最大使命。

表 6-3　影響公司研究發展組織之因素

一、有關企業目標之因素	二、有關經營成果之因素	三、有關生產資源之因素	四、有關市場行銷之因素
1. 產業	1. 銷售金額	1. 人力	1. 技術
2. 大小	2. 利潤	2. 設備	2. 時間
3. 印象	3. 投資報酬	3. 原料	3. 銷售通路
4. 獲利能力	4. 銷售報酬	4. 動力	4. 競爭者的能力
5. 公共服務	5. 資金成本	5. 專利權	5. 季節及週期性的影響
	6. 投資機會		6. 現在及潛在的市場
	7. 新研究的獲利期望		7. 產品特性
			8. 顧客
			9. 人員

二、三種研究發展組織圖 (Three Types of R&D Organization)

在一個集權 (Centralization) 組織的研究發展部門，公司將其所有的研究發展設備與人力集中在一個地點，換言之，除了在公司總部所設定的中央研究實驗院 (Central Research Laboratory or Central Research Institute) 外，其他分支機構皆沒有研究發展的活動，見圖 6-4。

圖 6-4　集權式的中央研究實驗院組織

在分權 (Decentralization) 組織的研究發展部門，就可能有數個研究發展的研究中心 (Research Center)，分處於分支機構，見圖 6-5。

　　另外如圖 6-6 所顯示的則是一種中央集權及地方分權混合的組織型態。在主管生產的副總裁之下，各分支機構有其研究中心，同時在公司總部還有一個獨立的中央研究實驗院單位，由一位研究發展副總裁負責。這種混合型的另一變化是各部門的實驗室都歸各部門的主管負責，而各部門主管則直接對總裁負責。

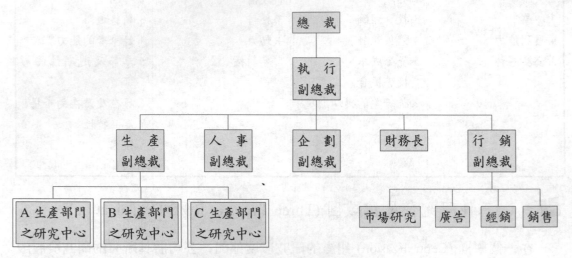

圖 6-5　分權式的研究中心組織

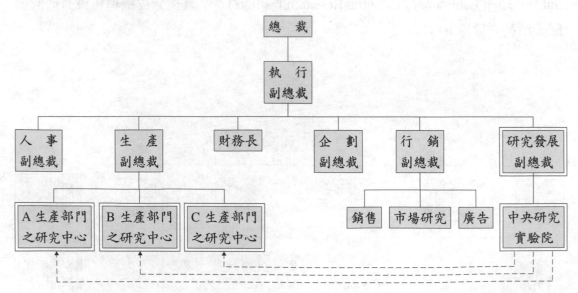

圖 6-6　混合型的中央研究實驗院及研究中心組織

三、矩陣式之組織結構 (Matrix-Typed Organization within R&D Department)

　　以上所舉的是在整個公司的組織內，研究發展部門的地位，當整個研究發展部門與公司內其他部門間的關係確定下來時，研究發展本身的組織結構也必需決定。

　　研究發展部門內部組織的結構通常可分為功能性 (Functional) 的及專案性 (Project) 的結構兩種。功能性的組織是由專攻某一特殊學科領域內的專門人才組成一個次級單位，如微波組、分光鏡組等。

　　但一般而言，當公司的研究專案計畫需要某種特別知識時，那方面的專家就被召去解決這項問題。因此一位專家在本質上，同時有兩位上司，即是他所在功能單位的上司及專案的主持人。圖 6-7 中的研究室 (Research Room) 組織圖就是這類組織中典型的一種，此種組織型態從外面看來，有「行」(即 A、B、C、D 組)，有「列」(即甲、乙、丙、丁專案)，所以稱為「行列式」或「矩陣式」(Matrix) 組織。

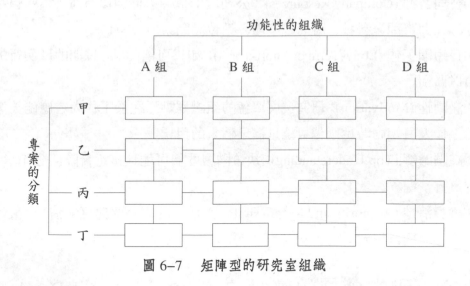

圖 6-7　矩陣型的研究室組織

　　如果研究發展部門是按照專案作為工作的劃分時，則各功能專長組的研究人員自始就按專案計畫的需要，配屬到各專案小組，所以他只有一位上司，那就是專案計畫的負責人。

　　上述純功能式及純專案性的兩種基本組織結構，各有其優點及缺點，所以在實務上，則往往是使用這兩種組織的折衷型態，即矩陣式組織型態以減少其各自的缺點。

在這幾種組織型態中,經理人員所注意的只是到底那一種型態適合他的部門,以及有什麼標準可以用來幫助他做成最佳的決定。

■ 四、內部設計之考慮因素

下面的幾項考慮因素,可以供研究發展部門的主管人員,用來設計他所需要的內部組織及權責劃分:

(1)企業目標 (Company Objectives):研究發展部門內的組織結構,應該從企業的整體目標推衍而來,也就是組織結構之安排,能有效地發揮研究發展部門的功能,以達成企業的整體目標。

(2)獨立性 (Independence from Other Functions):如果需要部門間的合作,研究發展部門在組織內則應該處於與其他部門平行的獨立地位。

(3)規模及地域 (Size and Areas):公司的規模大小及其地域分布的情形也必需同時加以考慮。

(4)公司資源 (Company Resources):公司內的資源必需加以考慮,這些包括了資金來源、人力資源、科技、時間、市場、地位等因素。

(5)長短期工作 (Long-Term or Short-Term):如果可能的話,長期的及例行的責任必需加以區別。

(6)激勵性 (Motivation):研究發展單位的組織要點乃在於工作內容應能夠激勵單位內的工作人員,同時也應儘可能地滿足個人的目標。

(7)高階瞭解 (Top Understanding):決策階層要儘可能地接近實際研發作業人員,以瞭解真實情況。

(8)權責清楚 (Authority and Responsibility):權責的劃分要儘可能清楚,最好每位人員在同一時間,只向一位上司負責。

第四節　研究發展的經費預算 (Research and Development Budgeting)

研究發展活動之年度經費預算,是企業經營重要而困難的計劃之一。但是今天一般企業所使用的研究發展預算方法卻是相當地草率、主觀,其原因大約如下:

(1)專案計畫具有相當大的不穩定性。

(2)缺乏適當的情報資料將研究發展費用與收益連結在一起比較。

⑶研究發展計劃與預算程序之複雜性甚高。

■ 一、傳統預算法 (Traditional Budgeting)

在許多企業裡，研究發展專案計畫的預算常依企業過去的經驗，設立研究發展費用對銷售額的比率 (R&D/Sales Ratio)。如果沒有歷史資料，則以同業或競爭者的比例作為決定標準。在計算明年的預算時，就用明年預計的銷售額乘上各種研究發展費用比率求出金額。

當然，上述的預算，亦可考慮下列的因素而加以調整：

第一、企業整體成長策略 (Growth Strategy)：如果企業策略是產品多元化，則較大比率的收入應投入攻擊性的研究發展中。如果策略是在降低成本，或改進產品品質，則防禦性的研究發展應加強。

第二、與競爭者一爭長短 (Competition Strategy)：如果研究發展的目標，是要趕過成功的競爭廠，則全部的研究發展預算都應予大幅增加。如果公司策略是要做一個市場跟隨者 (Market Follower)，而不是領導者 (Market Leader)，則其研究發展預算可維持著較低水準。

第三、科技發展趨勢 (Science-Technology Trends)：預算同時會受到個別產品市場上科技趨勢的影響，如果企業的傳統地位受到新科技的威脅時，則防禦性的研究發展預算就得加重。

儘管有上述的修正，但是這種傳統預算方法仍存有一個基本的缺陷，那就是研究發展預算額是根據預計明年的銷售額而定，但事實上研究發展成果通常都在 3 ～ 10 年之後才會顯現出來，因此在實際作業上，仍極需要一項較為精細而合理的方法，來連接研究發展的費用與其未來的全部收益。

■ 二、新預算分析法 (New Budgeting)

下面是另一種未來預算分析方法，可供參考：

⑴將企業的長期銷售預測 (Long-Term Sales Forecasts) 分列到各策略性的項目內，如分散化、新產品、新市場、及現有市場等策略。

⑵建立主產品的生命週期剖面 (Product-Life-Cycle Profile)。追蹤研究發展由創始時期的負現金流量 (Negative Cash Flow)，到成功後的正現金流量 (Positive Cash Flow) 之間的歷史過程。

⑶將每一剖面應用到每一策略性項目上，計算現在及未來的研究發展預算。

這種較為精密的預算方法實際上是比較理論化。雖然其分析架構並不困難，但由於設立剖面的可靠資料極為缺乏，因此在實際使用上頗為困難。想要改進其 R&D 預算制度的公司，必需先要著手修訂其歷史資料，以求得較正確的數據。

三、研究發展預算的結構內容 (Contents of R&D Budget)

設立整體研究發展經費預算時，首先必須配合企業的產品市場策略。至於預算的實際應用，則通常是在組織結構下將其按各專案計畫分配，其組織結構一般雖可分為「基本研究」、「應用研究」及「工程發展」等部分，但在行政作業上，研究發展部門通常只分為「發展」及「研究」二部分。在大一點的企業中，這些分部，可以再依不同產品或市場所需的不同專業科技再細分下去。因此整個研究發展預算必需從策略性的計劃，重新按照行政管理的層面加以組織分配。

通常研究發展預算編製所使用的程序與做企業整體策略性計劃相同，除了上述所提供調整用的考慮因素外，下面是應加以考慮的幾個細部因素：

第一、考慮企業需要的相對緊急程度 (Relative Emergency)。如果短期的收入急需提高，則產品發展之研究就應給予相對的重視。

第二、考慮企業負擔基本及應用研究的能力 (Ability to Carry-Out Basic-Applied Researches)。此與第二節做「自作或外買」(Self-Make or Out-Buy) 決策時所應考慮的因素相同。

第三、考慮研究發展的深度是否適合企業的規模大小 (Business Scale)。小企業通常是偏好產品發展之研究，而不欲進行其他基本及應用研究活動。

在研究發展之計劃預算時，有另一個層面必需加以考慮，即在研究專案構想之發起、內容規劃、評估和實施上的費用分配與其他機能別之活動不同，就其他的企業機能而言，新專案計畫的發起通常是經理人員所負責，而執行則由其下屬去負責。但是在研究發展中，新專案計畫的發起則是每一個人的責任，而且「新」想法也比在其他機能中更為重要。

同樣地，研究發展專案計畫的評估及規劃也需要花費更多的時間及力量，因此通常在做預算時，都希望能將經費預算按專案的發起 (Initiation)、探索 (Exploration)、規劃 (Planning)、評估 (Evaluation) 和實施 (Implementation) 分別設定。

因此研究發展預算之編訂就如圖 6–8 所顯示的，是一個三層面的結構圖，其中第一個層面是按產品市場策略來分；第二個是按研究發展活動來分；第三個是按專案的實施步驟來分。

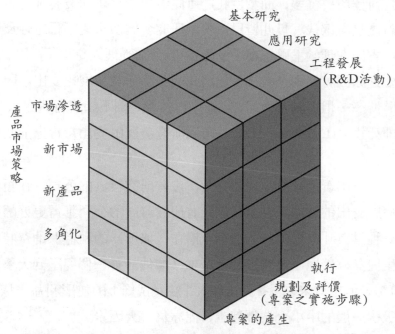

圖 6-8　研究發展預算編訂之結構內容

▣ 四、研究發展預算與其他預算的聯結 (Connection of R&D Budget with Other Budgets)

研究發展專案計畫的成本只是在該專案開始賺錢之前，一連串「負」現金流量中的一部分。其他如工程模型轉換成製造模型，工具、固定器等之設計及購買，配銷管道的設立及產品引入市場等等所需成本，都要花費不貲。換言之，一塊錢的研究發展費用，可能在其產生收益之前，另外還要投入數塊錢的花費。另外對未來盈利或損失的預測，也應該加以考慮，因為加速研究發展的活動，會加強企業未來長期的獲利能力，但也會對短期的盈利發生極大的壓力。

▣ 五、研究發展的經費管理

（一）研究發展經費支出的特性 (Characteristics of R&D Expenditures)

研究發展支出與企業他種支出的最大不同點有二：

⑴高度的風險性 (High Risk)；⑵成本與收益間存在有「時間的遲延」(Time Lag)，略加說明如下。

研究發展專案的支出，其成功機率難卜（可能只有 5 ～ 10%），極可能耗資不貲，

而一無所得；可能所費戔戔，而蒙巨利；可能經年累月，研究有成之新產品，不瞬間即為另一新產品所取代。凡此皆足以表示研究發展成果之不穩定性及風險性。

研究發展支出在理論上雖應屬「投資」，但企業經理人每以「費用」視之，風險大乃其最主要之原因。然則企業卻不能因此而免除研究發展之支出，因「研究發展無疑是一種賭博……但與其不做研究，而坐以待斃，倒不如進行研究以力謀生路。」「不創新，即死亡」(Innovate or Die)。所以研究發展的支出每每處於此種矛盾之決策心理狀況下。

研究發展之支出鮮能有立竿見影之效，沒有研究發展的公司，在短期內，並無異於有研究發展支出的公司，甚至可以比有研究發展的公司獲得更好的盈餘。故研究發展乃是一種具有「有形的成本」但「潛在（無形）的利益」的奇特活動，正如母親懷孕、生兒女、養兒子是有形的大成本（據估計養一個兒子到大學畢業要花一千二百萬 NT$），但也有未來「養兒成龍」、「養女成鳳」的無形利益一樣。研究發展之所以不能吸引一般的中小企業經營者，此亦為一大因素。

（二）研究發展經費總額的編訂方式 (Practical R&D Budgeting Methods)

編訂研究發展預算總額，必需從五個層面來考慮：

第一、由技術觀點衡量所需之研究發展經費。

第二、由財務觀點衡量公司能調度若干經費供研究發展之用。

第三、由人事觀點衡量若干經費可以維繫研究發展部門之人事穩定。

第四、由高階層主管觀點衡量，完成公司既定目標所需之研究發展工作量及其經費。

第五、所有的衡量，均應顧及短期與長期的因素。

雖然對研究發展經費多寡之編訂並無一定之規則，但如下列數種方法是較為常見的研究發展經費編訂方式：

⑴從總營業額中提出定額百分比。(Percentage of Total Sales)

⑵從淨利中提出定額百分比。(Percentage of New Profit)

⑶與競爭者亦步亦趨。(Parity with Competitors)

⑷依本行業各廠家之一般平均金額為之。(Industrial Averages)

⑸求出公司以往每年之研究發展平均支出金額，再乘上公司的內部成長率，作為本年度之研究發展經費。(Past Average × Future Growth Rate)

⑹算出必需完成之特定專案 (Special Project-Type) 的年度預算後，再乘以某一百分率，作為其他「專案性」(Other Project-Type) 研究工作之經費。

(7)在公司財力可以負擔之情況下，由研究發展部門人員實報實銷 (Free to Spend)。

第五節　研究發展人員的領導與激勵 (Leadership and Motivation of R&D People)

■ 一、研究發展人員的領導 (Leadership for R&D Creative People)

「領導部屬」意思就是領導者親身地、且積極地與部屬共事，以指揮和激勵部屬的行為，使其能符合工作目標和職務的要求；並瞭解部屬的感受和部屬在執行計畫時所面臨的困難。

根據實地的訪問，臺灣大型企業對研究發展從業人員的領導方式並無異於其他機能部門。一般而言，多偏向於家長型獨裁式領導 (Autocratic Leadership)，換言之，研究發展人員在訂定計畫預算時，其參與程度不高。

比較而言，研究發展人員必需具備比他人更高的創造力 (Creative Power)，而具有創造力的人在人格上有如下的特性：

(1)有創造力的人往往累積大量表面上看來似乎不相關的觀念，但卻能將這些觀念做有意義的組合，提供給這個世界一項新的理念。(Integration)

(2)有創造力的人都能善用為後知後覺者棄如土芥的觀念或實物。(Utilization)

(3)有創造力的人似乎較積極，好幻想。即使在本質上，他們的想法是理性的、合邏輯的，但讓別人看起來往往會變成近乎荒謬。(Pioneership)

(4)有創造力的人較具想像力，而且常會以與傳統不同的方式來思考。(Creativity)

(5)有創造力的人對事物的看法比較直覺 (Intuitive) 及比較深入 (In-Depth)，並傾向於對現有事實，建立另一種新的解釋模式。(New Concepts)

(6)有創造力的人帶有比較濃厚的「四海為家」(Broad-Minded) 的思想，比較重視「職業體認」(Professional Recognition)，而不太理會誰雇用他們。

作為一個研究發展部門的領導者，必須瞭解上述從事創造性工作人員之人格特性，以及他們異於其他部門人員之處，才能善加指導，激發屬員之潛力。

儘管懷特 (Ralph White) 與李匹特 (Ronald Lippitt) 曾對領導的三種作風：獨裁式領導 (Autocratic Leadeship)、民主式領導 (Democratic Leadership)、放任式領導 (Laissez-faire Leadership)，做過試驗，發現民主式的領導成效最佳，而獨裁式與放任式均

有流弊。然而在從事研究發展部門的領導時，史天納 (George A. Steiner) 卻仍主張在基本研究階段時，管理者應採用比較放任式的領導，而當研究的進度逐漸到達發展模型試驗與生產階段時，則程序性的管制力量亦須逐漸加強。

在研究發展部門的領導及考核上，目標管理被證明是一種有效的方法。一個研究發展專案計畫首先必須闡明公司的總體目標，戰略與政策，作為研究發展部門努力的標竿。目標必須明確，也需要妥善地轉換成工作任務項目，再賦予所須之人力、物力、財力等資源之使用權力。避免繁雜手續性之層層呈核及批示。一個沒有特定範圍的目標，往往會使部屬不知所從，而將其忽視。

二、研究發展人員的激勵 (Motivation for R&D Creative People)

激勵 (Motivation) 是針對人性的慾望，給予適當的滿足，用以產生較高的士氣與生產力，達成組織既定目標之各種措施。

激勵的功效，可用下式來說明：

$$員工績效 (Performance) = 員工能力 (Ability) \times 激勵 (Motivation) 力量$$

從公式裡我們可以看出，缺乏激勵，工作績效將會低落。傑力斯尼克 (Zeleznik) 等所做的一個研究，發現較低的激勵，使得整個研究工作生產力之分配曲線，向左移動而形狀不變。

激勵的方式可分為金錢的「物質獎勵」(Material Reward)，與非金錢的「精神獎勵」(Spiritual Reward) 兩種。科學管理時代，泰勒、甘特、艾默生 (Harrington Emerson)、巴都 (Bedaux) 等人設立的獎工制以及一般常見的分紅、津貼等制度都是屬於前者。而非金錢的獎勵則有升級、榮譽、社會地位、進修發展、職業保障等。

研究人員與生產或行銷人員不同，是屬於隱居於實驗室工作的默默工作者，與多彩多姿的外界接觸較少，無法獲得工作外之滿足 (Off-Job Satisfaction)，所以特別需要有力之激勵措施，以維持高度持續之工作士氣。

第六節　研究發展的聯繫與控制 (Coordination and Control for R&D People)

現代的企業為了要應付競爭，研究工作的方向不但要改進現有的產品，還要發展新的產品。同時單人式的研究方式 (Individual Research) 已經落伍，被團隊式研究 (Team Research) 所替代。「發明」及「創新」成為一種在大研究室中，由許多從事科學研究者，集思廣益，合作產生的結晶。

愈來愈多的公司，將研究的管理部門現代化，經理人員利用預算控制 (Budgetary Control) 及目標管理來達成研究發展專案的利潤目標，同時也大力設法激發研究人員的自由思考及創造能力。

研究工作不但必需與市場行銷、生產及採購等活動有效地聯結起來，同時具有各項專長的科學家及工程師們在一個研究中心或部門內，也應有效地協調合作，並且應用產品發展、研究行政助理、價值分析及信賴性工程等新的功能人員 (New Functional Staff)，以消除發展、生產及銷售專家們間的差距。

一、研究管理之現代化

（一）研究中心與其他部門間力量的統合 (Integration of Research Centers with Other Departments)

各部門所指導的研究工作，如果發生重複，會導致時間及金錢的浪費。同時如果各部門無法迅速瞭解研究中心的某項研究成果，則時間的延遲可能造成公司競爭力的喪失。如果在大型的公司內，其成長途徑包括收購一些本身擁有研究部門的公司時，則研究力量的統合益形重要。在採事業部制度 (Product-Division System) 企業中，也是需要制訂特別的作業程序，以避免研究發展時間及金錢的重複浪費。以下兩點特須注意：

第一、必須事先確定負責整個企業研究工作協調的主管在企業內的地位 (Company Role of R&D Coordinator)。在許多公司內他可能只是扮演一名顧問的角色，不做協調仲裁工作。在許多公司內，他可以扮演有力的仲裁者，避免企業內部研究工作的重複。

第二、迅速評估研究中心研究成果的市場可行性及儘快導入市場。(Market Introduction for Research Results)

（二）所有有關機能部門力量的統合 (All Departmental Integration)

要使公司新產品能夠獲利，研究部門發展出來的新產品，必須讓生產部門能夠以合理的成本生產出來，而且行銷部門也能在合理價格之下售出足夠的數量，賺取合理的報酬。為達成這個目的，研究人員在從事研究時，必須瞭解其他部門所面對的問題。

1. 研究與行銷人員間的溝通 (Communication between R&D People and Marketing Men)

對這兩種機能的人員都應鼓勵提供意見，共同改進現有的產品，或發展新的產品，同時更應該設法增加相互間的瞭解，以避免本位主義陷入「為研究而研究」之牛角尖。

當市場行銷人員經由適當的管道提出發展新產品或改良現有產品之建議後，研究人員也應該收到一份列明建議中有關之技術性目標的備忘錄，以利著手研究細節。

2. 研究與生產人員間的溝通 (Communication between R&D People and Production Men)

由於工作環境使然，研究人員往往難以瞭解生產人員的問題。

如果新產品還有需要改進的問題，一直拖到開始正式生產時才被發現，則將造成時間和金錢的無謂損失。為防止此現象之發生，有一種改進的方法，就是在生產單位也設置一個研究發展的部門，以接受由研究中心移轉過來的新產品。在一般移轉期間內，有兩組人員在一起工作，由比較熟悉生產狀況的工程師提供建議給研究人員，由研究人員做必要之改進，如此則可避免正式生產時之停工現象。

另一個被認為有效的方法，是在研究中心設置試製工廠 (Pilot-Run Plant)，若有需要修正，就由研究人員就近為之，直到試製完全成功，才正式移轉給生產工廠。這種試製設備的成本是有形的，而為生產階段所節省的成本及時間卻往往是無形的，所以常有人不能接受此種方法。

但經驗顯示，使用試製工廠的公司，往往能節省許多時間，而加速整個研究工作的進度，而且也可促使科學家們逐漸地瞭解生產問題，並且能利用這些設備，對個別的問題很快地提出解答，而在試製工廠執行作業的維護、品管、及機械人員，也可經由個人接觸，提供建議給研究人員，對日後將新產品移交給生產單位的說明，會更為有效。

3. 會議的利用 (Use of Meetings)

如果在研究主管、銷售經理、生產經理及財務主管間的定期會議上能夠彼此充

分交換意見，則對各部門之瞭解將有甚大助益。此外，也應鼓勵科學家及工程師在發現問題時，召集會議，以求得最佳的解決方案，例如在研究人員、成本估計人員及行銷人員出席的會議上，才能徹底地評估改進產品的建議，因為任何改進皆會同時增加成本及提高售價，成本與效益必須深入研討方能做最佳之決定。

（三）科學家與工程師間力量的統合 (Integration of Scientists and Engineers)

近年來一般機構都逐漸體認到，就算是基本研究也應該設法排定時間表 (Scheduling)，這不但是因為研究工作的時間進度會影響到市場及財務狀況，同時也因為近年來科技的進步太快，對進度的控制不嚴，很可能就會使研究喪失時效。

目前的研究發展工作都是由專家們群策群力，通力合作在進行，如果他們的活動未設定時間表 (Schedule)，則任何個人的遲延，將使整個研究工作步調不一，造成浪費與低效率，故參與研究工作的人數愈多，其內部聯繫、控制即愈有必要。

欲在研究工作上成功地使用時間表的管制，必需讓工作人員先對這種制度的精神有所瞭解，研究發展的時間表管制法與生產管理或運輸上的用法並不相同。

所以管理人員必需仔細地向科學家及工程師們說明時間表並非是一項責任承諾，而且完全依時間表進行，也只是一個次要的目標，最重要的目標仍還是要達到技術上的創新成功。(Technological innovation is the goal; Scheduling hitting is not the goal)

同時研究人員也必需瞭解他們的責任，是在不影響到其技術成果的情況下，按照時間表去進行。如果發現自己以前接受的時間表，不能按時達成的話，一定要在時限到達之前儘速地報告。

時間表的時間應以週為單位 (Week as Unit)，用 1 到 52 代表全年的每個星期，這樣可以使科學家們享受到必需的彈性，當他們同意在三星期之內完成，而在第 17 週開始時，不管是在第 20 週的星期一或星期五完成都算是按照進度達成。有時某些研究只需要半天的工作量，因此就必需在備忘錄上特別註明，應於第 35 週星期三下午三點前完成等字樣，但這只是一些特殊的情況而非通則。

另外「計畫評核術」的使用，能使人對一個複雜的專案計畫有全盤的瞭解，如圖 6-9 所顯示的關鍵要徑路線 (Critical Path) 可以很容易地看出來（用虛線表示之路線 ABEFH，共要 19 單位時間）。

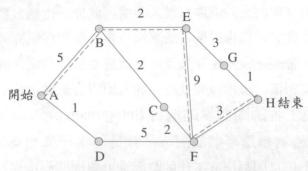

圖 6-9　計畫評核術 (PERT) 網狀圖

另外一種時間表為甘特圖 (Gantt Chart)，配合機能的分工，亦為一種有用的方法。它給與參與工作的人員更大的行動自由，說明每個人員的地位與其他人員的關係，而不影響研究中心的整個組織結構。利用表 6-4 專案計畫的負責人，必需列出每位科學家或工作部門逐步的工作狀況。科學家或部門負責人員的名字皆需列出，同時其工作所排定的開始及完成時間也要列在表格中。但在列出之前，要獲得這些人的同意，如果他們不接受，則需說明理由。專案計畫的負責人並不需要堅持自己的看法,因為他的唯一職責只是在向上級報告與其他專案間的衝突及外來援助而已。

在專案負責人完成時間計畫表後，每位參與的人員都應該收到一份副本，這樣可以增進工作人員的責任感。他們可以清楚地看出，如果他們負責的那一部分工作發生遲延時，會如何地影響到其他人的工作，因此他們會在發生遲延之前儘速地向負責人報告，而不會在發生遲延後，才去解釋理由。

另者，時間表的分送也是個人承諾的一項紀錄，使得每個人都可以很快而清楚地解釋，為何因目前的專案計畫而不能接受新的專案計畫，同時也可以用來提醒此專案計畫可能有的閒置時間。

表 6-4　甘特圖

頁數：＿＿＿＿ 之 ＿＿＿＿

工作編號：＿＿＿＿＿　　　　　　　　　　　　　　　　　日期：＿＿＿＿＿＿

專案負責人：＿＿＿＿　專案參與人：＿＿＿＿　　　　　　修訂日期：＿＿＿＿＿

工作步驟編號	工作說明	工作負責人	時間（週）								

「計畫評核術」(PERT) 與「甘特圖」間並沒有衝突存在。PERT 網路可提供一個全面的狀況及關鍵要徑 (Total Picture and Critical Path)，尤其在牽涉到數以百個的複雜活動時，是非常重要的工具。在這種情形下，時間表的排定必須從 PERT 開始，至於每個人對研究工作的責任，可以逐步地在分析網路中的每個事件 (Event)，予以確定，然後再利用「甘特圖」排定明確起始與結束時間表。

如果專案計畫的活動並不太複雜時，則可直接應用「甘特圖」，不必畫出 PERT。

（四）新功能人員的增加 (New Functional Staff)

專家間的有效連繫，固然是統合力量的首要條件，但是由於分工的日益精細，在研究發展的管理方面，常引用一些新的機能，如研究行政助理、新產品發展、價值分析、信賴性工程等人員。

1. 研究行政助理 (Research Administrative Assistants)

研究行政助理是在協助研究主管人員編列預算，進行成本分析，處理新專案計畫的申請及印刷研究報告。這項新機能也可作為研究部門與其他機能部門間的連繫工具。

如果使用 PERT 的話，研究行政助理還要收集所需的情報，準備網路圖及在必要時修訂它們。

一些公司的經驗顯示，這項新增機能可以節省研究負責人許多時間，減少工作的重複，及避免在研究工作完成之後才發現專利權問題的困擾。研究行政助理不但搜集與研究工作有關的內部機密情報，同時也負責閱讀及分類最近與公司利益有關的資料。在某一特殊領域內，工作的科學家也可以要求他們提供一系列有關的書報雜誌及研究報告。這樣科學家們就不必自己去挑選，同時也可避免漏看必須看的情報。

2. 新產品發展人員 (New Product Development Staff)

這項新機能是在取代現有市場分析的工作，而去評估一個新產品的未來潛在市場。這項市場分析的工作，不宜由那些只關心現有產品的人去負責進行。

新產品發展人員同時也應負責新產品模型的製造、試銷、及未來研究工作的方向的確定。

3. 價值分析人員 (Value Analysis Staff)

價值分析 (Value Analysis) 是用來降低生產新產品的各種材料、設備等成本。為了避免浪費金錢，只要能夠達成技術上的要求，新產品的零件應該盡量地予以標準化，使與以前產品的零件相同。同時材料的選擇也應儘可能地便宜。雖然研究人員

仍保留最終抉擇的權力，但他們仍需要價值分析人員的協助，因研究人員不可能花費太多的時間去搜集諸如零件價格等的情報。

4.信賴性工程人員 (Reliability Engineering Advisors)

信賴性工程 (Reliability Engineering) 是在整個生產開始之前調查整個研究工作，以決定這個設計失敗的可能性，並將失敗機率與失敗的後果連接起來計算，以決定應採何種防禦措施。信賴性工程人員並不干涉研究的工作，而只是以顧問的地位提供協助給科學家們。

■ 二、會計控制之修正 (Accounting Control)

（一）將金錢的花費與科技進度連接起來

企劃檢討長辦公室 (Planning-Control Officer Office) 應該準備一份載有每項專案計畫、每期及自開始到現在累積費用的定期報告。(Periodic accounting reports on all projects costs, monthly costs, and accumulated costs)

將這份費用報告與技術上的進度連接在一起時，需將排有時間表及未排時間表的專案計畫分開。

排有時間表的專案，研究主管及企畫考核長（簡稱企核長）就可以利用甘特表畫出如圖 6-10 的比較圖來。當研究人員指出，工作進度是在那一階段時，預算中的費用就可以算出，以與實際上的支出比較。

對於未排定時間表的專案，將技術上的進度與費用預算的花費情形連接起來，就沒有多大的意義。

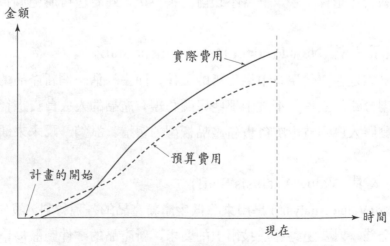

圖 6-10　實際費用支出與預算中工作表現圖

「逐步預算」(Step-Wise Budgeting) 是一種能減少不確定性風險的有效方法，其法是在原始的專案計畫申請時，除了要說明長期的目標外，還要說明最近的目標。當最近的目標在預算範圍內達成時，或是分配到這項專案的錢，在目標未達到前已被用完時，批准這項專案計畫負責人，就應重新檢討這個情況，以便做改進之決定。

當一個開始時無法排定時間表的專案計畫，在完成逐步預算時，產生近程目標，而能訂定時間表，則管理者應立刻將此計畫訂定一個時間表，以利事後檢討控制之用。

（二）調整一般會計程序 (Adjustment of General Accounting Procedures)

過分嚴格的會計程序，將會使有才能的科學家們不願與財務會計人員合作，所以研究發展會計程序應做必要之調整，以減少無生產力之手續性管理。

1. 時間記錄的作法 (Time-Spend Recording)

雖然要求研究人員記錄他們花在某項專案計畫的時間、出差或開會的時間、請假或生病的時間，在管理上有其必要性，但卻不應該要求詳細記錄他每小時工作時間是如何配置，同時也不應該阻止他們記錄下在週末或晚上為了某項專案計畫所多花費的時間。

若能印發一份各部門每週的薪資小時表，當可同時滿足彈性及有效管理的需求，雖然此種作法無法求得百分之百的準確性，但是卻能比較出差異太大的部門，促使其主管加以注意改進。

2. 經常費分配的作法 (Expenses Allocation)

對於科學家們在本質上無法控制的經常費用，沒有必要拿來與預算相比較，也沒有必要拿給科學家們看，若這樣做，只有徒然增加他們的困擾而已。最好的方法，是為科學家準備一份財務報告，上面僅載明科學家所能控制的費用，以及其與預算中這類費用的比較即可。

3. 實際薪資的使用 (Real Salary Accounts)

科學家、工程師及技術人員間的薪資本來相差極大，如果為了簡化作業，而在預算或控制時使用平均的薪資來計算，就會導致錯誤的結論。管理人員可能會發現雖然在會計上來說，預算的費用尚未超過，但事實上的支出卻已超過了預算，所以研究發展人事費用必須依實際情況，多列一些詳細科目，不可含糊列為一個科目。

4. 資本支出 (Capital Expenditures)

科學家們無法為長遠未來測試或模型製造所需的設備，預先列出詳細規格，但這類設備的購買也不能拖延到真正要用時才買，所以一般可行的方式是要求董事會

授權給不同的管理階層，允許他們在一定限額之內有權購買這些設備，不必再臨時呈報，經過煩雜的會計批准手續。

（三）需要長期及定期檢討 (Long-Term and Periodic Reviews)

由於達成某項目標的研究工作，通常都會持續一年以上，因此會計記錄程序也必需調整，才能正確地反映出實際上的收支情形，而負責做決策的人，也會因此而受到砥礪，同時，過去的錯誤，也可以在這裡加以分析，避免以後重蹈覆轍。

三、研究發展功能的有效控制 (Effective Control of R&D Function)

在研究發展管理上最重要的一點就是有效的控制。研究發展的經理人員，在決定他現在的工作內容以及未來的努力方向時，還需要衡量各研究單位的工作表現。(Performance Appraisal)

在控制 R&D 功能時，一項極有價值的工具就是比率分析 (Ratio Analysis)。這個方法是利用比率測定數個變數，以所得比率值與在同一時間內，其他研究單位的比率值相比較。將這種比率的變化，與研究發展工作表現的變動，連結起來，如時間表、人員組織、研究範圍或成果的變動，則研究發展經理人員，對所有研究發展活動的效果，可以得到一個有效的預測。另外，與同等的研究發展單位比較時，經理人員亦可以按其特徵，如公司規模大小等做必要之修正，使其比較結果更具意義。

比率分析幾乎可以應用到研究發展功能的每一種控制活動上，下面是一些例子：

⑴銷售量／研究發展雇員的數目。

⑵銷售量／研究發展管理人員的數目。

⑶銷售量／研究發展技術人員的數目。

⑷研究發展技術人員的數目／研究發展科學家及工程師的數目。

⑸研究發展全部人員的數目／研究發展管理人員的數目。

⑹離開研究發展組織的科學家與工程師人數／研究發展部門的全部人數。

⑺因缺席而損失的工作天數／全部工作天數。

⑻研究發展業務成本／工程師與科學家的人數。

⑼研究發展薪資／全部研究發展的預算。

⑽研究發展預算數／公司銷售量。

在同業間比較這些控制比率時，必需考慮不同組織的特性及經營理念，具有較高的（研究發展人員數／銷售量）比率，並不一定表示其效率較低，因這家公司可能比較不重視自己的發明，但卻經由購買技術的方法來維持科技創新上的發展。

只要使用者具有豐富的想像力，比率分析仍是一項極有價值的控制工具。利用這項工具，研究發展的經理人員可以明白自己的優、缺點，並可決定往後需要採取什麼樣的行動，以提高自己單位的效率，並獲得更佳的研究發展成果。

除了這些優點之外，比率分析也可以供擁有數個研究發展單位的公司，做內部的效率比較之用。最後比率分析可供研究發展的經理人員建立一套統一的預算控制及報告系統。

四、研究發展的協調溝通 (Coordination and Communication of R&D Activities)

組織為一有機體，能生存及成長。它是由二個因素所構成，一為工作群體單位 (Work Groups)，在每一工作群體單位中，有它所需要做的工作，和所指派的工作人員。二為工作群體單位之間的相互關係 (Relations among Work Groups)。如果把公司視為一個整體的組織，研究發展部門則為一工作群體單位。此一工作群體單位與其他單位間的關係就要靠協調與溝通 (Coordination and Communication) 來維持。

研究發展部門的內外溝通 (Internal and External Communication of R&D Department)

在錯誤的觀念裡，研究發展部門一向被視為一個獨立甚至是孤立的單位。這種觀念應該修正，根據恆立齊 (John R. Hinrichs) 調查 232 位各階層的研究發展人員，發現他們 60% 的時間是花在意見溝通 (Communication) 之上。

就公司外部而言，研究發展人員應努力收集科學性、技術性之文件資料，並且參加一般專業性研究團體，諸如學術機關、研究中心、顧問公司等有關研究發展的會議、演講、研討會等。一則吸取新知，二則建立公共關係。

就公司內部而言，應該倡導「橫向溝通」(Cross-Wise Communicactions)，也就是水平式的訊息流通管路，省去自下而上，或由上而下的繞圈子的行為。研究發展人員也應主動去瞭解其他部門的需求，因想要研究發展的方案健全可行，對公司內部其他部門及公司外部其他研究機構的有效溝通聯繫實為第一要務。

第七節　研究發展的工作績效評估 (Performance Appraisal of R&D Activities)

世界通用的 R&D 工作績效評估技術尚未建立。事實上，由於研究工作種類和性質的不同，要應用同一種標準來評估也是非常不智之舉。但是一般人雖都承認 R-D 績效評估包含甚大之不確定性，但也要進行數量化的衡量工作，並且應用比較適合個別研究工作的標準，加以評估。

一、研究貢獻的分類 (Classification of R&D Contributions)

在研究發展工作對收益貢獻的產生，可按研究發展的活動分為下列四種：
⑴基本研究。
⑵應用研究。
⑶產品發展。
⑷諮詢顧問。

其工作績效評估的難易程度，就如同其順序一樣，諮詢顧問由於其功用只是在提供他人未知之知識，其價值或影響極難自產品中直接推算出來。

二、研究貢獻的性質 (Nature of R&D Contributions)

由研究得來的貢獻可以分為「技術」(Technological) 及「財務」(Financial) 兩方面。可以用數量衡量的技術上貢獻，有科學及工程上的論文 (Thesis)，在期刊上發表的專業文章 (Articles)，專利的取得及應用 (Patent)，內部的報告 (Reports)，個人或團體因某項特殊成就所獲得的獎勵 (Awards) 等。

史可列 (Shockley) 倡導使用研究報告 (Research Reports or Articles) 作為生產力之指標，也就是研究工作表現的衡量標準。雖然研究報告在近來的基本研究方面，已漸被採用為績效比較的標準，但仍未到被採用為一般性規定的地步。這項衡量績效標準，也可以引申為「申請專利權的多少」。但實際上影響到研究工作表現評估之主要問題，還是在「判斷」上的認定。無論如何，只要大家能夠體認這些技術上的缺點，研究報告及專利申請仍然是有幫助的衡量指標。

如果研究成果對財務上的直接貢獻可以由金錢來衡量的話，就應該將其劃分清楚。如果只能對銷售的增加做一估計的話，也應該將研究單位對產品的銷售能力及

獲利性做一實際的評估。這項估計應該由市場行銷部門的主管來做，同時也應該考慮到最終產品型式及內容有關的所有工作人員之工作績效。

另外，由研究成果所獲得的任何直接收入 (Research Revenue)，都應該當作一項可以數量化的貢獻，這包括：

⑴政府的重要契約預算數。

⑵公司其他部門與外界訂立的契約中，包括有某一研究工作的成果數。

⑶其他部門所要求的研究工作之機會成本。

⑷新發展出來的材料零件或服務的直接銷售額。

⑸專利或工程合約的授權（許可權）收入。

至於對現有或潛在顧客的一些影響，常無法轉換成財務上的貢獻，譬如研究中心或實驗室常被用來作為一個供顧客參觀的地方，因此而增加的銷售收入，實在無法加以計算。至於專業期刊上的研究報告篇數及所獲獎勵，則可以計算，因此仍可作為數量或質量上衡量的指標。

三、研究成本的數量化 (R&D Costs)

下面是數位作者對如何衡量研究發展成本想法的一個綜合結論：

1.研究的全部費用應包括 (All R&D Expenses)

⑴工程師的薪資。

⑵工程經常費。

⑶技師的薪資。

⑷技師的經常費。

⑸草案的費用。

⑹模型工廠的費用。

⑺任何不在工程經常費項下，特殊設備的原始成本。

⑻供專案計畫使用的全部原料費。

⑼諮詢顧問費用。

⑽如化學分析、物理測試、電子測試、公證費等特殊服務支出。

⑾專利權申請的費用。

有些作者還包括了在當期研究發展中被評估為可行，但未被商品化的研究計畫成本在內。

2.在研究發展的成果轉移到生產部門的成本，必需將下列的成本包括在經

常費中 (Transfer to Production Costs)

(1)生產部門的工程成本。

(2)生產部門模型工廠的成本。

(3)生產部門測試及評估的成本。

(4)諮詢顧問費。

(5)新機器及工具的資本支出。

(6)新廠房的資本支出。

(7)土地的資本支出。

(8)倉儲所需廠地的資本支出。

(9)行銷及配銷成本。

(10)廣告及促銷成本。

(11)專利權使用費。

這些成本必需加以記錄並保存，以供前述的數量化評估之用。

四、現金流量分析 (Cash-Flow Analysis)

由於在財務經濟表現上的評估，是評判研究發展活動有效性的標準，因此在分析時，就必需符合企業管理上已建立的型態。在評估公司內部為了增進其獲利能力的行動時，現金流量分析是一項廣為接受的方法，因此現金流量也可以用來評價研究發展的工作表現。

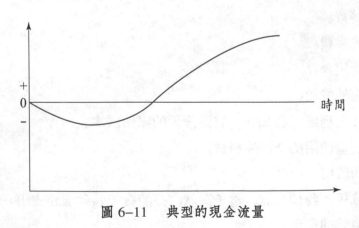

圖 6-11 　典型的現金流量

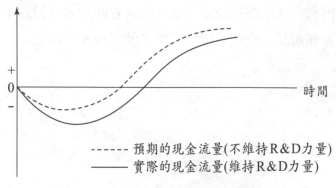

圖6-12 高度科技產品項目的現金流量

圖 6-11 及 6-12 是在說明如何利用現金流量來評估研究發展的工作表現。圖 6-11 是一個典型的情況，其現金流量所代表的收益，符合企業在任一時間內對其資源的使用政策，即現金的支出，在經過一段時間後，由現金及利潤的流入所彌補。要能在高度科技的產品項內，維持競爭力，則好的專案計畫就必需在產品的生命期內，維持足夠的研究發展力量，圖 6-12 就是在說明這種情形。因此不論在什麼情形下，要分析研究發展的工作表現，都必需認明技術上的及市場行銷的生命週期，並且還要檢討企業在這類產品中，維持原來市場地位的能力。

五、研究貢獻的平均獲利生命期估計 (Average Profitable Life of R&D Contributions)

通常一項研究貢獻的平均獲利期是三年。其原因如下：

第一、因降低成本的研究成果只會在引入的第一年對盈餘有所貢獻，競爭者會很快的抄襲，並經由改變原料及設計，降低成本。當然通常此種情況大多發生在此種創新並未牽涉到專利權的問題時，競爭者才敢抄襲。

第二、因產品改進（產品在重量、大小、或功能上的改進）的價值，可以維持三年，或競爭者為達成相同改進，也需花三年的時間來追趕，這樣可以使創新者在盈餘回跌之前，維持一段時間的創新利潤。

第三、雖然一項新產品上市通常可假定具有五至十年的生命，但如果這項產品在工程上的創新，無法獲得有效的專利保護時，如合金鋼等，則其生命就會縮短很多。

上述這三種因素可以譜在現金流量圖上，影響期初投資的負現金流量與研究成功後的正現金流量生命期間的關係。在此類分析中，貢獻生命期的可預測性是最重

要的一點。一般而言，成本降低及產品品質改進方面大多可以按上面所說方式粗略地加以估計，而全新產品、全新技術方面的突破則較難以預測。

第七章　企業研究方法要義
(Essentials of Business Research Methodology)

二十世紀末至二十一世紀初，各國經濟法規鬆綁自由化，企業經營更加全球化，科技創新迅速化，產品生命縮短，所以現代企業經營者面臨的環境不但十分複雜，而且各種因素之間，交互作用，影響更不易捉摸。原有的管理理論及數據固然仍不失其參考的價值，但隨著資訊科技的變化及各種情境因素的差異，過去理論與數據可能無法據以解決很多目前面臨的問題。不適用的理論與數據可以束之高閣，但企業活動卻必須不斷運轉，以求生存及成長！顯然在此兩難情況下，除了研究發展創新 (R&D and Innovation) 修正理論與數據，甚至創造新的理論外，別無他途。

「企業研究」(Business Research) 是尋找情報資訊的科學功夫；是以客觀、邏輯之科學方法，來蒐集資料，來分析資料，來驗證、修正或創新理論與數據的活動。藉著企業研究，吾人可對複雜的企業環境內所存在的相關因果 (Cause-Effect) 關係，獲得較為清晰的情報資訊，以促進認識與瞭解，作為決策之根據 (Information as Basis of Decision-Making)。

第一節　企業研究之性質 (Nature of Business Research)

什麼是企業研究的性質？企業研究屬於應用性的社會科學研究 (Applied Social Research)，是為了解決企業經營上所遇到的問題，所使用的情報資料搜集、分析、研判的科學研究方法與程序，其目的在提供企業管理決策人員解決問題的客觀情報資訊依據 (Objective Information)。為進一步瞭解企業研究的性質，須先對「研究」、「科學」、「社會科學研究」、「應用研究」等名詞的涵義，略加說明。

一、「研究」之涵義 (Meanings of Research)

提到「研究」，很多人會馬上聯想到自然科學家們在實驗室內所進行的「實驗」(Experiments) 工作。其實，「研究」的本質並非如此狹隘，社會科學家們所進行的資料收集及分析工作，也是研究的一種；企業機構內的企劃研究發展人員，為擬定適當可行的績效獎勵辦法所進行的分析，也是一種研究。因為「研究」乃是人類尋求

瞭解問題 (Understanding Problems)，解決問題 (Solving Problems) 的情報資訊蒐集、分析、及結論過程。這些「問題」(Problems) 可能是自然界的現象，也可能是人類社會的現象。常常是當一個問題解決了，另一個問題又伴隨著產生。人類社會這種動態的性質，使得研究行為連續不斷，永無止境。

中文裡「研究」一詞的涵義可從狹義和廣義的角度看:

⑴廣義的研究，相當於英文的 "Study"，即泛指對某種事實現象或問題進行認識、記憶、理解、思考、分析、綜合，然後彙成結論之心智活動，有助於知識的累積 (Knowledge Accumulation)。

⑵狹義的研究，相當於英文的 "Research"，係指以嚴密周到的方法與程序，對某項特定未知之問題進行整體性、系統性的探討 (Exploration)，而獲得正確可靠的結果。所以說 Research 一定是 Study，而 Study 不一定是 Research，學生在圖書館看書寫報告是 Study，但不一定是實地調查分析之 Research。

二、科學之涵義 (Meanings of Science)

科學是泛指人類應付環境、適應環境、改良環境之奮鬥過程中所獲得的知識研究結果。科學具有兩個特性，一是要有系統性 (Systematic) 及組織性 (Organizational)，另一是要有正確性 (Accuracy) 及可驗證性 (Verification)。凡合乎這兩個條件的研究，都可以說是科學的，否則，則不合乎科學。「科學」是人類「知識」的可驗證部分。「宗教」(Religion) 是人類知識的不可驗證部分，但當其被科學方法所驗證了，就變成「科學知識」了。

三、社會科學研究之涵義及步驟 (Meanings and Steps of Social Science Research)

「社會科學研究」(Social Science Research) 是研究社會現象的科學，包括: 歷史學、人類學、經濟學、政治學、社會學、心理學、教育學、各種管理學等等學門 (Discipline) 之學問，各種學問之間，互相交錯，具有無法截然劃分的關係。社會科學研究的一般性步驟為: ⑴選擇研究主題，⑵確定研究目標，⑶提出假設，⑷參考有關文獻，⑸設計研究流程及步驟，⑹搜集資料，⑺分析資料，⑻解釋資料，⑼研究結論及建議，⑽撰寫研究報告。企業研究是社會科學研究的一種，因此，以上的步驟也可以說是企業研究的一般步驟，茲概述如下:

1. 選擇研究主題 (Research Topic)

　　主要問題的確認與界定，是任何企業研究的起步，在整個研究過程中，這是「慎乎始」的重要階段，對問題有了正確的認識，以後一連串的步驟才有正確的方向可循，才能「善乎終」。企業研究「主題」(Topic) 的來源是企業「問題」(Problem) 的發生。碩士學生的論文研究「主題」，則來自學術興趣，社會問題中的比較「重要」及資料比較容易搜集者。

2. 確定研究目標 (Research Objectives)

　　對於所要進行的研究主題，應確定到底要回答什麼種類問題？要回答到什麼詳細程度？一一列出。當然要確定研究目標的範圍及深度，必須視所能運用的人力、物力、財力及時間等資源而定，不能好高騖遠。根據預定的研究目標，才能設計適當的研究步驟。

3. 提出假設 (Assumptions or Hypotheses)

　　解決問題不可茫然嘗試，應根據問題及目標，及以往的經驗，現有之原理、原則或理論，設立若干邏輯上認為可能解決問題的「假設」(Assumptions or Hypotheses)，作為實地進行搜集資料之指南。所以「假設」應清楚地說出，以供將來資料搜集後檢定 (Testing) 之用。同時，在「假設」內要把「獨立變數」(Independent Variables) 與「應變數」(Dependent Variables) 清晰標明，形成一套觀念性模式，時刻謹記，供作指南。

4. 參考有關文獻 (Reference Literatures)

　　研究者對與研究主題有關的文獻應先閱讀，以便明瞭他人所曾研究過的結果，作為本研究的依據及參考，並可供日後本研究完成後所獲得結果之比較。

5. 設計研究流程及步驟 (Research Flow and Steps)

　　此階段是整個研究過程的中心樞紐，係對所要進行研究之流程步驟方法詳加規劃，包括問卷設計、資料對象、抽樣設計、現場資料搜集、整理、分析等，都必須在現場調查 (Field Survey) 進行之前設計好，供以後按部就班的執行。若無詳細具體的研究設計，則往往到實際進行現場研究工作時，會不知所措，致使結果不符合研究目標。

6. 搜集資料 (Data Collection)

　　指根據已擬定之研究設計，進行資料的現場搜集工作。資料搜集的方法很多，例如歷史文件參考法 (Literature Reviews)、現場觀察法 (Observation)、投射法 (Projection)、郵寄問卷調查法 (Mail Questionnaire)、人員訪問測量法 (Personal Interview)、

電話訪問法 (Telephone Interview) 等等。在決定資料收集方法時，須考慮資料研究對象之特性、資料性質、研究經費之限制等因素。

7. 分析資料 (Data Analysis)

指將搜集到之資料加以整理、歸類與分析。分析資料的方法很多，同樣要考慮研究之目標、資料之特性，選擇適合的分析方法。資料分析方法很多種，這是數量統計方法的發揮地。

8. 解釋資料 (Data Explanation or Interpretation)

資料之解釋應有科學精神與態度，可應用「歸納法」、「演繹法」、「類比法」及一般推論方法進行解釋。

9. 研究結論及建議 (Conclusion and Suggestion)

對已設立之假設進行檢定，以決定該假設是否成立，進而說明該研究結論與現有之事實經驗、原理或原則之關係，並做成建議，以供有關人士及機構改善之參考。

10. 撰寫研究報告 (Report Writing)

指將整個研究過程及研究結果，以書面的方式公諸於世。研究報告的撰寫有一定的格式，其內容要清晰、層次要分明，要點要凸出最重要的，是要能針對閱讀者的口味及興趣。碩士論文及博士研究論文的撰寫，比一般企業實際問題之研究報告撰寫要嚴謹，講求格式及連貫關係性。

■ 四、應用研究之涵義 (Meanings of Applied Research)

「應用研究」係與「純學術研究」相對稱呼。所謂「純學術研究」係為拓展尚未開發的知識領域而研究，通常不直接針對或考慮實用問題；而「應用研究」係為解決現實生活問題而研究，通常要求做成某特定行動或政策。企業經營者須負責營運活動的成敗後果，而企業研究者則負責提供各種可行方案，以專家身分提出說明與建議，協助企業經營者爭取優良成果。換言之，企業研究者的任務在貢獻決策方案之「情報」(Information for Decision-Making)，所以經營者必須給予研究者充分的協助，以使研究工作能順利進行，相輔相成，相得益彰。

第二節　企業研究之程序 (Procedure of Business Research)

企業實務研究的工作是一系列的程序，包括(1)特定問題之背景調查 (Background Studies and Exploration on Special Problems)；(2)正式研究方法之設計 (Design of Formal Research Method)；(3)資料搜集之執行 (Data Collection)；(4)資料分析、解釋及報告 (Data Analysis, Interpretation and Report Writting)，茲分別敘述於下：

一、特定問題之背景調查 (Background Studies and Exploration on Special Problems)

企業行銷、生產、研發、人事、財會、計劃、組織、用人、指導、控制等等相關問題的發生，有其複雜的背景，研究人員須對整個背景先進行系統性的探討，才能對問題的本質有所掌握。此種背景分析所需時間的長短，視問題複雜的程度而定，此階段進行得愈徹底，以後的階段即愈能事半功倍，尤其當研究人員對研究主題瞭解不多時更應如此。

進行背景調查，通常先從搜集已存檔的次級資料 (Secondard Data) 開始，接著，由研究人員去接觸消息靈通人士 (Experts)，詢問他們的意見，並由專業書籍 (Books)、期刊雜誌 (Magazines) 及報紙 (News Papers) 中，找尋(1)最近有關事物發展的情況，(2)對於技術發展之預期指標，(3)確認有關人員，(4)找出他人成功及失敗之原因等情報。

二、正式研究方法之設計 (Design of Formal Research Method)

研究主題的「背景」經仔細調查後，若相關之「觀念架構」(Conceptual Model or Framework) 界定清楚，則可進入正式研究方法的設計階段。此階段可分為(1)建立作業性定義 (Operational Definitions)；(2)將問題進一步細分為第二層或第三層之變數或問題 (Variables-Subvariables-Subsub Variables)，以確立研究工作目標及資料種類；(3)決定使用何種方式之資料搜集方法 (Data Collection Methods) 及抽樣方法 (Sampling Method)；(4)選擇適當的衡量工具 (Scaling Tools)；(5)將衡量工具加以試測，以確保衡量工具適合研究目標；(6)確立分析資料的方法 (Data Analysis Method)；(7)建立整個研究過程的進度表 (Schedule)；(8)設立研究經費之預算 (Budget)；(9)確定所需研究人員 (Manpower)；(10)其他必要之項目。

三、資料搜集之執行 (Data Collection)

資料搜集的工作可能從極為簡單的觀察法 (Observation)，到全面性的普查法 (Census)，完全視研究方法之設計而定。在資料搜集階段所需的人員薪酬、旅費及其他的支出，一般而言，約佔研究預算的三分之一左右。通常的經驗法則是(1)研究計劃，(2)資料搜集，及(3)分析、解釋、報告三者各佔經費之三分之一。

📑 四、資料分析、解釋及報告 (Data Analysis, Interpretation and Report Writting)

分析資料可引導出原先所要求的各種不同資料之衡量結果以及所發現的文義關係。再者基於研究發現，我們尚應做理論推演 (Inference) 及因果關係 (Relationships) 之解釋；最後我們應將整個研究過程、發現、解釋、以及建議，寫成書面報告書 (Report Writing and Documentation)，向主管理人員提出，供其決策之參考。

第三節　研究問題及假設 (Research Problems and Hypotheses)

📑 一、研究問題的來源 (Sources of Research Problems)

一般尋找問題時所採用的方法有下列數種：

1. 從技術的變遷及社會發展的趨勢中尋找問題 (From Trends of Technological and Social Changes)

技術的變遷 (Technological Change) 會影響產品的生命週期，改變市場的競爭結構及需求特性。在這種新舊交替的過程中，常可發現許多問題，探討這些問題的答案，是促進企業發展的最重要原動力。技術的變遷會帶來許多問題，企業若能善加適應及運用，則亦可發現無窮的機會。

另者，社會發展 (Social Development) 是人類社會必然的現象。社會原是企業存在及發展的生態大環境，如水之於舟，能載之，亦能覆之，若順流則事半功倍，若逆流則事倍而功半。企業應對社會發展的趨勢 (Trends)，隨時保持高度的警覺，並研究其發展的方向 (Direction) 與速度 (Speed)，以便靈活地調整經營的策略。

2. 從研究報告、專題討論、專家演講或學術論文中尋找問題 (From Reports, Seminars, Speech or Academic Thesis)

無論是政府機構、輔導單位、企業組織或學術研究團體，經常會針對周遭的問題舉辦討論會或演講會，或進行有計畫、有系統的調查研究，撰成報告或論文，這些場合或文獻皆是許多人智慧的互相激發，常能揭露許多可供進一步研究的問題。甚至有些比較嚴肅性論文的結尾，還會列出一些有待進一步研究的問題。

3.接受某種實務或理論之專家的指導，決定研究題目 (From Practical Needs or Experts Guidances)

　　某種實務或理論的專家，包括學校的指導教授，常對專精領域內的認識相當深入，在他們的腦海內，隨時都有個貯藏庫 (Pool)，充滿有待研究解決的問題。例如國際貿易實務專家可能建議研究者深入分析某項產品在國內生產的成本結構，並與他國生產者進行比較，以發現此項產品的競爭力。又如財務專家可能建議研究者對有關機器的重置換新，進行整體性的研究，以分析其成本與效益；再如人事管理專家可能建議研究者針對時下普遍存在的技術人力缺乏問題，進行探討，研究某個行業，甚至某家工廠，應採取之策略，以能平衡其銷產體系。

二、如何選定研究題目 (Defining the Research Topic)

　　研究人員從上述問題來源搜集若干研究題目後，應再考慮各種有關的因素，才能從擬定的題目中，選定一個真正要研究的題目，這些因素可分別說明如下。

1.是否具有研究的價值 (Acceptability)

　　研究的題目如果與當時實務上的需要有密切關係，便能引起企業界的關切，其研究的結果亦能裨益社會經濟的發展，於人於己皆大有幫助。如果研究的題目係針對理論上爭論點，或為有待開發的領域，則其研究結果可能在學術界激起浪花，對人類文明的發展，有所貢獻。

2.是否能引起研究者的興趣 (Interest)

　　研究者的興趣對研究結果的品質有不容忽視的影響力，所以在選擇題目時，當然儘可能以符合研究者的興趣者為佳。

3.是否具有研究的可行性 (Researchability)

　　在企業研究進行的過程中，經常會遭遇到的困難，是資料殘缺不全，或不可靠，或甚至於根本無法搜集。沒有資料便無法進行分析，提取結論，因此，在選定題目之前，一定要事先考慮到資料搜集是否有無法克服的困難。其次，亦須考慮到人力、財力及時間等資源的限制，因資源有限，即使題目很有價值及為研究人員所喜愛，亦難以導致有意義之真實結果。

4.考慮研究者本身的學識能力 (Ability)

　　研究題目的價值及研究的可行性，是選擇研究題目的客觀限制，而研究者的興趣及學識能力，則為主觀限制。研究者一方面考慮客觀的因素，另方面亦須權衡本身的興趣及學識能力，不可超出所能負擔的範圍太多，否則難免顧此失彼，漏洞百

出，而使研究價值喪失殆盡，徒然浪費寶貴資源。

■ 三、假設的建立 (Establishing Hypotheses)

一旦研究者選定了研究的主題，並初步搜集有關的資料後，對問題的答案即可憑「直覺」(Intuitive) 產生一個暫時性的輪廓，這就是所謂的「假設」(Hypotheses)。假設通常可分為三種：⑴描述型假設，⑵關係型假設及⑶解釋型假設。

（一）描述型假設 (Descriptive Hypotheses)

這類假設的內容主要是說明一些變數 (Factors or Variables) 的存在、大小型式及分布情形。例如：「採用整體規劃技術可以降低企業的總成本，並可以提高企業應變的能力。」此外，有的描述型假設也可以疑問句的型式出現，例如：「面對 A 產品的購買決策，夫婦對其各別的角色，具有何種程度的認知呢?」

（二）關係型假設 (Causal Hypotheses)

這種假設的內容係建立兩種變數之間的關係，例如：「較富有的證券投資者，對風險的感覺較不靈敏。」在這個假設中，投資者的富有程度是一個變數，對風險的敏感度是另一個變數，假設中認為這兩個變數之間具有反方向變化的關係。不過，雖然這種關係意味著某種程度的相互作用，但卻無法指出二者之間因果關係的主從。

（三）解釋型假設 (Explanatory Hypotheses)

這種假設說明或強烈暗示因一種變數的存在或變動，可導致另一個變數的變動，其影響可能為直接影響，亦可能為間接影響。

在企業研究中，「假設」之建立有幾個重要的作用，例如：⑴指引研究的方向及界定研究的範圍，決定何種資料為「有關」(Relevant) 資料，指出研究方法之設計型式，以及領導資料分析的方向等。此外，「假設」之建立也可對研究結果的表達提供一個組織的架構。

通常一個完整的「假設」應該具備下列的條件：

⑴不與已經證實的理論衝突。

⑵內容清晰，範圍明確。

⑶如經證實，即成為研究問題的答案。

⑷可以用現有的技術檢定。

⑸應儘可能以數量的方式表示，但亦不宜過分勉強，以免不切實際。

⑹良好的假設可能據以推導出更多的推論，以便解釋更多已存在，然尚未獲適當解釋的事實。

因此，研究者在建立假設時，必須從問題的根本著手，盡量收集已有之有關的知識、經驗、資料，然後就研究者本身的知識及智慧，思考可能的答案，從而建立妥善的「假設」。

第四節　研究方法的設計 (Design of Research Methodology)

一、研究特性之分別 (Category of Research)

在一個企業研究中，研究方法的設計 (Design of Research Methodology) 是指引研究人員順利完成預定任務的藍圖，亦是研究主持人研究方法涵養功夫的考驗。廣義言之，研究方法之設計（簡稱研究設計）為一研究專題的通盤計劃及行動方案，包括整個研究的全部過程，狹義言之，研究方法之設計為資料之搜集與分析的計劃。因此，一個好的研究方法之設計具有幾個本質，第一，它是一項「情報計畫」(Information Plan)，敘述為解答問題所需之情報來源與型態；第二，它是一項「分析藍圖」(Analysis Blueprint)，指明將以何種方式搜集與分析資料；第三，由於絕大部分的企業研究都有原物料、時間、人力等資源的限制，因此研究方法之設計亦應包括成本與時間的預算 (Budget and Schedule)。研究設計可以依問題的來源及假設之種類，分為下列三大類別：

1. 探索性研究 (Exploratory Research)

若干研究問題，因缺乏前人研究的經驗可資參考，而屬初次研究時，主持人一時對各變項間之關係 (Relations of Variables) 不太清楚，又因缺乏理論根據，研究者也不能確定可以建立那些「假設」，若貿然從事精細的研究，將有顧此失彼或以偏概全的缺點，同時也浪費研究時間、經費與人力。在這種情況之下，需要一個較廣泛而膚淺的探索性研究，以協助進一步研究的設計與問題的發現。

2. 敘述性研究 (Descriptive Research)

這一種研究設計的目的在瞭解研究對象的特質，或敘述某種現象。這類研究雖然不是分析變項間的因果關係，但是在設計時也要將其他無關變項去除掉，以減少不利的干擾，而增加敘述所欲探討之變項間關係的準確性。

3. 因果性研究 (Causal Research)

此類研究的主要目的，是要驗證某個假設中所敘述的變項間，是否有「因果關係」(Cause-Effect Relationship) 存在。一個蘊涵因果關係的假設，通常都斷言某項特

質或事件 X 是決定另一項特質或事件 Y 的因素之一。要驗證這一類的假設，研究者必須搜集資料，以便合乎邏輯地推論 X 因素是否決定 Y 因素之出現，其方式又可分為「實驗性研究」(Experimental Research) 與「非實驗性研究」(Non-Experimental Research) 兩種。

二、擬定研究設計的目的 (Purposes of Research Design)

研究設計有兩個基本目的，即回答研究問題 (Answer Problems) 與控制變異 (Control Variance)。本來，任何研究的進行，都是為求得研究問題的答案。但研究設計可幫助研究者以正確、客觀、經濟、整體的方法，達到研究的目的。至於控制變異則包括三種工作：

(1)使獨立變數的變異最大。

(2)控制外來不需要變數的變異。

(3)使誤差變異為最小。

上述三種變異可合稱為系統性變異 (System Variance)，茲分述於下：

1. 使獨立變數儘可能最大 (Maximize Independent Variable's Explanation Power)

使「獨立變數」(Independent Variable) 之變異數儘可能最大的目的，是要使研究者所選定的「獨立變數」對「應變數」(Dependent Variable)，有最大的解釋能力，使將來推導出來的研究結果，可以適用到較大的範圍。

2. 控制外來不需要變數 (Excluding Irrelevant Outside Variables)

影響一研究結果的變數通常相當多，幾乎無法全部加以處理，必須將假設所不包括的外來變數加以控制，研究結果才有意義。因此，所謂「控制外來變數」，意指使與研究目的無關之獨立變數的影響降到最低或根本消除。一般所用的方法有四，(1)消除外來變數，(2)搜集隨機化資料 (Randomized Data)，(3)把外來變數納入研究設計中當獨立變數，(4)採取對象配對 (Pair Comparison) 的方法。當然。這些方法須依研究問題及研究目的的不同而斟酌運用。

3. 使誤差變異為最小 (Minimize Error Variance)

誤差變異 (Error Variance) 可能源自研究調查對象中個體的樣本差異 (Sample Error)，也可能由於衡量上的誤差 (Measurement Error)。因此，為使誤差變異減至最小，通常有二個原則，第一，控制研究或衡量的情境；第二，提高衡量過程的正確性，使衡量的結果正確顯示受測對象的特性。

三、研究設計的內容 (Contents of Research Design)

完整的研究設計，不僅應提供研究者正確的努力方向，尚應具備各項執行方案，茲按行動步驟及其含意分述之。

1. **界定母群體** (Defining Population)

即研究問題所擬涵蓋的對象範圍，依研究目的而定。

2. **決定樣本數** (Deciding Sample Size)

抽樣調查樣本數太小，無法充分表現母群體的特性；樣本數太大，則成本超過所能獲得的利益，且增加資料分析的困擾，所以在兩者限制條件之間，應取一折衷的樣本數。

3. **選取適當的樣本** (Appropriate Sample)

樣本之特性應能代表母群體，否則抽樣調查分析結果便無法滿足研究的目的，甚至會使決策誤入歧途。

以上三項即研究方法設計中「樣本設計」(Sampling Design) 的階段，係針對資料的來源而擬定。

4. **研究工具之設計** (Tool Design)

即決定該用何種方法來搜集資料，譬如以「郵寄問卷」(Mail Questionnaire)、人員訪問 (Personal Interview) 或「電話」訪問 (Telephone Interview)，或設計一適當的「實驗」(Experiment)。良好的工具設計 (Tool Design) 以能取得正確、可靠的資料為原則。所謂可靠的工具係指不論重複多少次，均可得到相同結論的資料。

5. **現場實際作業之設計** (Field Operation Design)

即將研究過程中所須協調的事項，包括工作、時間、人員、地點、器物等做一通盤的規劃，以確保研究的順利進行，達成預定的目標，此即作業設計 (Operation Design)。顯然，作業設計就是行動的方案 (Action Program)。

研究設計人員對研究過程有了周密的設計以後，仍然要時時與現場執行的人員保持密切的聯繫，因在研究進行的過程中，有些事情仍然會發生沒有預料到的變動，這時要如何處理，才不致影響研究目的達成，則有賴研究設計者及研究執行者的密切合作。一般的作法係在正式研究開始進行資料搜集的工作之前，先進行小型的「模擬」(Simulation) 研究或預試 (Pre-test)，以找出可能會遭遇的困難與正式研究的缺點，提供給設計者作為改進的參考，使研究進行得更順利。

6.分析設計 (Analysis Design)

　　某個研究應採用何種分析方法，須視研究目的、資料特性、及研究假設而定，不可盲目採用較能取悅他人，但無實際作用的技巧，以免誤導他人之注意力及浪費時間與成本。

　　以上所述樣本設計、工具設計、作業設計、與分析設計等皆應該前後連貫，一氣呵成，成一完整的系統，才能充分發揮設計的功能。

第五節　抽樣設計 (Sampling Design)

■ 一、由樣本推論母群體 (From Sample to Population)

　　抽樣設計在整個研究過程中，扮演提供資料的角色，研究者必須就研究目的，決定採用何種抽樣方式。最理想的資料，應來自研究對象的母群體 (Population)。但事實上，時間、人力、財力常不允許如此，何況有關抽樣的理論 (Sampling Theory) 已經十分進步，若運用恰當的抽樣技術，即可以相當低的成本（指與取得母群體資料所需之成本相對而言），獲得某種可靠程度的結果。

　　抽樣的基本定義為，自整個研究對象母群體中，根據預定的隨機法則，抽出部分個體 (Individuals)，由這些部分個體，取得所需要的特性資料來推定群體特性。這些被抽出的個體即謂之樣本 (Sample)。由樣本資料的特性，推論至母群體特性的過程謂之統計「推定」(Inference)。可見，雖然研究的對象是母群體，獲得母群體的特性之知識本是研究的目的，但若能利用正確的客觀方法，抽出確能代表母群體特性的小樣本，並運用正確的推定方法，推論母群體的特性值 (Characteristics)，亦能達到研究的目的，由小推大，節省成本及時間，由此可見抽樣設計的重要性。

（一）抽樣的兩個理論前提 (Two Conditions)

　　抽樣是建立在兩個基本前提之上，一是母群體的每一個體之間具有足夠的「同質性」(Homogeneity)，因此以部分的個體來推論母群體的特性才有意義；另一個前提是樣本中有些個體的特性值是在母群體之母數值 (Parameter) 之下，有些則在母數值之上，由於這種情形的存在，使得樣本統計量能成為母群體的最佳推定量。

（二）抽樣之優點 (Advantages of Sampling)

　　在樣本能充分代表母群體的假定下，利用抽樣研究問題具有下列之優點：

1. 降低研究所需之成本 (Cost Reduction)

搜集資料常常是整個研究過程中耗費最大的部分，利用抽樣技術，可以在不損及準確性的原則下，大量減少搜集資料所需的人力、財力及時間，從而大量降低研究成本。例如政府每年舉辦一次工商調查或人口調查，若全面調查（即普查，Census），所需時間、人力、財力均甚鉅，如以千分之一抽樣調查，則所花的資源僅千分之一，所推論的結果與實際結果則相差不大。

2. 縮短整理資料的時間 (Time Saving)

調查或以其他方法取得資料之後，在運用分析方法進行分析之前，必須先經過資料整理的手續，將代表個體特性的資料加以整理，以便利分析工作的進行。利用抽樣，既可減少資料的數量，自然亦減少大量整理資料所需的時間，使整個研究所需時間不致太久，而提高研究的應用價值。

3. 可以獲得較正確的資料 (Data Accuracy)

利用抽樣方法，因所需衡量的對象減少，衡量的過程較易控制，無形中提高了資料的準確度，這項優點，使得運用抽樣，而不用全面調查，有了更積極的意義。

4. 可以避免損壞太多受衡量的個體 (Avoid Destruction Testing)

有些研究所需的衡量，會破壞接受研究的個體，例如破壞性檢驗，若採取全面檢驗，顯然將完全喪失研究的本意，此時，抽樣便成為不得不採取的方法。

二、抽樣方法 (Sampling Methods)

統計學上對抽樣的說明是一門專門的領域，本文僅做簡要性介紹。一般人將抽樣分成兩類：「機率抽樣」與「非機率抽樣」。

（一）機率抽樣 (Probabilistic Sampling)

指抽樣時，按照機率法則進行，即叫機率抽樣，比較常用的機率抽樣有簡單隨機抽樣，分層隨機抽樣，集群抽樣，及上述方法混合使用的多階段抽樣 (Multi-stage Sampling) 方式。茲分述於下。

1. 簡單隨機抽樣法 (Simple Random Sampling)

最基本的機率抽樣是簡單隨機抽樣，即母群體中的每一個體都有被抽出的相同機會，並且當抽樣進行一部分時，尚未抽到的個體，再被抽出的機會仍然相同。例如若研究對象是某一都市地區的房子時，若某一間房子的鄰居已先被抽到，則該房子會被抽到的機會與其他未被抽到的房子之機會相同。

簡單隨機抽樣進行的方法，是將研究對象予以編號，然後隨機抽取一個號碼，

逐次進行，直到抽滿所需之「樣本數」(Sample Size) 為止。若母群體數目不大，可以將研究對象的代表數字寫在大小厚度都一樣的紙片上，一起放進籤筒內，均勻混合後，再一張一張地隨機抽出。但是在社會科學的研究中，這種方法通常不切實際，較常用的方法是使用「亂數表」(Random Number Table)。這種方法是賦予每個研究對象一個號碼，然後任意自亂數表的一個方向抽取樣本，再從另一方向抽取樣本，直到抽滿為止。

簡單隨機抽樣又分「重置」(Replacement) 與「不重置」(Non-replacement) 兩種。抽到的樣本又放回重抽，亦即每一個體被抽到的機會始終不變的方式，謂之「重置抽樣」。若抽到的樣本不再放回，則未抽到的個體被抽到的機會慢慢加大，謂之「不重置抽樣」。嚴格來說，重置抽樣才是最理想的簡單隨機抽樣方式，但只要母群體個數夠多，不重置抽樣的結果仍然不會有太大的誤差。

簡單隨機抽樣是機率抽樣中最理想的方式，但在實務上，有時因不易進行，或過分昂貴，無法完全按照理論上所要求的方式進行，於是，遂有若干針對隨機抽樣的精神加以修正的方法，其中，「系統抽樣」(Systematic Sampling) 是最常用的一種。

所謂「系統抽樣」係將構成母群體之個體編排順序，隔相等若干個，就抽取一個樣本，有系統地按照順序抽樣。例如，母群體中個數為 1,000，打算從中抽取樣本 200 個，則間隔定為 1,000/200=5 個，將母群體中每一構成個體由 1 開始編號，將編號 1 到 5 隨機抽取一個樣本，若首先抽到 4，則以 4, 9, 14, 19, 24, 29,... 為樣本。這種方法又名之為「等距取樣法」(Interval Sampling)。這種方法較「簡單隨機抽樣」還簡單易行，但須留意是否會產生系統性偏誤 (Systematic Error) 的可能。總之，應時時以「隨機」為原則，才不失抽樣代表母體的本旨。

2. 分層隨機抽樣法 (Stratified Random Sampling)

當研究者採取分層隨機抽樣時，係將母群體 (Population Group) 按某個變數或數個變數分成若干層次 (Stratifies)，然後自每一層次內隨機抽取樣本。分層隨機抽樣與簡單隨機抽樣比較，有兩個優點，第一，若所欲衡量的母群體分布甚不平均，且研究目的要求對每一次級群 (Sub Group) 個體同樣重視時，分層隨機抽樣可對每一次級群個體抽出比例不等的樣本，使每一次級群的特性均可顯現。第二，在分層的階段，即已考慮影響力較大的變數。例如，在一個以美國某大學全校學生為研究對象的研究中，全校學生有 10,000 個，其中少數種族分別為黑人 1,000 個（佔 10%），波多黎各人 500 個（佔 5%），亞洲人 200 個（佔 2%），印第安人 100 個（佔 1%），樣本總數為 500 個。若按簡單隨機抽樣的作法，約可抽出黑人 50 個，波多黎各人 25

個，亞洲人 10 個，印第安人 5 個。若研究目的要求對每一種族的特性或態度做一統計，則樣本數太少的群體，勢必因統計上缺乏代表性，而無法顯示正確的結果。這時，研究者可以依重要變數（種族），將母群體先加以分層，然後自各群體中抽取白種人 82 人（約佔 1%），黑人 100 人（約佔 10%），波多黎各人 100 人（約佔 20%），亞洲人 100 人（佔 50%），及印第安人 100 人（佔 100%）。樣本內各人種 (Race) 人數相當，則各人種的特性或態度便可充分表現。

　　分層隨機抽樣除了有上述優點以外，因在分層時已事先考慮過有關的重要變數，則每一次級群體內可能有較均勻的特性分布，而使所需的樣本數相對減少，如此亦可降低搜集資料的成本。因此，若要充分發揮分層隨機抽樣的長處，在選擇分層變數時，宜考慮到分層的結果，可使每一群體內的分布較為均勻。

　　分層隨機抽樣除了上述方法外，當有以下三種：

　　⑴比例分配 (Proportional Allocation)：

　　即各層樣本數與各該層總個數的比例均相等。例如樣本數為 n=50，而母群體 N=500，則因樣本比例為 50/500=0.1，即以每一層的 10% 為樣本數。

　　⑵尼曼分層抽樣法 (Neyman's Sampling Method)：

　　即各層樣本數與各該層總個數及其標準差的乘積成正比。

　　⑶最適分層抽樣法 (Optimum Allocation)：

　　有些研究由不同層次的母群體中抽取樣本所需的費用相差很大，而調查費用是一固定的預算，例如，欲將調查對象分為都市和鄉村二種類型，以調查其平均收入，則由都市和鄉村抽樣時，其單位調查費用將有所不同。此時，不但要考慮各層變異數的大小，同時亦要考慮各層單位調查費用的多寡，而在相同的信賴度下，適當增加調查費用較低的群體之抽出樣本數，減少單位調查費用較高的各層抽出數，以使總調查費用為最少。換言之，採用最適分層抽樣法時，各層抽出樣本數須與各層總次數及母標準差成正比，而與每單位調查費用的平方根成反比。

3.集群抽樣法 (Cluster Sampling)

　　集群抽樣法也是機率抽樣法的一種，成本是採用這種方法的主要顧慮。這種方法與分層隨機抽樣法相似的地方是，將母群體分成若干次級群，但分層隨機抽樣所用的分層標準是有關的「重要」變數，而集群抽樣所用的分群標準則為處理上較為「方便」的特定根據，例如地區、機構等。尤其當研究對象分布地區甚為廣大時，常選擇幾個較有代表性的地區，對該數個地區內的個體進行較為密集的調查。

　　當然使用這種方法可能會產生太多偏差，一方面減少了成本，但另一方面亦喪

失太多的精確度。補救之道，可從增加每個群體內個體的異質性 (Heterogeneity)，使能代表整個母群體的真正特性，亦增加調查資料所用的群體數，如此，雖然成本將略為增加，但使研究結果更為可靠，仍然值得。茲舉一例說明集群抽樣法的使用。某一研究者擬研究某個城內居民對使用藥物的態度，首先，他將整個城市分成十個地理區，每個地理區所包含的居民儘可能複雜，而涵蓋整個橫剖面（如性別、年齡、種族、社會經濟地位、政治觀點等），將可能影響使用藥物的態度特性均包括在內。其次，自這些分區中，隨機抽取三區，作為樣本區。甚至，再將樣本區細分，仍然以每一分區成分儘可能複雜為原則，使樣本數繼續少到搜集資料的經費預算能夠負擔為止。

　　集群抽樣法通常都與其他的抽樣方法併用，其目的無非是希望在方便、「成本」(Cost) 與「準確」(Accuracy) 等互相矛盾的目標之間求取一平衡的處理方式。

（二）非機率抽樣 (Non-Probabilistic Sampling)

　　因有些研究根本無法取得母群體的完整資料，所以不可能採用機率抽樣，例如，以吸食麻醉藥品的人為調查對象的研究，或以地痞流氓為對象的研究，均無法對母群體做出界線分明的範圍，所以上面所介紹的機率抽樣一種都用不上，只好退而求其次，使用非機率抽樣方式。

　　嚴格地說，非機率抽樣不是符合科學原則的方法，因為從樣本資料推論母體特性時，其誤差究竟多大，無法根據統計理論求得。因此，使用非機率抽樣，固然可以獲得有關母群體的若干資料，但絕不能據以推論母群體的確實特性，這是不能不先牢記的觀念。

　　另外還有一種情況，即研究人員為了研究目的的需要，可能從母群體中，選取出具有代表性 (Representative) 的個體，作為樣本，例如，編製物價指數時，常需選取具有代表性的樣品，才能正式反映整個市場的物價變動趨勢，因此，非隨機抽樣又名為「立意取樣」(Purposive Sampling)，或「計劃取樣」(Planned Sampling)。首先創立非隨機抽樣法的人是法國的 Leplay。一般常見的非機率取樣方式有：「意外取樣」、「配額取樣」、「判斷取樣」。茲分述如下：

1.意外取樣法 (Accidental or Haphagard Sampling)

　　如為取得某學院學生對某項政治觀點的資料，研究人員可能站在學院門口，攔住最先離開學院大門的十名學生加以訪問。又如時常見到報紙、電視臺或廣播電臺的記者在街道旁訪問行人，有時是碰到誰就訪問誰，有時則專門訪問衣著較為整潔的行人。以上兩個例子中，研究者並不知道接受訪問者代表母群體的程度，有時甚

至還刻意挑選傾向某種特質的人來訪問，以支持其研究目的。

2. 配額取樣法 (Quota Sampling)

配額取樣係研究者（或取樣者）按照某種既定的標準來取樣，其目的是為取得研究對象母群體的橫剖面 (Cross Section) 資料。換句話說，取樣之前，先為母體中各子群體設定「配額」(Quota)，這種配額可以各子群體都相同，也可以考慮其他有關因素，而對不同的子群體賦與不同的權數。

3. 判斷取樣法 (Judgmental Sampling)

研究者根據研究目的的需要（或為了方便），由專家依其主觀的判斷，有意抽取具有代表性的樣本。此法多少帶有偏差的成分在內，其結果能代表母群體的成分有多大，很難確定，但有時仍有其價值。例如為了使正式調查的問卷更為完整，常須在大量調查之前先選擇有「代表性」的人訪問，再參考訪問試測結果，對原來的問卷加以修正、潤飾或增減。又如為編製各種經濟現象指數，如物價指數、生活費指數等，都可以選取一些由專家認為具代表性的項目來作為樣本，以節省全面調查或機率抽樣之人力、財力和時間，同時又不致喪失太多準確性。通常使用判斷抽樣法時，專家對研究對象的認識越多，其結果的準確性越高。

三、樣本大小 (Sample Size)

要從樣本資料，推論整個母群體的確實特性或現象，除了必須選用適當的抽樣方法 (Sampling Method) 以外，樣本數的多寡亦將影響研究結果的準確度。此外，衡量方法 (Measurement Method) 及訪問人員的素質 (Interviewer Quality) 等因素也是導致偏差 (Error) 的因素。本小節所指的誤差，專指取樣結果所構成樣本標準差而言，至於其他因素所引起的誤差不在本小節討論之列。

就統計準確度來講，一般單指取樣誤差 (Sampling Error)，故準確度高低，常視抽取樣本大小而定。一般而言，樣本愈大，準確度愈高；樣本愈小，準確度愈低。根據統計學的理論，準確度的變動率因樣本數的平方根而異，樣本的標準差是以樣本數去除標準差而得。即設 S 為「標準差」(Standard Deviation)，$S_{\bar{X}}$ 為「樣本標準差」(Standard Error of Sample)，則

$$S_{\bar{X}} = \frac{S}{\sqrt{n}}$$

例如，從過去已有的研究得知母群體的標準差是 20，則抽取一個樣本、四個樣本、或十六個樣本，其標準差將由 20 降至 10，再降為 5，可見標準差係隨樣本數平

方根而遞減。而標準差愈小，即表示從樣本估計母群體的特性或現象愈準確。故設有一 1,000 人的學生群體，研究樣本為 25 位，研究者欲使樣本估計值的準確性加倍時，就必須使樣本數變為原來的四倍，亦即樣本數須從 25 增加到 100。

現在有些人有一種不正確的觀念，以為抽樣的時候，只要樣本數在群體中所佔的百分比，達到某一定水準就好，好像樣本的大小本身有絕對的代表性。其實，單單樣本大小是不夠的，假使一個群體在開始的時候，就沒有代表性，則樣本再怎麼大也沒有用。再如抽樣方法不適當，雖然抽了 1,000 個樣本，還不如用適當的方法抽取 100 個樣本來得可靠。

一般而言，決定樣本的大小，除了考慮估計數值的準確度外，還須考慮三個因素：⑴研究者的時間、人力及財力；⑵預定資料分析的程度；⑶群體內個體之相似性。

從理論上來說，樣本愈大，準確度可能愈高，但在實際上常受人力、財力及時間的限制，而無法抽取很大的樣本。又，由於分析程度的不同，樣本數亦將因而有異，例如，迴歸分析中自變數的個數不同，所需的樣本數亦因而隨之增減。此外，群體內個體的相似程度愈高，亦會影響所需樣本的大小，凡是同樣大小的群體，個體間差異較大者，所應抽取的樣本數，應較各個體差異較小的群體所應抽取的樣本為大。以上所述在前面亦曾提過，此處再加以強調。

第六節　衡量與量表 (Measurement and Scale of Measurement)

一、衡量 (Measurement) 的定義

史地文斯 (S. Stevens) 在 1951 年出版的《實驗心理學手冊》內，〈數學、衡量與心理物理〉一文中，對「衡量」(Measurement) 所下的定義為：「廣義的來講，衡量係指根據法則而分派數字於物體或事件之上的行為。」這個定義已簡要的說出衡量的基本性質。由字面上看，構成衡量的三個要素為：⑴數字 (Number)，⑵物體或事件 (Object or Event)，以及⑶分派法則 (Rules of Allocation)，茲略加說明如下。

1. 數字 (Number)

一般來說，我們可以把衡量中的一個數字當作一種物體或事件特徵的代表符號 (Symbol)。所以我們常以 120 磅代表某一個體的體重，就像以 5 英尺代表一個人的身高。同樣地，形容一個人的普通智力，可以用「聰明」，也可以用 "IQ 110" 表示，

不論是那一種情況，符號只是抽象的東西，而不是物體或事件的本身，只代表物體或事件的特性，除非研究者賦予意義，否則它們不具任何意義。

2.物體或事件 (Object or Event)

一般來說，物體或事件是代表研究者所欲研究對象，說得更明確點，就是研究者所欲研究的事物的屬性或特徵，例如，在教育研究方面，雖然研究對象是學生，但真正研究的卻是學生所具有的具體特質，如閱讀能力、理解力、抽象思考的能力、學習效果等屬性。

3.分派的法則 (Rules of Allocation)

所謂衡量法則 (Rules) 即如何將數字按照特定的「指引」(Guidance, Directive)，分派給每一個衡量對象。一個好的衡量法則所使用的「符號」或「數字」應能真確地代表所欲衡量的特質。換言之，特質本身與符號（數字）系統的結構間的關係，愈趨一致，則衡量的結果，便愈能適合研究的需要，這種平行性的特質，稱之為「形式對稱性」(Isomorphism)。法則是數字（符號）與研究對象之間的橋樑，因此，研究者在做研究設計時，對於衡量法則是否適宜，不應掉以輕心。

二、健全衡量應有之特性 (Characteristics of Sound Measurement)

健全的衡量至少應具備三種特性：(1)客觀性 (Objectivity)，(2)效度 (Validity)，及(3)信度 (Reliability)，略加說明如下：

（一）客觀性 (Objectivity)

所謂「客觀性」指衡量的結果不會因研究人員而異。如果所設計之度量工具很客觀，則衡量工作即使由不同的人執行，其結果在可容許的範圍內將是一致。換言之，若衡量本身具有高度的客觀性，則使用者的主觀影響會降至最低限度。至於衡量分數要客觀，則必須要求「衡量項目」(Measurement Items) 亦須具有客觀性，因此，應剔除主觀成分太重的項目，或誤導性項目 (Mis-leading Items)。

同時，在擬定衡量表或問卷時，應格外小心，不可有意義不清楚的地方。擬定之後，最好請人校閱，修改意義不清楚的地方，所以在正式的測驗之前，必須先進行一次「試測」(Pre-test)，看看是否在計分及語意上均具有客觀性。

一般而言，要考評衡量是否客觀，應注意兩點，第一、施行測驗的手續有無一致的標準程序？對於項目之說明與測驗的時間，有否嚴格之規定？第二、評分是否客觀？至於衡量表的客觀性，則須被訪問者同意衡量表中所要研究的事實，且每個接受訪問者都知道該回答什麼；當然，被訪問者不同時，其答案不一定相同。

若使用觀察法 (Observation Method) 進行搜集資料的工作，可先對觀察者 (Observers) 加以訓練，將有助於客觀性的提高。

（二）效度 (Validity)

所謂「效度」亦稱「真實度」(Degree of Truth)，係指一個衡量尺度能正確地測出目標受測者之「真正特質」(Real Characteristics of the Target) 之程度。例如，一尺長的布用刻度正確的尺來度量，結果一定是一尺，絕不可能較長或較短，否則這把尺便缺乏正確性，或說缺乏效度。在此例子中，「尺」就是衡量尺度 (Measurement Scale)，而一尺長的「布」即為「受測物」。布的「長度」(Length) 才是所要測量的「特質」，或稱變數 (Variable)。

在研究的衡量中，如果某一衡量能正確地測出研究者所要測量的變數，則此測量方法就可說合乎效度的要求。如果我們想衡量某一特質，測驗結果真的是測出了該特質應有的程度，則我們所用的衡量工具便具有高效度 (High Validity)，亦即此測驗是有效的。

通常所稱的「效度」可分為三種不同種類：⑴內容效度 (Content Validity)，⑵預測效度 (Predictive Validity) 與同時效度 (Concurrent Validity)，⑶結構效度 (Construct Validity)。換言之，「效度」是一種多層面的概念，並不是泛指所有特質的普通名詞。

一個測驗的效度，必須依其特定的目的、功能、及適用範圍，從不同的角度搜集各方面的資料，分別考驗之。考驗效度的方法甚多，名稱亦隨之而異，以上的分類係根據美國心理學會 (American Psychological Association)，在 1974 年所發行的《教育與心理測驗之標準》(*Standards for Educational and Psychological Test*) 一書。茲分別說明之。

1. 內容效度 (Content Validity)

所謂「內容效度」係指有系統的檢查測驗內容的適切性，考量測驗對象對所欲研究的特質是否兼顧各部分，並且有適當的比例分配。例如「成就測驗」(Achievement Test) 之主要目的，在測量個人在某一學科教學活動中學習的結果，所以試題必須針對教材的範圍與內容，依據教學的目標，就學生行為特質的不同層面加以評量。至於內容效度之高低，則視試題能否適當反映教材內容的重點與行為特質的不同層面而定。換言之，健全的成就測驗，應具有相當水準的內容效度，並能測出學生在各個層面的真正學習結果。

與「內容效度」意義不同，但常被相提並論的是「表面效度」(Face Validity)。所謂「表面效度」係指測驗採用者或受試者主觀上認為有效的程度。顯然地，「表面

效度」與「內容效度」並非同一件事，不過，在研究上為了取得受試者的信任與合作，對表面效度亦不容忽視。因此，在測驗的取材方面，必須考慮受試者的經驗背景，選用合適的試題內容和用語，使測驗兼具內容效度和表面效度。

2. 預測效度與同時效度 (Predictive and Concurrent Validity)

兩者合稱「效標關聯效度」(Criterion-Related Validity)，又稱實徵效度 (Empirical Validity) 或統計效度 (Statistical Validity)，係以測驗分數的高低和效度標準之間的相關係數，來表示測驗效度之高低。所謂「效標」，係指所欲測量或預測的特質之指標 (Indicators)，有些是屬於現時可以獲得的資料，有些則須假以時日才能分曉，茲分兩者說明。

(1)同時效度：係指測驗分數與當前效標之間的相關而言。例如編製一套國中數學成就測驗，可於測驗編妥後，從適用的對象之中，隨機抽取樣本接受測驗，將測驗所得分數，與他們在校的數學成績求取相關，若達到統計上的顯著水準，即表示該測驗可廣泛地適用於所要衡量的對象，並能顯示適用對象在學習數學方面的成就。

(2)預測效度：係指測驗分數與將來效標資料之間的相關而言。此種效度的鑑定，乃運用追蹤的方法，對受試者將來的行為表現，做長期連續性的觀察及記錄，然後以累積所得的事實性資料，與當初的測驗分數進行相關分析，據以衡量測驗對受試者將來真正成就的預測能力。預測效度在人事管理方面，對人員的甄選、分類與安置工作甚為重要。

3. 結構效度 (Construct Validity)

所謂結構效度或稱建構效度，係指某種測驗能衡量出理論的概念 (Concept) 或特質之程度。以心理測驗為例，即指從心理學的觀點，就測驗的結果加以詮釋和探討，若能解釋的程度愈高，即表示該測驗的建構效度愈高。所謂「建構」，係理論上所涉及的概念、特質或變數，如心理學上的智力、焦慮、成就動機等。

在建構效度考驗的過程中，必須先從理論出發，導出有關研究特質的假設，再根據這些假設，設計和編製測驗題，將測驗所得結果，利用各種分析技術，從理論上解釋，以查核測驗結果是否與理論觀點相符合。例如從現代智力的觀點（即理論），可推出四項假設：(1)智力隨年齡而增長；(2)智力與學業成就有密切的關係；(3)智商是相當穩定的；(4)智力受遺傳的影響。心理學者針對智力的心理功能，根據上述的假設，編製智力測驗題，再就實施測驗所得資料加以分析，若發現受試者的測驗分數隨年齡而增加，其智商在一段時間內保持相當的穩定性，而且智力與學業成就之間確有正相關存在，同卵雙生子的智力之相關亦高於一般的兄弟姐妹，則這些實際

的結果資料，就成為肯定此一測驗建構效度的有力證據。

4.影響效度的因素

測驗的效度有不同的層面，其鑑定的方法視測驗的性質與功能而定。上述各種效度分別自不同的角度說明測驗的正確性，涉及測驗的內容、效標和樣本、以及理論依據等事項，可見一個測驗之效度高低受許多因素的影響，可歸納為下列五個因素：

(1)測驗組成 (Components)：舉凡測驗的取材、測驗的長度、試題的良劣（即鑑別力）、難度及其編排方式等，皆與效度有關。若測驗的材料經審慎的選擇，測驗的長度恰當，試題具有相當的鑑別力，並且難易適中，並做合理的安排，則該測驗的效度高，否則效度低。

(2)測驗實施的過程 (Process)：若主試者能適當控制測驗情境，並且遵照預定的各項規定進行測驗，則可減低外來的影響，而提高測驗結果的正確性。因此，在實施測驗的過程中，無論是場地的布置、材料的準備、作答方式的說明、時間的限制等，都應加以標準化。

(3)受試者的態度 (Attitude)：任何測驗是否有意義，須視受試者是否願意全力合作，否則不易測出其真正的特質程度。

(4)效標選擇 (Criterion)：選擇適當的效標是實徵效度的先決條件，若因所選的效標不當，以致測驗的效度不能顯現出來，則測驗的價值可能被湮沒。一個測驗因所採用的效標不同，其效度係數可能差異甚大。

(5)樣本之抽取 (Sampling)：考驗效度所用的樣本，必須確能代表某一測驗所擬應用的全體對象。一個測驗應用於不同的對象，由於他們在性別、年齡、教育程度與經驗背景上的差別，其測驗功能不一致，效度亦隨之而異。

（三）信度 (Reliability)

所謂「信度」亦稱「可靠度」(Reliability)，係指用一套量表 (Scale) 對同一或相似母體重複進行調查或測驗，所得結果相一致 (Consistence) 之程度。也就是說，吾人利用一量表來測量某人或某件東西之某種現象時，假使施行測驗之手續與記分方法相同，則今日衡量之結果與明日衡量之結果相一致之程度，或施以相同之兩種量表，其結果相同一致之程度。例如，對相同地區民眾進行前後二次同性質的民意測驗，若所得的結果近似，則吾人可說其測驗信度甚高，否則其信度低。又例如用同一彈簧秤稱某一物體，稱了好幾次的結果都是相同的重量，則可說該秤的信度甚高，若稱兩次的結果皆不相同，則其信度甚低。

1.信度之涵義

換言之，信度包括下列三層意義：

第一層意義：信度即穩定性 (Stability)、可靠性，或可預測性，若以同一測量尺度多次來測量某一物體或事件，均可得到相同的結果，則此一衡量的穩定性高。

第二層意義：信度即正確性 (Accuracy)，即測量尺度應能表示出其正確性，再用此正確的尺度來測量真實的物體或事件本身。

第三層意義：測量尺度在測量上要有一致的結果，如對四位學生做某一學科的測驗，第一次所得到的分數為 95, 93, 90, 85, 70，第二次所得成績則為 96, 90, 80, 70, 60，前後兩次分數雖然不同，但等級順序則相同；換言之，信度是衡量分數之一致性，即當我們重複測幾次時，雖然其分數稍有不同，但其等級的排列卻是一致的。

2.決定信度之方法

一般常用於決定衡量工具之信度的方法，可區分為兩類：⑴外在一致性程序，⑵內在一致性程序。

⑴外在一致性程序 (External Consistency Procedures)：

「外在一致性」是採重複測驗 (Repeat Test) 的方法，來確定某一測量的信度。可比較同一群體，不同時間的測驗結果；或比較兩種不同工具但同時進行之測驗結果，此即再測驗法及平行測驗法。

①再測驗 (Test-Retest)：這是一種最普通、最常用的信度決定方法。這種方法是先進行一次測驗，經一段時間後再進行一次測驗，兩次測驗的程序和工具完全相同，則兩次測驗得分的相關程度就是這測量工具的信度。再測驗的方法只適用於穩定的社會情境，因若社會環境的變動甚大，個體或團體的行為將跟著改變，將造成判斷上的困擾；此外，兩次測驗的相隔時間也是個重要的考慮因素，相隔時間過短或過長皆屬不當。過短的話，受試者可能經由記憶或回憶來做第二次測驗；過長的話，第二次測驗的結果容易有外來變數的介入影響，而這些變數常不容易確認出來。

②平行測驗 (Parallel Tests)：在採用此種方法時，研究者必須設計兩套測量工具，但這兩套工具必須皆以測驗同一主題現象為原則。這樣可以克服利用再測驗所可能產生的記憶作答情形，而免除兩次測驗的限制。但其缺點是兩套測量工具的設計並非易事，並且完全相同的測驗主題現象之原則，不易建立及把握。

⑵內在一致性程序 (Internal Consistency Procedures)：

「內在一致性程序」是基於一個人所具有的某種特質，將可由測驗項目中反映出來的基本假定。如一個人喜歡他的工作，則他將不可能回答不喜歡。經由內在一

致性的檢驗，研究者可以決定那些測驗項目與測驗主題不一致，而加以去除，使得測驗的內在一致性得以改進。一般常用的方法有「折半相關技術」及「項目判別分析」兩種。

3.影響信度的因素

信度與誤差變異之間有密切的關係，誤差變異愈大，信度愈低；誤差變異愈小，信度愈高。為探討影響信度的因素，必須先分析誤差變異的來源。H. B. Lyman 曾提出五個層面的模式 (Five-Dimensional Model) 說明誤差變異的來源：

第一、來自受試者方面：例如身心健康狀況、動機、注意力、持久性、作答態度等均隨時在變動中。

第二、來自主試者方面：例如不按照規定實施測驗、製造緊張氣氛、給予特別協助、評分過度主觀等。

第三、來自測驗內容方面：例如試題取樣不當、內部一致性低、題數過少。

第四、來自測驗情境方面：例如測驗環境條件如通風、光線、聲音、桌面好壞、空間闊窄等皆具有影響的作用。

第五、來自時間影響方面：例如兩次測驗相隔時間愈久，其他無關變數介入的可能性愈大。

至於影響測驗信度的主要因素，可歸納為下列三項：

⑴測驗之長度：在適當的限度內，且合乎同質性的要求，一個測驗的題數愈多，其信度也愈高。

⑵受試人員的變異性：在其他條件相等的情況下，團體內成員特質分布的範圍愈廣，其信度係數愈大。

⑶間隔時間的長短：以再測驗方式或同一測驗的平行方式求信度，兩次測驗相隔時間愈短，其信度愈高；但為避免記憶的影響，相隔時間自亦不宜過短。

三、四種類型的衡量尺度 (Measurement Scales)

事件特性的衡量有四種程度，即⑴名目類別，⑵等級順序，⑶距離和⑷比率。此四種程度產生了四種類型的尺度 (Scales)。有些測量專家僅承認等級順序、距離和比率等三個尺度。其實，只要我們瞭解這些不同尺度和水準的特徵，自然不必過分苛求。

1.名目類別尺度 (Nominal Scale)

「名目類別尺度」(Nominal Scale) 是衡量水準最低的一種，它只表明名稱上之

不同而已，並不表示順序或數量上的差別。嚴格說來，它又可分為「標記」(Label) 和「類別」(Category) 兩種。

⑴標記 (Label)：數字常被用來代表事物的名稱，而非用來做數量分析。例如學生的學號僅被用來代替學生的姓名，便於資料的處理，若說第 11 號 + 第 12 號 = 第 23 號，顯然就沒有意義，因為陳先生（11 號）+ 李先生（12 號）並不等於王先生（23 號）。

⑵類別 (Category)：所謂類別是使用數字來代表物體的團體，例如將男、女學生分別以 1 與 2 表示之。類別與標記具有密切的關係，它們的相同點是所用數字都不能用來做數量的分析。不過，它們仍有相異之處，即「類別」的每個數字，都代表一個以上的物體，且在分類時，分派到相同數字的所有物體，在某些屬性上都是相似。

2. 等級順序尺度 (Ordinal or Ranking Order Scale)

「等級順序尺度」要求將一個集合中的物體按操作性定義所界定的明確特徵或屬性，而排列成大小或先後順序。等級順序之測量程序有好幾種，最簡單的一種是排名順序法 (Method of Rank Order)，要求受試者，將一組刺激物，依某種屬性，由一個極端依序排到另一個極端。例如汽車製造廠商為了想知道消費者對汽車的看法，將五種類型的汽車如 Benz, BMW, Cadillac, Ford, Toyota，請十個受試者，按「耐久性」(Durability) 的高低加以排列順序。

較為徹底的第二種等級順序測量程序是配對比較法 (Method of Paired Comparisons)。要求受試者在一定時間內，就所有可能的配對，排列出每對刺激的大小或次序。

與配對比較法相類似的是恆常刺激法 (Method of Constant Stimuli)，係以一種標準刺激，逐次與一組物體中的各個成員相配對比較，標準刺激與該組刺激以隨機的順序相配。

最後一種等級順序測量程序是連續性類別法 (Method of Successive Category)，要求受試者把一群刺激分成若干顯然不同的類別。

等級順序測量尺度所得到的資料只是「順序」(Order) 資料，顯示研究對象所具某特定屬性的等第順序而已，如第一名、第二名、第三名……。除此以外，別無其他意義。這些等級數字並不顯示屬性的真正數量，而且也不告訴我們數字間的間隔是否相等，此外，它們並沒有絕對的零點。當然，等級順序尺度可以說出名目類別的意義，所以等級順序尺度可包含名目類別尺度。

3. 距離尺度 (Interval Scale)

「距離尺度」除具有名目類別和等級順序尺度的特徵外，並要求尺度上的等差代表所測量的特質的量之等差，亦即 $(d-a)=(c-a)+(d-c)$。如果一種距離尺度的情況如下：

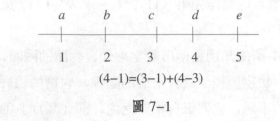

$$(4-1)=(3-1)+(4-3)$$

圖 7-1

但，我們不能說 d 的屬性等於 b 的屬性之兩倍，因為距離尺度並沒有絕對的零點。

4. 比率尺度 (Ratio Scale)

「比率尺度」是測量的最高水準，而且也是科學家的理想尺度。比率尺度除含有名目類別、等級順序和距離尺度的特徵之外，還有一個具有特徵意義的零點，如果一項測量結果在比率尺度上是零，那麼我們便可說某些物體並未具備被測量的屬性或特徵。

由於比率尺度具有一個絕對零點，所以算術的所有基本運算均可使用。換句話說，比率尺度所得到的數字，都可以加減乘除。由於運用不同的尺度量表，所取得的資料具有不同的特質，所以在進行資料分析時，所採用的統計技術，必須首先考慮到資料的特性，針對研究的目的，而選用適宜的分析方法，才能提高研究結果的說服力。

第七節　資料分析 (Data Analysis)

所謂「資料分析」(Data Analysis) 係指把搜集到的資料，加以分門別類的處理 (Adjustment) 與安排 (Arrangement)，使成為有意義的群體，再找尋出它們彼此間的關係 (Relationship)，進而加以詮釋 (Interpretation)，並提出建議 (Suggestions) 供決策者參考。

資料搜集後，如不加以整理與分析，則資料特性無法呈現出來，但如果將資料做了不適當的處理，則會歪曲了資料的特性，進而影響研究結果，可見資料分析的

重要性。

■ 一、編輯、編譯及特殊問題的處理 (Editing, Translation and Dealing with Special Problems)

1. 資料的編輯 (Editing)

本質上，「編輯」乃是把有錯誤及疏忽之資料檢查 (Inspection) 出來，可能的話再加以修正 (Correction) 之程序。編輯的目的，係要使資料(1)儘可能正確 (Accuracy)；(2)與其他之事實相一致 (Consistence)；(3)被處理的機會一樣大 (Equal Opportunity)；(4)儘可能地完整 (Completeness)；(5)能被表列 (Tabalation)；(6)加以適當的安排 (Arrangement)，使編譯及列表容易進行。

2. 資料的編譯 (Translation)

編譯的程序乃是以指定之數字 (Number) 或其他的符號 (Symbol)，給予問題的答案 (Answers)，期使回答之答案，能被分成幾個有限之群體 (Limited Groups)，這種分類的程序，必須注意下列四個規則：

(1)分類須有益於研究問題的解決及研究目的的達成，亦即適當性 (Appropriateness)。

(2)分類必須詳盡完善，即完全性 (Exhaustiveness)。

(3)各分類後之群體，須具有互斥性 (Mutual Exclusivity)。

(4)須以同一分類之原則來進行分類，即單一方向性 (Single Dimension)。

3. 特殊問題資料的處理 (Special Data Problems)

無論使用多完善的研究工具，在所收回的資料之中一定有些難以處理的答案在內。這稱之為「不知道」(Don't Know) 的問題。處理「不知道」問題最好的方法乃是設計出較好的問題 (Better Questions)，事先預防這類答案的發生。如果此類答案之發生具有隨機性，可將「不知道」發生之總數以同一比例分配於所有答案中，如此則有助於資料的表格化。

■ 二、單變量分析 (Analysis of Single Variable)

單變量分析包括「假設的檢定」(Hypothesis Tests) 與「顯著性的檢定」(Significance Test)，茲分別分析於下。

（一）假設的檢定 (Hypothesis Tests)

1. 兩種檢定方法 (Two Approaches of Hypothesis Testing)

「檢定假設」的方法有二，第一為發展較完備之「古典法」(Classical Approach)，或稱樣本理論法 (Sampling-Theory Approach)。此法的主要步驟在指出依賴樣本資料來分析的客觀可靠性（或機率），而從樣本資料，我們可以「接受」(Accept) 或「拒絕」(Reject) 原先建立的假設。檢定假設的第二個方法是「貝氏法」(Bayesian Approach)，此法為古典法的引申，也是使用樣本資料以供決策分析，但貝氏法進一步把其他可得的資料（絕大部分為主觀的機率估計），一併提供給決策者。這些主觀的機率估計屬於「事前」的機率分配 (Prior Distribution)，而當我們獲得樣本情報後，此一「事前」分配可加以修正 (Revise)，修正後的估計值稱為「事後」機率分配，此事後分配還可以再根據進一步的資料再加以修正。由建立各種決策規則 (Decision Rules)，並導入成本 (Costs) 與效益 (Benefits) 的估計值，可以得到不同決策組合的「期望」結果 (Expected Outcomes)，比較各決策方案的「期望值」（成本或效益），可選出一最佳的決策方案。

2. 統計顯著性 (Statistical Significance)

依照樣本理論法 (Sampling-Theory Approach)，我們全憑樣本情報來決定「接受」或「拒絕」一個假設。但樣本與母群體之間多少仍有「差異」(Variance)，因此我們必須判定這個差異在統計觀點上究竟是顯著或不顯著。一項差異是否統計顯著，須視其是否為母群體的真正差異所導致而定。例如一家連鎖零售店的會計員關心公司顧客的貨款是否有滯緩償還的情形。假定他以應收帳款的平均收回期間來衡量貨款償還的速率，若照一般的情況，應收帳款收回期間平均為 50 天，標準差為 10 天，而他分析目前該店「所有」顧客的資料，發現平均要 51 天才能收回帳款，則此一微小差異是否為統計顯著？答案是「肯定」的，因為此差異是普查所得的結果，並非由樣本資料而來。至於有統計顯著性，是否即有實質顯著性 (Practical Significance)？則是另一回事。如果會計員認為這項差異在決策上無關緊要，則該差異即無實質顯著性。假定隨機抽取 25 個帳戶，並計得其平均償還期間為 54 天，如果此一樣本平均值的差異絕少可能是由樣本的隨機擾動 (Random Sampling Fluctuation) 所引起，則此差異即具有統計顯著性。

上例中的顯著性檢定是比較「樣本統計值」(Sample Statistic) 與「母群體母數」(Population Parameter) 之間的差異。另一類型的顯著性檢定則是比較二個或二個以上的樣本，以決定其是否來自相同的母群體。例如由臺北區的連鎖店顧客帳戶中抽

樣，算得其償還期平均為 49 天，而由高雄區的類似樣本中所得到的平均數為 55 天，則此二樣本是由於這二區的本質差異（即係由於來自本質不同的母群體）所致？抑或係由於抽樣擾動本身所生的差異？

3. 假設檢定的理論 (Theory of Hypotheeis Tests)

在抽樣理論檢定假設的方法中，有一「虛無假設」及一「對立假設」。所謂虛無假設 (Null Hypothesis) 即一樣本統計量與母群體母數之間沒有顯著差異的陳述。所謂「對立假設」(Alternative Hypothesis)，即為與虛無假設有相反陳述之假設。以上述應收帳款問題為例，我們可以陳述虛無假設如下：「50 天的平均償還期仍未改變。」對立假設可以用好幾種方式表達。其一為：「平均償還期已改變，而不再是 50 天。」另一種方式為：「平均償還期已超過（或低於）50 天。」前一式屬兩尾假設 (Two-Tailed Hypothesis)，後一式則屬單尾假設 (One-Tailed Hypothesis)。正式的假設亦可由下列方式表達：

虛無假設 $H_0 = \mu = 50$ 天（平均期為 50 天）

對立假設 $H_A = \mu \neq 50$ 天（平均期不是 50 天）

或 $H_A = \mu > 50$ 天（平均期超過 50 天）

或 $H_A = \mu < 50$ 天（平均期少於 50 天）

在進行這些假設的檢定時，我們採用下述的決策規則：如果分析結果不能拒絕虛無假設，則接受 H_0，並且不做修正行動。如果拒絕虛無假設，亦即找到統計顯著差異時，則接受對立假設，並採取適當的修正措施。

然而在做這樣的決策時，我們亦冒著決策錯誤的風險，我們可能接受本應廢棄的虛無假設；也可能廢棄本應接受的虛無假設。後者稱為「第一型錯誤」(Type I Error)；前者稱為「第二型錯誤」(Type II Error)。並以 α 表示拒絕一個真假設的概率，亦即第一型錯誤的概率，以 α 值通稱為顯著度 (Level of Significance)；第二型錯誤的顯著度則以 β 表示。

假定我們面臨上述的問題：決定應收帳款的平均收回期是否已改變。如果母群體的平均數是 50 天，母群體標準差為 10 天，樣本數為 25 個帳戶。根據這些資料，可以算出樣本平均分配的標準差 (The Standard Deviation of the Distribution of Sample Mean)：

$$\sigma_X = \frac{\sigma}{\sqrt{n}} = \frac{10}{\sqrt{25}} = 2$$

$\sigma_X =$ 樣本平均分配的標準差

$\sigma =$ 母群體標準差

$n =$ 樣本數

設若決策規則是當 $\overline{X}$ 小於 46 或大於 54 時拒絕 H_0，並採取修正行動，則下圖中陰影部分為拒絕區域，而由 46 到 54 的區域則稱為接受區域。

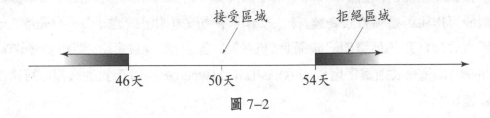

圖 7-2

由於樣本平均數係呈常態分配，故 α 可以根據標準化後的隨機變數計算而得。

$$Z = \frac{\overline{X} - \mu}{\sigma_X}$$

$$Z_1 = \frac{\overline{X}_{C1} - \mu}{\sigma_X} = \frac{46 - 50}{2} = -2$$

$$Z_2 = \frac{\overline{X}_{C2} - \mu}{\sigma_X} = \frac{54 - 50}{2} = 2$$

$\overline{X}_C =$ 樣本平均值的臨界值 (Critical Value)

$\mu =$ 在 H_0 中所陳述的母群體平均值

$\sigma_X =$ 樣本數 25 的樣本平均值標準差

由常態分配的面積表，可知包含在正負各兩個標準差之外的面積為 0.0456 或 4.56%；即當虛無假設為真時，下達正確決策的概率為 95.44%。

我們可以藉移動臨界值，以改變第一型機率的發生機率。換言之，我們亦可以先決定要接受多大或多小的 α 值，然後調整臨界值使其恰好達到此錯誤機率。我們也可以改變樣本數，從而變更分配的離散度 (Dispersion)，譬如樣本數若達到 100，則廢棄區域要達到 4.56% 的臨界值，就變成 48 和 52。

4. 假設檢定的步驟 (Steps of Hypothesis Testing)

由以上簡例可以看出，統計顯著性的檢定大致上依下述步驟進行：

　　第一步、陳述虛無假設：雖然研究者通常真正關心的是檢定改變，或有差異存在的假設，但我們總是使用「虛無假設」以達到統計檢定的目的。

　　第二步、選擇檢定的方法：檢定假設的方法不只一種，因此必須選擇一種比較適宜的方法。選擇的考慮因素有四：(1)檢定的效能，(2)抽樣的方式，(3)母群體的性質，及(4)所用的測量尺度 (Measurement Scale) 的類型。有效的檢定可以較少的樣本達成相同的顯著性檢定。

　　第三步、選定顯著水準 (Level of Significance)：顯著水準的選定必須在開始收集資料以前。

　　第四步、計算差異值 (Variance)：資料收集後，即依所選定的檢定公式計算差異值。

　　第五步、找出臨界檢定值 (Critical Level)：先算得 t 值、x^2 值或其他的檢定值後，可在該分配的表列中找出對應的臨界值，此臨界值可界定虛無假設的拒絕區域或接受區域。

　　第六步、做決策：如果所計得的檢定值在接受區域之外，便拒絕虛無假設，而得到支持對立假設的結論（雖然我們無法直接證明對立假設為真）；反之，所得的值在接受區域之內，則因我們無法拒絕虛無假設，便只好接受虛無假設。

（二）顯著性的檢定 (Testing Significance)

1. 檢定的兩種型態

　　顯著性檢定可分兩點——母數與無母數檢定 (Parametric and Non-parametric Tests)。母數檢定比較有效，因此，只要符合使用的條件，一般多使用母數檢定法，其條件有四：

　　(1)需為獨立之觀察 (Independent Observations)：亦即任何樣本之抽取都不影響其他母群體元素被選取的可能性。

　　(2)樣本需採自呈常態分配 (Normal Distribution) 的母群體。

　　(3)母群體變異須相等。

　　(4)使用距離尺度以上的衡量尺度。

　　在使用「母數檢定法」時，通常都假設符合上述條件，雖然在事實上通常沒有驗證其一致性。但是使用符合上列條件的人工母群體去實證的結果顯示，這種檢定非常有力，而且，即使實際情況與理論上的要求稍有差異時，其效果仍然相當良好，因此，常可看到母數檢定法被用在嚴格說來只適用無母數檢定法的情況。

　　「無母數檢定法」比較沒有嚴格的限制，既不需要有母群體為常態分配的假定，

也不必符合母群體變異相等的條件。雖然有些無母數檢定法仍需要觀察彼此獨立的假定，但有些則是特別設計來檢定樣本元素有關係存在的情況。

無母數檢定法是唯一適用檢定「類別名目」資料 (Nominal Data) 的方法，同時也是能真正檢定「等級順序」資料 (Ordinal Data) 的方法，雖然這些資料有時也用母數檢定法。無母數檢定法亦可用於距離尺度資料與比率尺度資料。無母數檢定法比較容易使用，也易於瞭解。即使在適合母數檢定法的情況，無母數檢定法也常能達到百分之九十五的檢定效能，亦即無母數檢定若以樣本數 100 來進行檢定，則其統計檢定的效果將等於樣本數 95 的母數檢定效果。

2. 單一組樣本的檢定

單一組樣本之檢定，其待檢定之假設為：該樣本是否來自某特定之母群體？例如：

⑴我們所觀察到的次數 (Observed Frequencies) 是否與我們根據某些理論所推導出來的期望次數 (Expected Frequencies) 有差異？

⑵我們所觀察到的和所期望的比例值 (Proportions) 是否有差異？

⑶樣本是否依某種特定的分配（如常態分配、波松 Poison 分配等），由母群體中抽取而得？

⑷樣本的集中趨勢 (Central Tendency) 與母群體母數之間是否有顯著的差異？（如 $\bar{X}$ 與 μ 是否有顯著的差異？）

適合上述問題的檢定方法很多，茲分別舉例介紹。

第一、母數檢定法：t 檢定 (t-Test) 乃用以決定樣本平均值與母群體母數之間的統計顯著性。典型的應用例有：

⑴比較兩樣本的電燈泡平均壽命 $(\bar{X}_1 - \bar{X}_2)$，以決定某一生產批次是否符合品管規範。

⑵比較可能參加某一晚宴的人數比例值是否達到母群體的某一百分比 $(P_S - P_P)$。

⑶判定某一受過訓練的樣本員工之平均績效，是否高於過去全部員工的平均績效 $(\bar{X}_1 - U)$。

為說明單一組樣本 t 檢定的應用，讓我們再回到前述會計員的問題。假定他採100 個帳戶做樣本，並發現樣本平均值為 52.5 天，樣本標準差為 14 天，此一結果是否顯示母群體平均值仍可能為 50 天？在此我們遇到一個常有的情況，即我們只知道樣本的標準差 (S)，因此我們必須以它代替母群體標準差 (σ)，在以 S 代替 σ 時，我們須使用 t 分配，尤其在樣本數少於 30 時更宜如此。我們定義 t 為：

$$t = \frac{\overline{X} - \mu}{S\sqrt{N}}$$

$\overline{X}$：樣本平均值

μ：母體平均值

S：樣本標準差

N：樣本數

當樣本數愈大，t 分配 (t-Distribution) 愈接近標準常態分配 (Normal Distribution)，t 分配因自由度不同而變化（此處之自由度 Degree of Freedom 為 $N-1$）。依照前述的六段顯著性檢定，此問題可處理如下：

①虛無假設：H_0：$\mu = 50$ 天

　　　　　　H_A：$\mu > 50$ 天（右尾檢定）

②統計檢定方法：因資料為比率尺度，故選擇 t 檢定。假定母體為常態分配，且我們係由母群體中隨機抽取樣本。

③顯著水準：令 $\alpha = 0.05$, $N = 100$

④計算統計量：$t = \dfrac{52.5 - 50}{14/\sqrt{100}} = 2.5/1.4 = 1.786$；自由度 (d.f.) 為 $N - 1 = 99$。

⑤臨界檢定值：由 t 分配表知，在 d.f. = 99, $\alpha = 0.05$ 時之臨界值為 1.66。

⑥由於算得的統計量大於臨界值 (1.786 > 1.66)，因此我們拒絕虛無假設，而獲得「應收帳款平均收回期增長」的結論。

　第二、無母數檢定法：適用於單一組樣本的無母數檢定法有好幾種，其適用性端視所用之衡量尺度與其他狀況而定。若為類別名目尺度，則可以用二項式檢定或 x^2 檢定。二項式檢定 (Binominal Test) 適用於當母群體可以分成兩類之情況，如「男性」和「女性」，「購買者」和「非購買者」等，尤其當樣本數過小，以至於無法使用卡方 x^2 檢定時，二項式檢定特別有用。

　⑴卡方 x^2 (Chi Square) 檢定：

　最常使用的無母數顯著性檢定是 x^2 檢定 (Chi Square Test)。特別是用於「類別名目」(Nominal) 資料，但也可以用於較高級的衡量尺度。這種方法係屬檢定「適合度」(Goodness-of-Fit) 的一種，亦即檢定觀察資料中各類別名目的分配，是否與虛無假設所期望的分配間有顯著差異。x^2 檢定可用於單一組樣本分析，也可用於二組或多組獨立樣本，但所用之資料須為可計數之資料，並且不能用百分比。

　　在單一組樣本的檢定中，我們先建立一虛無假設，從而導出各類別名目的期望次數 (Expected Frequency)，然後比較實際的次數分配與期望的次數分配之間是否有差異，若差異愈大，表示此差異愈為真正差異，愈不可能由於機會所導致 (Caused by Chance)。x^2 值即表示此種差異的程度，其計算公式為：

$$x^2 = \sum_{i=1}^{k} \frac{(O_i - E_i)^2}{E_i}$$

O_i：第 i 類的觀察次數

E_i：根據 H_0 所推導出來的第 i 類期望次數

k：類別數

　　自由度（Degree of Freedom，在此為 $k-1$）。若不同，則 x^2 的分配即不同，要適合 x^2 檢定需先確保每一類別的次數都足夠大。至於需要多大，則視自由度的大小而定。當 d.f. = 1 時，每一類別的期望次數至少要不低於 5；若 d.f. > 1，則期望次數有百分之二十以上小於 5，x^2 檢定便不適用。此時期望次數常可藉合併相鄰的類別而增加。如果只有二種類別而次數仍不夠使用 x^2 檢定時，便只能使用二項式檢定 (Binominal Test)。

　　假定我們舉辦學生對參加伙食團的興趣調查。我們訪問了 200 名學生，以瞭解他們如果參加此一擬議中的伙食團，其動機將為何。我們依照學生住宿的情形來分類。其結果如下：

表 7-1

住宿情形	欲參加人數	被訪問人數	百分比	期望次數
①住校舍	16	90	0.45	27
②在學校附近租房子	13	40	0.20	12
③在離校遠的地方租房子	16	40	0.20	12
④住在家裡	15	30	0.15	9
	60	200	1.00	60

　　各類學生意欲的不同是否為顯著性差異？或僅是抽樣的變異？同樣根據假設檢定的六段法，推演此問題如下：

　　①虛無假設：H_0：$O_i = E_i$，亦即想加入伙食團的人，其比率與住宿情形無關。

　　　　　　　　H_A：$O_i \neq E_i$，亦即想加入伙食團的人，其比率因住宿情況而不同。

②統計檢定方法：由於此問題所用資料是「名目類別」資料，且觀察值夠大，故使用 x^2 檢定。

③顯著水準：令 $\alpha = 0.05, N = 200$

④計算統計量：

$$x^2 = \sum_{i=1}^{k} \frac{(O_i - E_i)^2}{E_i} = \frac{(16-27)^2}{27} + \frac{(13-12)^2}{12} + \frac{(16-12)^2}{12} + \frac{(15-9)^2}{9} = 8.89;$$

$$\text{d.f.} = 3$$

⑤臨界檢定值：d.f. = 3, $\alpha = 0.05$ 時之臨界值為 7.82（查 x^2 分配表）。

⑥決策：由於所算得的統計量大於臨界值 (8.89 > 7.82)，故拒絕虛無假設，亦即在各類學生中想參加伙食團的比率有顯著的差異。

⑵KS (Kolmogorov Smirnov) 檢定：

當所用的資料至少為「等級順序」(Ordinal) 資料時，欲比較觀察的樣本分配與某一理論分配的差異時，宜使用 KS 檢定。因在上述情況下，KS 檢定比 x^2 檢定有力，且可用於 x^2 檢定不能適用的小樣本檢定。KS 檢定為一種「適合度」的檢定，係比較我們根據某一理論分配所導出的累積次數分配 (Cumulative Frequency Distribution) 與實際累積次數分配之間是否有差異存在的一種檢定方法。理論分配是我們根據 H_0 所產生的期望值。我們把理論和實際分配的最大差異值定義為 D，亦即令：

$$D = \text{Maximum } |F_0(x) - F_T(x)|$$

$F_0(x)$：隨機樣本的累積觀察次數分配，x 為任意之可能觀察值，亦即 $F_0(x) = K/N$，其中之 K 為觀察值，小於或等於 x 的數目，N 為樣本數。

$F_T(x)$：根據 H_0 所得的理論累積次數分配。

為說明 KS 檢定的方法，茲改用年級作為分析參加伙食團意欲的分類方式。在訪問時，各年級接受訪問的人數相等（五個年級），但所得的想參加的人數卻不同 (5, 9, 11, 16, 19)，假定年級為等級順序尺度，則其檢定過程如下：

①虛無假設：H_0：各年級想參加伙食團的人數沒有差異。

　　　　　H_A：各年級想參加伙食團的人數有差異。

②統計檢定方法：由於係使用順序資料，且我們是想比較觀察分配與理論分配，故使用 KS 檢定。

③顯著水準：$\alpha = 0.05, N = 60$

④計算統計量：$D = \text{Maximum} \, |F_0(x) - F_T(x)|$

表 7-2

各年級人數	一年生	二年生	三年生	四年生	研究生
	5	9	11	16	19
$F_0(x)$	5/60	14/60	25/60	41/60	60/60
$F_T(x)$	12/60	24/60	36/60	48/60	60/60
$|F_0(x) - F_T(x)|$	7/60	10/60	11/60	7/60	0
$D = \text{Maximum} \, |F_0(x) - F_T(x)| = 11/60 = 0.183; \, N = 60$					

⑤臨界檢定值：因 $\alpha = 0.05$，查 KS 單一樣本檢定表，知此時之臨界值為 $1.36/\sqrt{60} = 0.175$。

⑥決策：由於所計算的統計量大於臨界值 $(0.185 > 0.175)$，故應拒絕虛無假設，亦即想參加伙食團的人數各年級的確有差異。

3.二組以上樣本之檢定

以上所舉之例為檢定單一組樣本的方法，有關二組樣本檢定，可用的檢定方法有：母數檢定法、McNemav 檢定法、Sign 檢定法、Wilcoxon 檢定法、x^2 檢定法、KS 法、二樣本檢定法、Mann-Whitney U 檢定法。

有關三組或三組以上的 K 組樣本檢定，可用的檢定方法有：變異數分析 (Analysis of Variance, ANOVA) 法、x^2 檢定法、中值檢定法、Kruskal Wallis 單向變異分析法、Cochran Q 檢定法、Friedman 雙向變異數分析檢定法等，可視資料的類別以及分析的目的，選擇適當的檢定方法。

三、多變量分析 (Multivariate Analysis)

至於多變量分析的模型及其應用，如多元迴歸 (Multiple Regression)、因素分析 (Factor Analysis)、Canonical Correlation Analysis、Path Analysis、Conjoint Measurement、主成分分析 (Principal Component Analysis)、區別分析 (Discriminant Analysis)、群落分析 (Cluster Analysis) 及 Automatic Interaction Detection 等技巧，亦分別有其適用範圍及效能，有興趣的讀者可自有關多變量分析的專書或論文中進一步加強此類技巧，本處限於篇幅，無法敘述殆盡。

第八節　研究報告之撰寫 (Writing of Research Report)

一、撰寫研究報告的基本觀念

一項研究工作的優劣繫於三個基本條件：⑴研究題目的選擇，⑵研究方法的運用，及⑶研究結果的表達。不少研究者對研究結果的報告，沒有給予適度的關切，甚為可惜。這種情形就好比一件製造精良、效能優越的產品，缺乏有效的行銷一般，終告失敗，令人遺憾。研究結果縱使有相當高的價值，若其發表的方式不妥，將會使研究的價值大為減低。一位研究者若能熟諳研究報告寫作的技巧，無疑地對其工作前途大有裨益。以下為報告撰寫的基本準備。

1. 下筆前的思考 (Thinking before Writings)

下筆之前首應回顧本研究專題的目的在那裡？本報告的目的又為何？研究報告的撰寫是整個研究工作的一環，撰寫之前，首先應該對研究的目的做一清晰的回顧 (Purpose Recall)。其次，要考慮將來閱讀報告的人 (Report Readers) 有那些特性、需要、及偏好等。固然我們不能無中生有，甚至歪曲事實來迎合這些人的需要和偏好，但是一位有技巧的研究者，在撰寫研究成果時，應有這種重視顧客特性的基本態度。知道誰將閱讀報告，也有助於報告篇幅的決定。此外，瞭解讀者的知識程度，才能縮短作者與讀者之間溝通方面的差距。

第三個問題為：寫作的環境和限制為何？所研究的主題性質是否為高度技術性？是否需要統計數字或圖表？標題的重要性為何？什麼是報告的範圍？可應用的時間有多少？

2. 表達的原則 (Principles of Presentation)

研究報告是用來正確地傳遞資料情報，所以應避免語意模糊和咬文嚼字，應多使用平易近人的口語化詞句，以利彼此的溝通。

更具體地說，研究報告之撰寫應⑴組織分明、⑵內容精要、⑶主題的發展清晰、⑷外表的規格富吸引力，其中尤以組織分明最易為一般研究者所忽略，應練習活用「標題」(Heading) 與「副標題」(Sub-heading) 來指示主題的發展與重點的所在，並隨時提醒讀者正在討論的內容與方向。

為求內容的簡明精要 (Clear and Compact)，必須剔除多餘的材料。雖然有些人認為報告愈長愈好，或許有些情況是好些，但一般而言，則不然。

內容的簡明精要，唯有經寫作者經由數次的檢討、修正和濃縮來達成。換言之，修正 (Modify)、再修正 (Re-modify) 是改進文章品質的重要途徑。再者，為求報告的吸引力，最起碼必須外表清潔，以顯示出組織結構的形跡。此外，報告紙張的頂端及底端皆須留有適當的空白。

撰寫研究報告是寫作 (Writing) 的一種，而寫作本身是一種對「靈感」有相當大依賴性的工作。Jaeques Barzun 和 Henry F. Graff 曾提出有助於克服文思蔽塞，以激發靈感的經驗法則：

⑴不要等到所要的資料全部蒐集齊全才開始動筆。太多的要點足以使人思路遲滯，尤其是早期的資料將會消逝在時間的迷霧中。因此，只要有部分的概念在心中形成，就應立刻加以捕捉，草擬出來。

⑵不要輕易放過那些你認為可能會再改變的東西，應該先記下來再說。

⑶對於已在你心目中成熟的部分，其段落之編寫毋須猶豫。

⑷一旦開始動筆就不要輕易停止，即使自己尚不十分確定的部分也可以記下來。

⑸如果寫到中途文思被卡住了，可以再次閱讀前兩三個段落，並維持內心的從容、平靜，就有打通瓶頸的可能。

⑹因為章節段落的起頭最難，所以對這些地方應付出較多的心力。

二、研究報告的基本結構 (Structure of Research Report)

一份正式的研究報告在內容結構上應包括「前列資料」、「論文主體」及「參考資料」三部分。

1. 前列資料 (Preliminary Materials)

在論文主體部分之前所列的資料，稱為前列資料。在這一部分通常包括以下組成因素：⑴主題頁，⑵審核頁，⑶序與致謝詞，⑷內容目錄表，⑸表格目次表，⑹圖形目次表等。

⑴主題頁 (Title Page)：一篇研究報告如裝訂為單行本時，除封面外，載有論文或研究主題的一頁稱為主題頁。在主題頁上載有：論文或研究報告題目、作者姓名、授予學位學校（或出版機構）、學位名稱、提出年月及地點，這些資料合佔一頁。

⑵審核頁 (Approval Sheet)：學位論文必須有審核頁，一般性論文則可省略。一般審核頁只有一頁，包括論文指導教授、論文指導教授團及研究所所長（或有關人員），審核認可之簽字或蓋章等，有的則只有指導教授簽字，有的須所有論文指導委員都得簽字。

⑶序與致謝詞 (Preface and Acknowledgement)：序包括作者為何進行此一研究之理由，研究之背景、範疇、目的以及對於那些與該研究工作有幫忙之個人、機構之銘謝。這部分之篇幅不宜太多，一頁足矣。

⑷內容目錄表 (Table of Contents)：內容目錄只包括二級標題，如果報告內容是按章節寫的，只寫章與節兩級標題。如以英文撰寫，第一級標題全用大寫字母，第二級標題除第一字字首大寫外，餘用小寫字母。每章的名稱要能吸引人，並能表達整個論文或報告的主要內容關鍵字眼。

⑸表格目次表 (List of Tables)：表格目次表應包括表格編次、表說題及其所在的頁碼。

⑹圖形目次表 (List of Figures)：圖形目次表應包括圖次、每圖說其所在頁碼。

2. 論文主體 (Main Body or the Text of the Thesis)

通常所說的論文或研究報告係指主體這一部分而言。其架構可分繁簡兩種，前者多屬學位論文，後者多屬於期刊雜誌上發表的報告。此處僅將兩種格式列出，至於每一部分的寫法，由於篇幅限制，請讀者自行查閱有關研究方法方面的專書。

繁式：⑴緒論、⑵研究方法與步驟、⑶有關主要變數之內容及相關文獻評述、⑷研究結果（或研究發現）之主文、⑸討論（或分析）、⑹結論（摘要及建議）。第⑶、⑷，及⑸部分可以依主要變數，分數章混合說明。

簡式：⑴結論、⑵研究方法與步驟、⑶研究發現與分析、⑷結論（摘要與建議）。

3. 參考資料 (Reference Materials)

這部分資料通常都列在主體之後，包括書目 (Bibliography) 及附錄 (Appendix) 兩項。

第八章 管理情報資訊系統之建立

(Establishment of Management Information System: SCM-ERP-CRM)

英文 "Information" 在日本譯為「情報」，指把各種時、空、人、事、物之實情回報給決策者 (Decision Maker)；在臺灣譯為「資訊」，指資料訊息 (Data and Message) 供決策者使用；在中國大陸則譯為「信息」，指通信消息 (Communication and Message) 供使用者、決策者使用。三者名稱不同，但對企業決策之用途相同。本書則三個名稱互用或聯用。

管理學者史天納曾經說過，資訊情報流程 (Information Flow) 對於企業生命與健康的重要性，恰似血液及神經系統之於身體一樣。另一位學者巴拉斯蒂 (Ross Parasteh) 則認為，小公司如果具有優越的資訊情報系統，其成效足以抵銷沒有同等優越情報資訊系統之大競爭者所具規模經濟 (Scale of Economy) 之壓力。

在經濟高度發展的國家，由於「電腦革命」(Computer Revolution) 及衛星無線電信技術 (Telecommunication) 之聯合飛躍發展，形成國際網際網路系統 (Internet) 對促進現代經營管理觀念之革新，貢獻良多。「電腦」之利用已代替人類「體力」及小腦重複作用力，進而成為「人類智力」(Human Intelligence) 之有力工具，啟發公司內部各部門作業情報資訊化社會 (Informationized Society) 之契機，形成另一個網內網路系統 (Intranet)。而衛星無線電訊的普及化 (Popularization)，更加速公司外，各公司之間情報資訊化社會的成熟度，更形成眾多網外網路系統 (Extranet)。

由於半世紀以來電腦系統技術與管理科學之發達，以及國際競爭和經營環境之複雜變化，現代企業經營管理已產生新的資訊情報及知識管理技術，此即二十世紀 60 年代「電腦化管理資訊系統」及二十世紀末二十一世紀開始之「供應鏈管理」—「企業資源規劃」—「顧客關係管理」三者一體之供、產、銷大聯合 (SCM-ERP-CRM System)。雖然大、中、小公司管理資訊情報系統在理論上，不一定非用電腦為工具不可，但是國內大公司的管理情報資訊系統及國際化大中型公司的管理情報系統，為資料處理速度及記憶、傳輸之方便，已經多以快速電腦為工具，使企業與企業之間，使企業內各部門各階層管理中所用的情報資訊成為一個完整的系統。

有效的管理情報資訊系統能促使行銷、生產、採購、研發、人事、財務、會計各種功能部門之情報資訊流程互相掛鉤，並暢行無阻，滿足各級主管的決策情報

(Decision-Information) 需求，提高決策之品質 (Decision Quality)。對於那些關切企業如何才能達成預期績效目標的高階主管而言，合用的快速電腦化、無線電訊化管理情報資訊系統是他們與人競賽的一張有力王牌。

第一節　情報資訊與管理情報資訊系統 (Information and Management Information Systems)

一、情報資訊之意義及其重要性 (Meanings of Information and Its Importance)

1. 情報資訊就是知識的代名詞 (Information is knowledge)

資訊情報的定義在不同學者之間有不同的說法。詹森 (Johnson) 認為情報資訊的觀念與事實 (Facts)、數據 (Data)、知識 (Knowledge) 等資料有關，是經過處理過的資料 (Processed Data)；艾倫 (Samuel Eilon) 將情報資訊定義為「經過評估 (Evaluated) 而有特殊用途 (Special Use) 之數據與知識」；史天納 (George A. Steiner) 則認為情報資訊是一種經溝通、經過調查研究與觀察所獲得的有價值知識 (Knowledge)，可供決策之用。所以「情報」資訊亦稱為「知識」(Information is knowledge)，「無情報」信息就等於「無知識」，不會利用情報資訊為決策基礎的人，就是無知識的決定人，其決策品質必然低劣。那些居高位，遠離群眾，沒有情報資訊的大官，不是「官大學問大」，而是「官大學問小」。

一般而言，「情報」資訊係指為解決某一特定問題而經過評估及整理之資料 (Processed Data)，也是包羅萬象的各種情況之消息。一般人所關心的情報資訊，仍僅及於對其生活或事業可能立即發生直接優劣影響者，或可能滿足其好奇心的那一部分。「情報資訊管理」(Information Management) 一詞之情報，不僅指可滿足好奇心或可能導致直接影響的消息，同時，並含一切被認為具有參考用途之資料。如經營管理中之員工工作進度情況，當日之利率、匯率、利潤率，成品生產量、半成品在製量、成品庫存、交運量，材料消耗量、採購量、庫存量、在運量，產品銷售價、量值，客戶訂購，現金收支流動，應收、應付，顧客愛好，員工人數、健康狀態及其流動情況，單位及單元生產成本，品質、品保、收率 (即良品率)、生產力，交際費開支等等情形，均為情報之一部分，所以資訊「情報」就是實際活動「情」況「報」告回來 (Report back of Real Facts) 之專門稱謂。

　　所謂「情報資訊科技」者，包括為有效經營一個企業，所需要取得知識 (Acquire Knowledge)、運用知識 (Apply Knowledge) 以及傳遞知識 (Transfer Knowledge) 的各種有關技術方法，包括所有硬體設備 (Hardware) 和軟體 (Software) 技術以及運用這些硬體及軟體技術的原則。「情報資訊科技」和「情報資訊系統」兩者之間，最主要的差別在於後者包含人 (Human) 及人的決策 (Human Decision) 活動在內。

　　通常所謂之「經營情報」（或管理資訊情報，Management Information）應具有下列特性：

　　⑴必須是對經營管理有效，屬於企業內或企業外，經調查蒐集獲得之資料。(Related to Management Effectiveness)

　　⑵必須為提供各級主管日常決策參考之情報。(Reference for Daily Decisions)

　　⑶必須為長期經營計畫或重大決策有用的情報。(Basis for Long-Range or Big Decision-Makings)

　　⑷必須是以電腦為主要手段而做成之情報。(Computer as Key Tool)

　　⑸必須是能應付經營決策人員之需要，並能迅速提供之情報。(Fast Actions)

2. **情報資訊是理智決策之基礎** (Information is the basis of rational decision-makings)

　　企業經營者應就情況做適當的判斷，並適時做成妥當決定，方能掌握良機，所以必須盡量蒐集情報作為基礎。情報蒐集得愈多，則判斷亦愈正確。

　　一般而言「情報」資訊之價值在協助主管人員達成以下任務：

　　⑴配合所負職責，適當分配時間之使用。(Time Allocation)

　　⑵減少決策效果不確定成分，因完整的情報可協助瞭解決策之後果如何？有何影響？(Reduction of Uncertainty)

　　⑶做成較佳品質之決策。(Better Decision Quality)

　　⑷做成較快之決策。(Faster Decisions)

　　⑸使判斷運用於較高層次之問題解決過程。(Help Top Managerial's Judgement)

二、管理循環與情報資訊的關係 (Management Cycle and Information)

1. Plan-Do-See 管理循環

　　管理的行為，一般認為是由三種機能所組成；即：

　　⑴計畫 (Plan)：事前決定一個方案，述明目標、方法、預算、時間進度及人力

需求。

(2)執行 (Do)：事中按既定方案執行，包括組織結構之設定，人力之配備，及工作實施之督導。

(3)控制 (See)：在決定新方案前，將舊方案執行效果與預定目標比較分析，給予必要之糾正及獎懲措施，以確保目標之達成。

這三種 Plan-Do-See 管理行為所構成的循環，稱為「管理循環」，或「行政三聯制」，其間關係如圖 8-1。「計畫」(Plan) 的功能，通常是指策略性的企劃，多為最高管理階層之任務。「執行」(Do) 的功能多指一般作業之現場實施，即較低級管理階層的業務。「控制」(See) 的功能，多指承上啟下之中階幹部追蹤、考核、分析、比較、檢討、糾正低階執行情況之管理控制業務。根據圖上相對位置，可以看出各職責的差別。

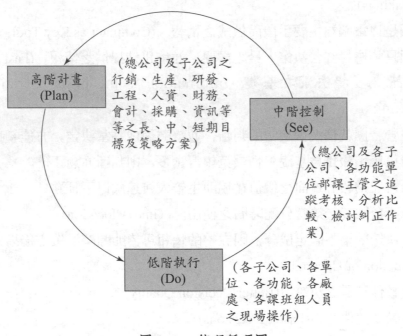

圖 8-1　管理循環圖

2. 各階段所需要之情報資訊不一 (Different Information for Different Stages)

試將每一功能當作一個接受情報「輸入」，以及產生情報「輸出」的地方，則計劃功能即為「內部情報」(Internal Information) 與「外部情報」(External Information) 發生交互作用之處。「內部情報」為「控制功能」所必需，受「執行功能」所影響。但對一個公司而言，「外部情報」通常是獨立性的，諸如人口成長率、經濟發展條件、

顧客需求、競爭變化等是。因「外部情報」為一個公司在經營環境中追求「生存」及「成長」目標所必需考慮的不可控制之環境性情報，所以也稱為「環境情報」(Environmental Information)。

最高管理階層在運用外來「環境情報」與控制功能回饋來的「內部情報」後，即可據以分析強點、弱點、威脅及機會（即 SWOT 分析），並決定新目標及新行動策略。此包括公司長、中、短期願景目標，以及達成目標所必要的一般政策及特定戰略方針。換言之，所採取的願景目標及行動策略，應該是這種情報交互作用後的另一種「輸出情報」(Output Information)。

又因為決定任何一個行動策略，皆將限制一個公司下一階層的某種自由意願，所以我們稱此為「限制性情報」(Restrainning Information)。「限制性情報」非常普遍，諸如淨值報酬率目標，或市場佔有率目標，生產力目標，創新目標，人力發展目標，社會責任目標，或五年期預算等等皆是。

不論「限制性情報」的形式如何，均由一個預期的行動 (Expected Action Programs) 所產生，因此，就時間的先後言，「限制性情報」也是一種「預測性情報」(Forecasted Information)。

雖然，「執行功能」位於計劃後「情報輸入」(Input Information) 交互作用之處，但仍然需要更多的「內部情報」及「外部情報」。此處內部情報多為「限制性情報」，係由最高管理階層所決定，並為較高管理階層所詳細制訂及解釋，以供較低級管理階層運用的情報。此種情報稱為「預決性情報」(Pre-determined Information)。當管理上實際行為與預決性情報交互作用後，產生異動的結果，稱之為「彙總資料」或「異動性情報」(Variation Information)，也即最低管理階層所需的另一種情報，是從操作現場反應產生的回饋情報 (Feedback Information)。

不論單位為何，異動性情報是與管理上行為同時發生，若以時間先後言，異動性情報即為「同時性情報」(Concurrent Information)。

中階「控制功能」(See) 發生交互作用所需要的兩種情報來源，與另外兩種功能 Plan-Do（計劃與執行）所需要的略有不同。「控制功能」所需要的兩種都是來自內部的。一種是最高管理階層以「限制性情報」或「預決性情報」所供給，另一種是較低管理階層以彙總形式所提供的異動性情報，後者稱「彙總性情報」(Summaried Information)。

較高管理階層所用內部情報交互作用的結果，產生了分析。是稱「分析性情報」(Analytical Information)。分析性情報可為一簡單比較，例如銷量增加 12%，或一複

雜比較，例如數量、價格、及效率的三重影響。

　　不論內容詳細的程度如何，「分析性情報」總是發生在事後。以時間先後言，分析性情報是「歷史性情報」(Historical Information)。

　　在管理循環中，各種情報輸出輸入的關係，如圖 8–2。

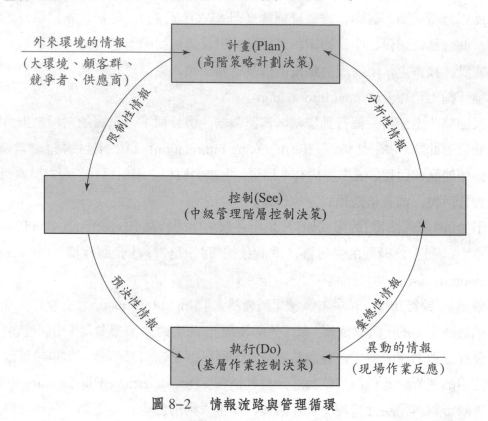

圖 8–2　情報流路與管理循環

三、管理資訊系統 (MIS) 的形成 (Formation of MIS)

1. 提供決策所需之情報資訊 (Providing Information for Decision-Makings)

　　所謂「管理情報系統」或「管理資訊系統」(Management Information System) 之解釋頗多，比較普遍的說法是：「管理情報資訊系統是為各級經理人員，提供他們決策時所必要之充分、及時與準確情報的一種系統化方法。」理智之管理「決策」需有充分及時、準確之「情報」作為基礎，而供管理決策的情報必須成為「系統化」，其功效才能發揮，所以「情報」資訊必須「系統化」，而「系統化情報資訊」必須供「管理」決策之用，形成「管理資訊系統」一詞。

　　「管理資訊系統」僅是提供情報資訊的一種服務設施，它不應且也不能代表決

策本身。經理人員常恐懼在建立管理資訊系統後，將喪失其決策的特權，此種恐懼誠無必要。相反地，當實施管理資訊系統後，決策的需求，將更明顯，不僅管理階層必須在事前要做很多決策（預決性情報即為管理階層事前所做的決策），並且當狀況超出預期時，尤要適時做更多的糾正性決策。

2. MIS 不代表決策本身 (MIS is not Decision-Making)

就圖 8-3 而論，電腦系統首先要檢查客戶的信用限額，這種限額的數字必需事先決定。若「答案」未曾超額，即表示該客戶信用尚在有效控制中，可以自動走上發貨的例行途程，因這時，管理階層總不至於願意受這些例行事項的打擾！但如「答案」超過限額，即表示該客戶信用已超出控制，對於此次發貨顯然並非正常事項，這時就要考慮決定是增加其信用限額而接受訂貨？還是維持既定限額而拒絕其訂貨？這種決策工作仍是管理階層的職責，不能迴避。電腦系統只不過是忠實的做出一張請求審查有關客戶信用限額的「備忘錄」，供其審核而已。

雖然，在技術方面，管理情報資訊系統能供給各管理階層下決定用的情報資訊，但是在建立此系統之前，必需先由管理階層決定到底那些決策及情報資訊是他所需要的？以及是否要在一種系統化組織的狀況下產生該情報資訊？有的時候，要確定那些情報資訊真正需要，並非易事，例如引用企業循環的情報就是佳例。並且要將之導入管理資訊系統的成本也很高昂。因此，在設計管理資訊系統時，必須慎重考慮這些因素，換言之，「實際」要重於「理想」，而「經濟的條件」也要高於「技術的條件」。

3. MIS 之優點

管理資訊系統所提供的情報，與其他方式產生的情報，兩者間唯一的差別是前者經過系統分析與組織，而後者或是或不是。通常一個良好的管理資訊系統要比其他提供情報的方式有下述各種優點：

(1)事前已妥慎考慮各種決定對管理上的全盤影響。

(2)所提供的回饋情報資訊種類能與既定計畫之所需一致。

(3)所提供的回饋情報資訊能與長程計畫及短程計畫相一致。

(4)能運用現代數學及管理新知，將既往事實與預測的未來趨勢，加以關聯，並使之數量化。

(5)使財務的資料與作業的資料相融合，產生衡量工作效率的各種標準。

(6)能適應總公司暨所屬各單位的全盤情報資訊需要。

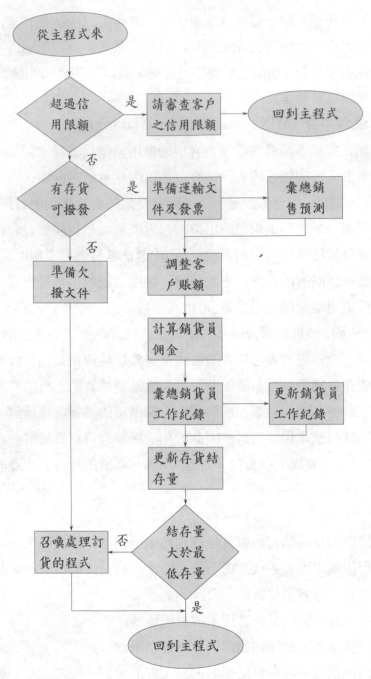

圖 8-3　有關銷貨異動性情報的單一處理流程

(7)對各級管理階層僅提供其真正必要之明細程度及例外原則下的情報，所以處理的時間少，而提供之情報量大。

(8)能有效運用資料處理人員及設備之能量。

(9)具有修改的彈性及適應性。

　　實施管理資訊系統在理論上，並非非用電腦不可。不過，由於大量積聚的情報資訊要用不同的幅度來衡量，有時要放大，有時要縮小，並且需要迅速及時，因此，在實際上，實施管理資訊系統，唯有採用電腦作業，其效果才能相得益彰。

　　換言之，「管理資訊系統」可用「人工檔案」(Human Filing) 方式來執行（指古老傳統時代），也可以用電腦資料庫 (Computer Data-Bank) 方式來執行（指現代數位時代），但以後者為上策。

四、電腦化管理資訊系統的結構 (Structure of Computerized Management Information Systems)

　　電腦化管理資訊系統須由以下三種不同機能結合而成：

　　⑴電腦（電子資料）處理系統 (Electronic Data Processing Systems)，包括眾多「單一功能」別之「電子資料處理」(EDP) 系統，但互不連線。

　　⑵通信聯網系統 (Communication Network Systems)，公司內眾多功能部門間及公司外眾多公司間互聯通信，包括 Intranet, Extranet，及 Internet。

　　⑶經營決策支援系統 (Management Decision Supporting Systems)，包括高階策略規劃與決策、中階管理控制與決策，及基層作業規劃、控制與決策等之決策支援系

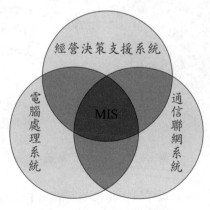

圖 8-4　MIS 結構圖

統 (Decision Supporting Systems)。

　　在運用時，電腦（電子資料）處理系統與通信聯網系統 (CNS)，必須互相配合處理，並須符合下列條件：

　　⑴電腦本體必須能同時多元處理 (Multiple Processing)，應用較大型電腦。

　　⑵必須具備中央檔系統 (Central File System)，以便將各種資料為適應不同目的

而反覆整理。

⑶必須為分時系統 (Time-Sharing System)，俾供異地之多數管理人員共同利用。分時系統為電腦與通信回路相連，由多數人共同利用電腦之系統。

中央檔系統之普遍利用，常在技術上完成大型記憶裝置，以情報檢索方法 (Information Retrieval) 以及資料精編 (Data Reduction) 方法之進步等為基礎。中央檔系統之功能，為將若干資料由一部記憶裝置機記憶，但隨時可以輸出，或將其精編為較有價值之情報，以適應各項不同目的而利用。此方法亦稱為「單一輸入系統」(Single Input System) 或「綜合檔系統」(Integrated File System)，由企業內部各階層所產生之資料，全部集中於一處，再精編為各階層所需之情報。中央檔系統之功能所顯示者，即為管理資訊系統基本結構上所具之特徵，其優點為隨時隨地及同時對任何部門或階層可提供所需之情報。此綜合性情報溝通之中央檔系統 (MIS) 之結構圖如圖8-5。

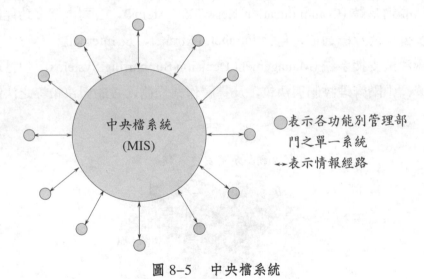

圖 8-5 中央檔系統

各功能別管理部門之資料集中於中央檔 (Central Filing)，中央檔系統並能將綜合情報對任何部門同時提供。

「管理資訊系統」之另一環為「經營決策支援系統」(Management DSS)，由高階策略計劃系統 (Strategic Planning System)，中階管理控制系統 (Management Control System) 及低階作業控制系統 (Operational Control System) 等三項輔助系統所構成。

「高階策略計劃系統」為企業最高管理當局所策劃之戰略計劃，其內容為設定企業將來之成長及發展之「目標」(Objectives)，以及為達成該目標之經營「政策」

(Policies) 及「戰略」或方針 (Strategies)。戰略計劃為適應環境及競爭問題之發生而隨時要進行之高階策劃活動，具有不規則性之特徵。

其次，「管理控制系統」為遵循高階管理當局之戰略計劃，由企業各部門中階主管有效運用組織資源，而達成上級之經營目的。管理控制系統包括企業經營業務之全部，即行銷、生產、研發、人事、財務、會計、採購、資訊等部門之活動，實際屬於「綜合系統」(Total System)，故應力求各部之均衡發展。

所謂「作業控制」，則為下階主管人員控制現場作業人員業務，依事先制訂之處理程序 (Rules & Procedures) 完成。依一定之程序處理，即屬於合理系統，具數字模型之特性，可運用作業研究方法進行。作業控制可藉電腦自動化處理。經營決策支援系統之三項輔助系統之結合，其相互關係密切如圖 8-6 所示。

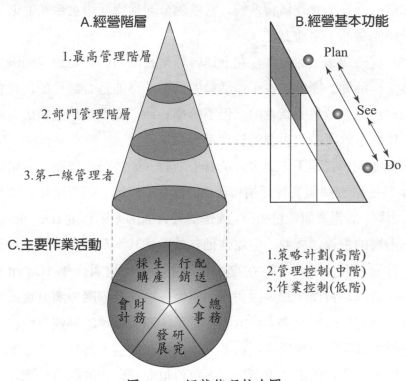

圖 8-6　經營管理結合圖

第二節　管理情報資訊的需求 (Needs of Management Information)

一、大家應以整體目標為基礎 (Integrated Objective as Foundation)

企業經營的複雜性，使得管理的範圍分為甚多產品事業部門、甚多功能別業務部門以及甚多管理階層。按照功能別業務性質，可分為總務管理、會計管理、人事管理、勞工管理、財務管理、生產管理、資材管理、品質管理、維護管理、採購管理、經銷管理、儲運管理、銷售管理、採購管理、資訊管理等等。每一業務門類均須有適合它自己需要的管理情報系統。對整體公司性之「中央系統」而言，這些功能別系統，都叫做「子系統」。

不論是政府機關或工商企業，在上述各種業務範圍內，要想達到既定目標，必須執行很多工作活動。衡量這些工作活動的標準，可能是金錢性的、社會性的、安全性的、服務性的、或是美感性的。但不論那一種，良好決策之做成，皆必須依賴負責該項工作之主管所認為重要的管理情報為基礎。

在一個組織內，管理工作通常分成若干階層（如高階決策層、中階管理層、低階作業層），每一階層都需要管理情報資訊。這不是說每一階層所需要的情報資訊性質 (Nature) 相同、情報資訊數量相同，或是情報資訊的明細程度 (Detailedness) 相同，而是說每一階層的主管都需要一些能使他有效完成其本身職責的特定情報。

就某一業務單位主管而言，在遂行其任務所做的協調合作 (Coordinations and Cooperations) 方面，會產生很多縱與橫的關係。這種縱橫關係將直接或間接地涉及上級、下級、及同級階層有關人員的職責，形成錯綜複雜的神經系統。

各單位對整個組織目標所做貢獻的大小，可藉完成本身任務的效率，以及對縱橫各方面有關工作所做的助益來衡量。各單位為完成自己的職責目標，則應有周詳之計劃、執行及考核（即控制）。茲略說明如下：

1. 計劃 (Planning)

對於人力、資金、設備及時間等資源的利用，要在最有效與最經濟的原則下排定日程，以便在預定的時間限制下完成預定的計劃目標。

2. 執行 (Doing)

執行是對所屬工作人員給予其應該達到的工作、目標及授權，鼓勵其在領導範

圍內，發揮最大程度的創造力。

3.考核 (Seeing)

考核係指比較個別工作績效與預定目標之差距，以及衡量整體目標所做貢獻的程度，並對差距分析原因，並做必要之糾正。

組織內各不同階層之主管人員，在執行上述基本管理作業（計劃－執行－考核）間的主要區別，在於各步驟所花時間與力量的多寡。一般說來，階層愈高，所花計劃與考核的時間與力量必然愈多。但不論任何階層，主管人員如果越想要成功地完成其管理作業，他越需要做對決策，因之他對特定管理情報的需求程度也越高。

二、決定適當的情報資訊內容 (Contents of Right Information)

主管日常所接到的情報資訊，不一定都是適當可用的，有時常屬於不需要的浪費性情報，俗稱「情報氾濫」。解決此問題的要訣在於事前正確的指導。一旦發現情報系統供應的情報不適當時，應立刻糾正。在糾正時，必須注意到管理情報的積極條件：

(1)到底主管人員需要什麼情報？(What kind of information is needed?)

(2)什麼才是適當的情報？(What is right amont of information?)

(3)主管在追求有效達成管理目的之前提下，所需情報的規範為何？(What information is right kind, right amount, and right time?)

所謂「適當」(Right) 的情報，必須包括若干「主體」資料 (Major Data)，也就是主管人員在設定、評估及調整工作目標下，擬定行動方案、實踐行動方案、以及評估行動方案等所需要的具體資料 (Concrete Data)，這種資料可能來自外部，也可能來自內部；可能為財務性的，也可能為非財務性的。不論來源為何，但一定要充分、準確、及時 (Abundant, Accurate and In-Time)，以便構成決策的堅強基礎，然後才能發展成為有效的管理系統。

對某一組織或某一主管而言，「適當」的情報必須針對其特定決策 (Specific Decision) 要求而設計。通常，不會有兩個單位同時需要完全相同的管理情報。即使是職位相同的兩位主管，也不會需要完全相同的管理情報，所以「適當」之內涵因時、因地、因人、因事、因物而異其程度。

一個機構或單位能否產生適當的情報，常因該單位之既往歷史、周圍環境、財務狀況、及對於未來成功有影響的諸因素而定。而一個主管能否產生適當的情報，則與他的學識、能力、他對職責的觀察力、上級賦與之職責及權限、他對目標之捕

捉能力以及他處理情報的技能有關。

1. 基本資料的建立 (Basic Data Bank)

不論任何單位或任何階層的主管，在決定其所需之特定管理情報內容前，必有若干構成先決條件的基本資料 (Basic Data)。此包括組織的目標、單位的任務、工作方案、個人工作目標等。所有這些資料在各個單位皆應經「策略規劃及目標管理制度」，以書面形式具備完整，並將之電腦化。倘若目前尚未演變成書面形式及電腦化，最好在策定情報需求之前，先把它做好。

經理人員之所以需要基本資料 (Basic Data)，通常是為了完成下列任務：

⑴設立公司的經營目標。(Setting Corporate Objectives, Missions)

⑵訂定主要的營運策略，以達成所訂目標。(Setting Major Policies and Strategies)

⑶對股東提出公司營運結果之報告。(Reporting to Stockholders on Company Operations Performances)

⑷依法繳納稅款。(Payments of Taxes)

⑸向社會大眾告知公司所採行的政策。(Reporting to Society on Company's Open Policies)

⑹密切核對公司當前的營運狀況。(Double-Checking on Company Operations)

⑺協助員工知曉公司的重要措施。(Reporting to Employees on Company's Major Programs)

⑻預備公司長程計畫。(Preparing Long-Range-Plan)

⑼對將來可能遇到的顧客需求變化、供應商變化、競爭壓力競爭等所造成之困難先提高警覺。(Raising Attention on Environmental Changes on Customers, Competitors, Supplies)

⑽預見將來的新機會。(Forseeing New Opportunities)

⑾將資本資源做妥善分配運用。(Bettering Capital Resources Allocation)

⑿對每日的營運做必要的調整控制。(Adjusting and Controlling on Daily Operations)

⒀決定產品價格。(Deciding Product Prices)

⒁處理例外事件。(Dealing with Exception Events)

⒂在特別意外事件發生時，立即做成決策。(Quick Reaction Decisions to Emergency Accidents)

⒃提供預訂行動 (Pre-action) 之根據。(Data Basis to Pre-actions)

⑴建立適當背景，以便與外界維持良好關係。(Data Basis of Background History on Public Relations)

⑱訓練和發展部屬才能。(Skill Training and Management Development)

2. 特定情報的建立 (Special Information)

基本資料具備後，即已構成特定管理情報需求上的先決事項。通常，在尋求有效管理作業的特定情報時，有一簡單的系統化方法可供採行，很多有名的管理顧問公司曾經屢試不爽。此法乃要求各級主管自行設計自己所需要之情報 (Self-Designed Information Needs)，至於效果的好壞，則以他自己介入此事的深度而定。若介入程度愈深，愈能保證成功。

要主管自己決定需要何種特定情報之主因，只有主管本人最能認清他自己的工作目標、所遭遇之困難所在、以後發展的關鍵因素以及在當前企業環境中他的獨到見解。所以，只有他自己最能決定何種情報項目對其職責內的管理活動最為有效。

三、設計管理情報資訊的步驟 (Steps of MIS Systems Design)

主管人員在設計管理情報之需求內容時，必需有健全的管理智識 (Sound Management Knowledge)，以及對個別狀況的敏銳感受。如果兩者俱備，即可在其本身業務範圍內自行設計所需之情報，其步驟如下：

1. 第一步：找出關鍵因素 (Search of Key Factors)

鑑別出會影響未來計畫成功或失敗的重要特性或關鍵因素 (Key Factors)。通常，大多數計畫成敗的關鍵因素可能只有三、四個，但是鑑定關鍵性因素不是件容易的事，並且因產品銷產業務性質不同，關鍵因素也將有所不同。常用的方法，是先把問題說明清楚 (Clear Problem Definition)，當問題被闡釋清楚後，關鍵因素往往就會自然顯露。

2. 第二步：選擇衡量指標 (Selection of Measurement Indicators)

決定衡量關鍵因素成功的評估尺度或指標 (Measurement Scale or Indicators)。有些管理顧問採用「重要指標」(Major Indicators) 一詞，來作為評估實際作業的衡量單位。在選擇指標時，必須要適合被評估作業的特性，例如氣壓計不能測量氣溫，也不能用溫度計來測量速度。

找出的正確指標單位，可能是一個比率、一個平均數、或一個百分比。也可能以元、數字，或時間為單位。在尋找指標時，除了要求適合關鍵因素之特性外，還要考慮運用上的簡單與容易，以及爾後對計劃與執行控制上的所將產出之最佳情報。

3. **第三步： 數量化成功之標準** (Quantifying "Success" Standard)

　　將目標、目的及標準予以數量化。在未衡量成功的程度前，必先瞭解「成功」的條件如何構成？ 測量關鍵因素的指標又為何？ 例如在地坪面積有效運用方面，我們可能按每人若干平方呎為評估的單位。假設某年之全國平均數 (Average) 為每人 153 平方呎，而當前本公司革新之計畫目標 (Objective) 為每人 149 平方呎，第二期目標則為每人 137 平方呎。若以全國平均數為標準，每人減少 1 個平方呎表示節省 150 萬元，第一期每人節省 4 平方呎，代表節省 600 萬元；第二期節省 16 平方呎，代表節省 1,400 萬元。則此被減少之數字，就可代表該計畫的績效。這樣，實際作業成績即可用每人平方呎為指標，測量出所欲追求的工作目標。

4. **第四步： 決定所需情報** (Determination of Information Needed)

　　決定需要何種情報，以保證主管人員達到他成功的目標。也就是說主管人員根據每個關鍵因素的體認，擬定有助於邁向目標途中做計劃、下決心、實地執行，以及追求最高效益等各種手段所需要的情報內容。同時還要決定需要的時機為何？ 需要的頻率為何？ 以及產生的方式為何？

　　情報的需求決定後，主管人員最好再仔細檢討各項目，並自我回答下述問題：

(1)此項情報對我確有用處嗎？

(2)如果得不到此項情報的話，如何辦？

(3)此情報是否切合實際？

(4)此情報已否與實際狀況比較？

(5)此情報若稍作變化，將可顯示什麼？

(6)此情報有無修改的必要，如有，將採取何種行動？

(7)此情報能否測量出工作的成就？

(8)此情報能否對已建立的標準或預期結果，反映出作業績效？

(9)還需要其他情報嗎？

(10)表達方式若稍加改變，是否對狀況的顯示更為生動？

　　只有能經得起以上各問題考驗的情報項目，才是主管人員真正需要的情報。唯有這樣，他才能夠保證他所得到的都是適當的情報。

四、管理情報資訊系統的分類 (Classification of MIS)

（一）內部情報系統 (Internal Information Systems)

1. 會計情報系統 (Accounting Information System)

此系統的功能，在蒐集企業發展的基本統計情報。它由幾個次級系統組成，所有資料均係根據政府法令規章而產生，此種資料不僅可以定期藉財務報表之方式向股東提出報告，並且可供作經理人員決策所需的情報資料。例如銷售、利潤、成本、費用、標準成本、製造成本、直接成本、資產、負債、淨值、資本結構、損益兩平分析等等資料。

2. 人事情報系統 (Personnel Information System)

大多數的企業均有此系統，以處理企業內員工的一切問題，諸如：員工雇用、升遷、薪資、福利、獎金、認股權、特支費、請假、生產工人工時之損失、員工加班費以及足以衡量員工效率的其他情報。

3. 材料流程情報系統 (Material-Flow Information System)

此情報系統係提供企業財貨實際之來源及運用之情報，它包括原物料、設備、存貨等來源及運用的情報。此材料系統後來擴增為 MRP-1 (Material Requirement Planning)、MRP-2 (Manunfacturing Resources Planning) 及 ERP (Enterprise Resources Planning)。

4. 定期計劃情報系統 (Periodic Planning Information System)

擁有「整體計劃制度」(Comprehensive Planning System or Information-Planning-Programming-Budgeting-Scheduling Systems) 的公司，當然會具備以循環期間為基礎之特殊型式的情報系統，自無庸贅言；但若缺乏此類系統的公司，就可能需要備有年度預算計畫 (Annual Budget-Plan)，以提供公司設定未來目標 (Company Goals) 和會計及人事系統所需要的情報。

5. 特殊報告情報系統 (Special Report Information System)

大型公司通常需要準備各種特殊報告，以處理涉及當前和未來利益有關的事宜。這種特別的報告，是由企劃控制 (Planning-Control) 部門或長期計劃 (Long-Range Planning) 部門向高階層主管提出，其所涵蓋的內容有周遭環境在未來所可能發生之變化 (Environmental Changes)、收購或合併其他企業之可能性 (Merger and Acquisition Possibilities)、特殊的內部問題，諸如重置設備政策之改變 (Equipment Replacement Policy Changes) 等等。

6.「傳聞」情報系統 (Grapevine Information System)

　　雖然有人反對將此非正式之意見交流系統包含在主要的情報系統範圍之內，但它卻存在於每一企業之中，而且是重要的情報來源之一，尤其在情報之傳播方面，其所能發揮之功能更大。

　　（二）外部情報系統 (External Information Systems)

1.競爭情報系統 (Competitive Information System)

　　雖然目前許多公司並未正式建立競爭情報系統，但在戰略運作功用上，所有的公司都應當建立這種重要情報系統，以便隨時掌握競爭者目前之活動，以及將來可能採取之行動的情報。「知己知彼，百戰不殆」，內部情報系統是「知己」的功夫，競爭及顧客情報系統就是「知彼」的功夫。

2.顧客及銷售預測情報系統 (Customer and Sales Forecasting Information System)

　　顧客是公司生存及發展的命脈，每一個公司都應有重要顧客檔案報告及動態情報系統，並且每年對市場顧客需求及本公司可能獲得之市場佔有率與銷售做預測，也對主要顧客之可能需求做預測，並使之成為動態之情報系統。

3.研究發展情報系統 (Research and Development Information System)

　　每一個公司的研究發展情報系統都不相同，其可能包括的內容有：網路系統 (Network System)、研究方案選擇系統 (Program Alternatives System) 以及科學技術資料系統 (Science and Technology Development System) 等。對一個任何傳統產業或高新產業（即高科技新興產業）的公司而言，在二十一世紀裡，研究發展情報系統都是一個主要 (Major) 的情報系統，而非次要 (Minor) 的情報系統。

4.特別情報系統 (Special Information System)

　　為了應付特別的問題，或是為了嚴密注意不尋常事件的發生，一個公司可能建立暫時性的情報流通系統。譬如一個公司與另一公司合併時，可能建立一套特別的情報系統。

5.「偵測」情報系統 (Scanning Information System)

　　「偵測」包括揭露、舉報與察覺隱密情報。其範圍從利用精密的方法來收集開發新市場的資料（比方說，利用統計抽樣法），以迄於在親朋好友閒談中取得顧客、競爭者、供應商、政府官員、員工間資料，均屬之。

6.其他情報系統 (Other Information Systems)

　　除了上述數種管理情報系統外，還有許多情報系統未包括在本文之內。事實上，

任何一家企業的管理情報系統都是隨著時間而改變，不同的公司，所需的管理情報並不相同，所有的内部情報系統與外部情報系統，彼此間相互之關係更是大相逕庭。

　　沒有一套固定而完善的情報系統，能夠「放諸四海而皆準」，每一套情報系統都應當考慮適合企業本身之條件，及外在限制條件而建立。所以目前有一些電腦軟體公司在販賣套裝情報系統，如 ERP, SCM, CRM 等等，都需要小心檢定，並做詳細修正，才能適合不同公司之實際用途，否則將勞而無功，損失金錢及時間。

第三節　管理資訊系統之設計 (Systems Design of MIS)

一、良好的管理情報資訊系統應具有之特徵 (Characteristics of a Good MIS)

　　羅斯 (Joel E. Rose) 在其所著《以情報資訊系統來管理》(*Management by Information System*) 一書内談到一個管理情報系統的好壞，可以從五個特徵看出來。此即：(1)溝通力 (Communication)、(2)決策力 (Decision-Making)、(3)管理程序 (Management-Process)、(4)結構性 (Structure) 與(5)經濟性 (Economic)。良好的管理情報資訊系統必須在五個方面同時達到一定的水準。

　　第一、在溝通力方面，它必須能夠整合各個次級系統 (Subsystems)。第二、在決策力方面，它必須使管理決策的品質 (Decision Quality) 因使用此種新管理技術而提高。第三、在管理程序方面，它必須能提供「適當」的情報給想要用它的經理人員，以利計劃、執行及控制活動的進行。第四、在結構性方面，它必須達成整體系統的終極目標，此整體的系統乃整體資料處理系統 (Integrated Data Processing, IDP)。第五、在經濟性方面，管理情報系統的設計需要合乎成本效益的經濟性，也就是此系統設立之後必須能充分運用，並得到最大的利益報償，不要徒置一格、好看好聽而已。所以任何管理情報資訊系統的品質，均可從其溝通力、決策力、管理程序、結構性及經濟性等五個方面來評斷。

二、建立管理情報系統之基準 (Criterion of Establishing MIS)

　　管理情報資訊系統之設計，特別著重其本身的「系統策劃」(System Planning)，故建立之前必須設定基準如下：
　　(1)情報系統對企業策劃 (Strategic Planning)、方案規劃 (Program Planning) 及預

算控制 (Budgeting and Controlling) 等管理功能所需的內外部情報，必須能隨時提供給最高管理階層，以供擬定戰略計畫之用。

(2)能衡量各企業機能別部門 (Business Functional Departments) 之業務績效 (Performance)，並提供評價 (Evaluation) 方法。同時對具有統一性的全體業務績效 (Total Performance) 情報，能提供給高層管理當局，做綜合檢討及評價之用。

(3)管理情報資訊系統本身之設計必須具有動態性，以適應企業內在與外在環境之激烈變化，使企業在動態中能革新、適應，並且不斷地成長。

(4)須先擬定綜合性之企業活動模型 (Business Activities Model)，再描繪出企業所欲建立之管理情報系統之模型。

三、建立管理情報系統應考慮之因素 (Considerations of Establishing MIS)

企業在建立管理情報系統時，應注意下列各點：

(1)各管理階層皆須具有主動服務及合作精神，避免強制行動。重視管理決策之需要，而不受情報搜集難易所束縛，並且必須將設定情報管理之目標或要求項目之工作，視為管理業務之一環。

(2)建立情報資訊系統需先斟酌下列各點，確定優先順序：

①系統開發之難易程度。(Degree of Difficulty)

②所需之人員及各項成本。(Manpower and Costs)

③所需之時間。(Time Length)

④情報可供反覆利用之程度。(Degree of Repeatitive Uses)

⑤潛在性情報之可能利用價值。(Value of Potential Information)

⑥委外 (Outsourcing) 辦理之成本、時間、適用度。

(3)要注意提高企業內各部門間資料相互輔助性效果 (Departmental Interchanges)，務求同一資料可供轉換成不同的管理資料。且要能發展一套能在管理階層需要情報時，就能自動處理之系統 (Automatic Processing)。

(4)情報資訊系統之設立，事前應審慎策劃及準備，始能設置，切勿草率從事，以免損失大量的人力及物力 (Preparation and Pre-establishment Planning)。

(5)企業主管人員應改變及加強對電腦及電訊科學之觀念，正確認識電腦電訊之性能，瞭解其在運用上之限制，致力於科學方法之普及應用。電腦電訊之使用不應僅在消極方面削減人員或降低成本，而是應以積極提高企業經營策略之品質作為追

求之目標。此外，並須事先瞭解 MIS 可能對本企業所帶來之組織結構及銷產流程變革 (Re-structuring and Re-engineering)，而預做準備。企業實施 MIS 之後，中階部門職能劃分不再受到最大的重視，而是趨向於一高階與中階結合導向之管理。

(6)建立管理情報資訊系統之前，須先檢討企業之規模大小與業務複雜度之性質，以及經營管理決策上的需要。在長期計劃的前提下，應先從日常業務範圍內，對個別部門之次系統 (Individual Sub-systems) 踏實地一步步發展起，以至於逐步建立起全公司整體性之管理情報資訊系統，不可貪圖一蹴而及，好高騖遠。

四、管理情報系統之設計步驟 (Steps of MIS Systems Design)

良好的管理情報資訊系統之設計，有賴電腦電訊 (Computer-Communication) 專家及經理人員之相互配合與密切合作。在電腦電訊設備與事前之背景調查皆已齊備的情況下，從經理人員的立場來看，管理情報資訊系統之建立應包括八個步驟：

第一步：設定情報系統之目標 (Definition of Systems' Objectives)

情報系統設計之第一步驟為確立此系統之目標，也就是要確定：「此系統之目的是什麼?」、「為何需要有此情報系統?」、「其功能如何?」、「誰是此一情報系統的使用者?」、「他們（使用者）的目標是什麼?」。

目標的確定不能太含混，最好能夠根據所欲解決的問題，訂出具體明確的目標，而且不僅應確立整體系統之目標，對各附屬一級、二級、三級之情報系統必須儘可能地確立具體明確的目標，包括項目、時間、人物、進度等等。

第二步：瞭解情報系統之限制條件 (Understanding Systems' Constraints)

確立了情報系統之目標後，接著就必須找出設立該系統之限制條件。一般而言，限制條件有內部限制條件與外部限制條件，如圖 8–7 所示。

第三步：決定所需情報之多寡 (Quantity and Quality of Information Contents)

在設計 MIS 之前，經理人員必須根據各自工作任務目標，確定自己對情報的需要內容及數量。如果不這樣，MIS 之系統設計師很可能以他們自己認定的目標及他們所認為的情報需求，來界定經理人員的情報需求，如此可能導致南轅北轍，大錯特錯。

一般說來，決定情報需求量的多寡，有兩種方法：

(1)列舉數經理人員認為他必須負擔的職責種類，再進一步瞭解欲完成這些職責，所需的個別情報資訊。

(2)另一方法是不直接詢問「你需要什麼情報」，而要經理人員描述他做決策時，

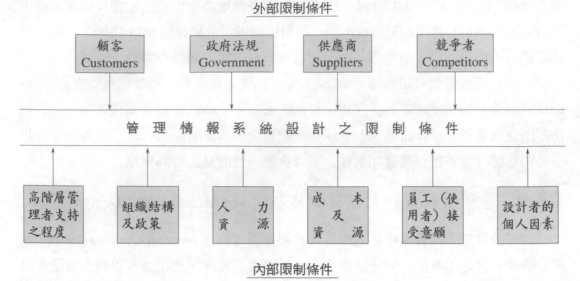

圖 8-7　設立管理情報資訊系統之內外限制條件

可能面臨的情況以及遭遇的問題，然後 MIS 設計人員根據這些回答來代替他決定情報資訊需求內容及數量。

第四步：決定所需情報資訊之來源 (Sources of Information)

在此一步驟內，我們不僅要發現情報資訊的來源，而且要確信這些次級系統的情報資料是否能夠適合整體組織的結構。

一般而言，情報資料之來源有三類：

⑴內部及外部之紀錄資料。(Files and Records)

⑵與經理人員及現場操作人員面談而得到的資料。(Interviewings)

⑶利用統計抽樣理論及預測所獲之資料。(Sampling Surveys and Forecastings)

有些重要的分析及整合技術在情報蒐集方面運用很廣。例如投入產出分析 (Input-Output Analysis) 及多元流程分析 (Multidimension Flow Analysis) 等。

第五步：詳列系統觀念 (Detailing of Systems Concepts)

此乃著重於「解決問題」之觀點，也就是「目標」及「達成目標」的觀念。情報處理之過程對經理人員而言，雖仍是一個難窺堂奧的黑箱，但 MIS 的系統設計概念，卻強調經理人員必須親身參與 MIS 系統的設計，瞭解系統觀念，系統流程，情報資訊內容，及情報資訊來源等。

第六步：檢視並使用該系統 (Inspection of Systems Utilization)

MIS 完成系統設計後，往往在實行之前必須再加以試驗，以確定其是否可行。

一般說來，檢驗的第一步乃是決定資料投入後，是否可以轉變為所需要的情報產出。系統設計人員一般將系統設計之試驗分為三部分：

　　⑴桌上檢驗 (Desk Check)，乃將整個系統以流程圖 (Flow Chart) 表示，以決定該系統是否合乎邏輯程序 (Logical Procedure)。

　　⑵組件測驗 (Component Test)，乃檢視該系統之各次級系統是否能良好地「整合」及「協調」。

　　⑶系統測驗 (System Test)，係將已經合乎邏輯的整體系統試驗從事運轉、操作方式、與操作方法之實際實驗之情況。

　　第七步：MIS 系統執行 (MIS Systems Implementation)

　　這個步驟應由公司設立專職組織部門（如資訊部或電腦部）來執行 MIS，並妥為規劃使用規則。在系統較為複雜的情況下，將系統以書面化來表示是很重要的方法。

　　第八步：評估該系統 (Systems Evaluation)

　　在 MIS 付諸執行之後，必須隨時加以評估。評估之標準，可從大系統之效果及小系統之效率兩方面來著手。

　　效能評估 (Effectiveness Evaluation) 的過程，基本上是一種「實際與目標」查核的控制過程，也就是依據原訂目標，來衡量 MIS 執行績效的過程。

　　至於 MIS 效率的衡量 (Efficiency Evaluation)，則是一種投入一產出比例的觀念。換句話說，也就是一種「成本效益」分析 (Cost-Benefit Analysis)。一般而言，可利用之分析方法有下列幾種：

　　⑴損益分析 (Profit & Loss Analysis)。

　　⑵投資報酬分析 (Return on Investment Analysis)。

　　⑶現金流程分析 (Cash Flow Analysis)。

第四節　資訊科技時代之電子計算機與管理情報資訊系統 (Computer and MIS in the Information Technology Age)

一、電算機在 MIS 中扮演的角色 (Roles of Computer in MIS)

　　雖然資料處理 (Data Processing) 不一定要用電子計算機或電腦 (Computer)，可

是自從電子計算機在 1950 年代出現後，即在「管理情報資訊系統」扮演著重要角色。尤其在 1990 年代電算機與有線無線電訊連接後，電腦在 MIS 更成為不可或缺之要角。在 MIS 系統中之處理資料，大公司從開始以來一直均依靠電算機的助力，因此，現在常流行著「以電算機為基礎之管理情報系統」(Computer-Based MIS or Computerized MIS)。但是，電算機在實質上僅為 MIS 中之一種工具而已，不是目的。管理情報資訊系統中真正最重要的元素應該是「人」，因為系統設計與系統執行的責任，仍必須由經理人員擔負，無法委諸電算機，此點必須在此特別加以說明，以免造成誤解，阻礙 MIS 廣泛應用之前途。

由於電算機機件部分，俗稱硬體 (Hardware)，其技術發展迅速，資料之整理、分析及傳遞，經由電算機處理（最早稱 Electronic Data Processing, EDP），已遠較人力快速而妥切，因此目前各機構在建立 MIS 時，幾乎必會面臨是否使用電算機之決策問題。在解決此問題之過程中，應先確定(1)所建立情報系統之目標何在？ (2)希望它提供何種方式的服務？ (3)將欲處理之情報數量多大？ 只有在這些問題都確定後，再決定(4)是否使用電算機？ 以及採用何種規格之機器等等問題。

管理情報資訊系統之目的在為「策略性管理」及「作業性管理」提供決策情報，因此 MIS 設計之主要工作是建立此系統之「資料基地」(Data Base) 或資料庫 (Data Bank)。資料基地中之各項資料，如薪資、人事、銷售、生產、庫存、採購、財務、會計及其他等等，必須妥加組織，以適應操作規格之要求。

此外，在設計資料基礎時，尚應注意容易「維持」(Maintenance) 及容易「檢索」(Retrieval) 之要件。為滿足這些要求，以確保系統之效率與適應性，在 MIS 內引用電算機常成為不可或缺的步驟。可見電算機在現代大規模企業之 MIS 中，扮演著極端重要的角色，尤其對處身於動態環境和激烈競爭下的企業而言，已成為有效管理之必要工具。

所謂 MIS 之系統「功能」(System Functions) 乃指執行各種作業要求，發揮應有之作用；譬如說，一個管理情報系統必須能依據需要，執行「接收」、「處理」、「儲存」及「提供」各種情報之作用。這些作業能否確實執行，即決定此系統的有效程度。電算機執行 MIS 所需求之各種系統功能，可分述如下：

1. 檔案 (Files) 之建立與維持

MIS 之「資料基地」(Data Base) 是由「檔案」所構成。一個情報系統往往需要大量的情報檔案 (Information Files)，檔案內之情報皆應有適當結構；新的情報也要經常加入「資料基地」，過時的情報則應除去，此稱為「更新」。為了檔案的維持及

更新，最好應準備完整而有效的電算機程式 (Computer Programs)，俗稱軟體 (Soft-ware)，以供使用。

2. 輸入 (Inputs) 之編校與翻譯

所有輸入系統中的資料，均應加以「編纂、校對」(Editing, Coding and Checking)，並加以「翻譯」(Translating)。所用各種「格式」與「內容」是否有效，亦應詳加審核，而供更新之用的情報，更應事先加以核對。此項工作一部分可由電算機擔任，但工作人員之參與則為必要條件。

3. 檔案 (Files) 之搜尋與分析

當使用者查詢具有特殊性質之情報時，管理情報系統應有能力由「資料基地」中尋得，以提供給使用者參考，這就是通稱之系統的「檢索」(Retrievaling) 能力。要系統的檢索能力高，必須有高效率的軟體程式 (Programs) 來擔任檔案搜尋及分析工作，方能奏效。這種電算機軟體對 MIS 之有效運作非常重要，其能力如何，在設置 MIS 之前就應先予試驗。美國微軟公司在 1975 年創立，就是專以提供 DOS-MS 軟體給 IBM 公司之硬體機器配套，建立了今日電腦（大型及個人型）普及世界的新景象。

4. 輸出 (Outputs) 之產生

MIS 系統必須具備有產生特定格式之報告的能力，而使用者應能將所得資料再加安排，以成為適合決策需要之訊息。這種情報輸出若能具有伸縮性，則對使用者將極為便利，因可免除再行謄錄，或再加說明之工作，對於此種要求電算機常顯示其特殊之功用。

5. 線上質詢 (On-Line Inquiry)

線上質詢 (On-Line Inquiry) 是 MIS 利用電算機所能達到的一種特定功能，係指經由打字機 (Typewriter)、螢幕顯示器 (Readout-Screen)、電傳打字機 (Teletypewriter)、和類似的設備，可供使用者直接取用「資料基地」中之情報；若具有這種線上質詢之能力，則可使系統對任何情報要求迅速作答，助益無窮。二十一世紀無線寬頻網路與電腦系統連接，促使此種「線上質詢」及「線上回答」之同步功夫發揮至極。

二、電算機及資訊情報技術的演進 (Evolution of Computer and Information Technology)

1953 年第一代電算機問世起至今（2003 年）已有五十一年歷史，其間情報資訊科技 (Information Technology, IT) 的發展頗為驚人。為明瞭管理情報及資訊系統及

IT 之演進，必須瞭解電算機「軟體」及「硬體」技術水準與應用方式。所謂「軟體」指的是與計算機有關的作業「程序」或「程式」而言，包括電算機所需的程式指令 (Programs Directions)、編譯語言 (Compilers) 及手冊 (Manuals) 等。所謂「硬體」係指構成電算機系統的實體機件設備而言，譬如，機械式 (Mechanic)、磁式 (Magnetic)、電子式 (Electronic) 及光學式 (Optical) 的設備、伺服器 (Server)、中央處理機 (CPU)、箱櫃組 (Cabinets)、展示影幕板 (Display Panels)、終端機 (Terminals, Monitors) 及鍵盤 (Keyboards)、觸版 (Touch Board) 等等。茲介紹電算機及其應用之演進如下：

（一）第一代電算機 (First Generation of Computer)

第一代電算機大約在 1953 至 1958 年間，為企業界所使用，其主要用途在財務會計作業方面，諸如發薪水、填帳單（或發票）、作會計紀錄等等。這一代電算機嚴格說來，並未與管理情報資訊系統 (MIS) 發生關係，因它的作用只是取代過去公司作業系統中最表格形式化的一類工作——即財務會計記帳工作。固然它也提供了企業所需的部分管理情報，但嚴格說來，它並未形成管理情報系統的主要成員。

（二）第二代電算機 (Second Generation of Computer)

第二代電算機的出現差不多在 1958 到 1966 年間。也就在這一段時間內，管理情報系統 (MIS) 之觀念，因受電算機技術改進所帶來之衝擊，才在企業界形成。

這一代電算機主要用來從事「分批處理」(Lot Process) 資料的工作，只要何處有大量資料需要處理，這種機器就值得採用。由於使用「分批處理」方式，因此企業組織內各部門的工作，可以使用同一種電算機來處理，也由於其記憶裝置能力之增強，各部門資料得以集中儲存，因而形成「資料庫」之初期型態。

這批電算機的硬體系統是電晶體 (Solid State, SS) 之邏輯路線，以及超級磁蕊記憶器 (Magnetic-Core Memory)；更重要的是專家們為其發展出一些軟體系統，如程式編譯器 (Program Compliers)，重複性管理工作之「投入產出」控制系統等等，「查詢—反應」(Inquiry-Response) 系統功能，在本代計算機中也開始應用，儲存信息的檢索 (Retrieval) 更加迅捷，正式之 MIS 亦因此奠立基礎。

（三）第三代電算機 (Third Generation of Computer)

第三代電算機在 1966 至 1974 年出現，這種電算機可附加遙距末端機 (Remote Terminals)，使散布各地之使用者，能直接與中央電算機溝通，改善作業方式；節省處理之時間與費用。

在硬體設計上，此代電算機之重大貢獻是以大規模積體電路 (Integrated Circuits, IC) 取代電晶體 (SS)，由此大大節省了電算機之成本，使電算機更能廣泛地為企業界

所採用。

這些電算機由於附加遙距末端機，以溝通分處之作業位置，所以軟體系統之複雜性及靈巧性，亦要求較高，因而製造軟體者（即程式設計師 Programmers），亦須具有較高之技巧。在軟體設計中，本代電算機常具有下列能力：

⑴多元程式與多元處理之能力 (Multiprograms and Multiprocessing)。

⑵動態工作定序之能力 (Dynamic Job-Reordering)。

⑶任意出入檔案之能力 (Free Filing Entry)。

（四）第四代電算機 (Fourth Generation of Computer)

在 1974 年以後，第四代電算機也開始上市。這一代電算機對資料的處理運作比第三代更好，因它可以發展資料基地，將企業組織體內之各種檔案資料集中於「中央系統」(Central System, CPU) 內，而各地區性之資料處理工作，則可利用較便宜之「衛星電算機」(Satellite Computer)，即利用衛星微波電訊來傳達資訊之電算機來執行，如比，公司之大量紀錄資料可以集中保存下來，使日後決策所需之資料供給不再有匱乏之虞，因此決策所需時間亦可縮短，整體統合之效果 (Integration Effect) 亦大為增強。

這一代電算機所需之硬體與軟體技術更加進步，其硬體技術是大型之資料卷宗儲存器 (File Storage) 和衛星電算機，例如碟式儲存裝置 (Disk Storage)，因其儲存容量大而成本低廉，所以被應用在本代電算機內。在軟體方面，已進一步將第三代之多元處理能力強化，使機器可在同時操作不同種類之工作 (Time Sharing)，尚能調節到最佳軟體與硬體技術成效之狀況，在術語上叫「虛擬機器技術」(Virtual Machine Techniques)。

這一代電算機可以在任何地點，向任何需要的人，提供所有有關之資料與紀錄，並且可提供準確計算的服務，可逐漸降低主管人員對主觀判斷之依賴，增加客觀性。

（五）第五代電算機 (Fifth Generation of Computer)

在 1975 年，個人小型電腦 (Personal Computer, PC) 由蘋果電腦公司 (Apple Computer) 推出，IBM 大電腦 (Main Frame Computer) 受到挑戰，所以 IBM 也急起直追，發展 PC。而臺灣宏碁公司也推出「小教授」牌個人電腦，以至與 IBM 個人電腦可以互容之大量個人電腦出口美國。而比爾・蓋茲 (Bill Gates) 也在購買軟體 DOS 使用權上，加上自己的發明，成為 DOS-MS，賣給 IBM 之硬體 PC 使用，從此風行一時。後來更發明視窗軟體 (Window)，靠賣軟體賺大錢，成為世界首富。

第五代大型電算機的新功能將是建立「個人專用情報系統」(Personal Information

System) 和公司內部之「連鎖溝通系統」(Connecting Communication System);「個人專用情報系統」將使每一位領班和經理人員都能自行建立所需之獨特情報系統,並經由簡明易用的電算機語言,自行使用電算機。「連鎖溝通系統」是將各個個人專用情報系統相互連結,並進而將不同組織的網路亦相互連接,使各有關機構之資料基地中所儲存之資料,可迅速而自動的互換,從而有助於管理當局之決策。個人小型電腦 (Personal Computer, PC) 之出現,除了自行操作之外,尚可數臺連接使用,更可和大型電腦 (Main Frame Computer) 連接使用,使第五代電腦之功能大增。

這一代電算機在硬體系統上使用「磁泡」(Magnetic Babble) 和動態隨機接近記憶 (Dynamic Random Accessible Memory, DRAM),「雷射傳真技術」(Laser Holography),以提供大量儲存之裝置;在軟體系統上,使用更簡易的程式和資料卷操縱語言,以便主管人員建立及使用自己專用之資訊系統,此外也發展出比較方便的「模擬」(Simulation) 系統,以解決複雜之決策問題。

(六) 第六代電算機 (Sixth Generation of Computer)

第六代資訊時代電算機的硬體系統是和電訊連接功能的增強,尤其 1990 年代衛星無線電訊技術的進展,促使世界網際網路 (World-Wide Web) 出現,使 Internet, Intranet, Extranet 成為家常便飯,也使個人電腦及大型電腦的管理資訊情報系統擴大作用。

三、企業管理情報系統之發展趨勢 (Development Trend of MIS)

電算機及電訊科技的發展,對企業情報資訊系統有很深的影響。

1. 促成資訊網路公用事業成立 (Rise of Information Network Companies)

各公司的管理者一方面將可直接運用本公司大資料庫裡的情報,另一方面某些類型的特定資料庫又可按地區別分布全國全世界各地並連接一起,所以電算機資訊網路公用事業的達康公司 (.com) 將一一出現。在 1965 年時,首家電算機公用事業的凱氏資料公司 (Keydata Corp.) 在美國麻省的劍橋開始營業,這家公司僅作「分時」(Time-Sharing) 電腦的服務,後來像亞馬遜 (Amazon) 公司,蕃薯藤公司,戴爾 (Dell) 電腦公司,都以電腦網際網路來做生意。像這種公司將儲存企業所需要的各種資料,並以酌收費用方式,供給客戶利用。譬如說,藉此系統,在美國洛杉磯的某公司市場調查主任,可由其辦公室的控制臺,經由當地電算機公用事業,詢得美國西南地區消費者的可支用所得之資料。亦可以經由設於美國華盛頓首府的資料庫公用事業,詢得全國消費者可支用所得之歷史資料。「資料庫」得依各類專業情報型態而設立,

譬如按各類學門別（財務、會計、行銷等），法律案件別、醫學知識別、及科學工程技術別、大學別、政府機構別、大型機構別等資料分類而設立。這些資料庫可與電算機公用事業連接，再與私人公司的系統聯繫（供應商公司，製造商公司，顧客商公司，使用者個人），形成無遠弗屆之情報網。

2. 情報更加充實 (More Information Quality and Quantity)

由於大眾都收集情報，使公司的情報系統也會更加充實，使創新知識管理更有系統。若將這些知識情報資訊納入磁帶磁碟儲存，更可供各種管理決策及進修訓練之用，譬如藥品或化學業可照磁帶磁碟所載的專利指標而進貨，磁帶磁碟亦能提供藥品研究及競爭方向的情報。

3. 「即時」(Real-Time) 情報系統的利用漸行廣大 (Expansion of Real-Time Information Utilization)

所謂「即時」系統是指具有下列特性之情報系統：

(1)情報儲存在可隨機處理 (Random Processing) 的設備上。

(2)情報經常更新並且甚準確。(Updating and Accuracy)

(3)所要求之情報能適時、及時地回覆。(Right Time Response)

專家們認為「即時」是指在活動實際發生之當時，所需情報就能馬上回答適用之意思。美國航空界首先開始，後來延伸到今日所有航空公司的訂位系統 (Reservation Systems) 就是即時系統的利用，其從數百處地區（旅行社），可立即經終端電腦查明，在數千班次飛行旅行上，是否預先幾天有空位存在。如有空位，電算機會暫時分派空位，直至旅客決定是否訂位；當他決定要了，一按鈕即為他預備座位。如果沒有所要的空位，其他的選擇機會會急速推出。這種系統除供旅客預訂機位外，中央電算機也要維持飛行設備及機員調派，以及供給其他經營航空業者所需的詳細情報。事實上，電算機不僅可同時答覆訂位有關的情報，並且能答覆飛行狀況、成本、收益、機員排程等資料。旅館業訂位系統，銀行業存取系統，證券業買賣交割系統，大學圖書交換系統，輪船裝卸航行系統，郵件包裹寄送、轉程系統等等不勝枚舉的系統也已成為「即時」式。時至今日，許多大公司的主管人員由置於身旁的電算機控制臺可隨時索取情報，以經營企業。當然，經營企業所需的大量情報源源不斷，仍不是即時電算機系統所能完全提供，同時這種系統的所將耗費的成本亦甚鉅大。一般而言，大公司的高層管理者依賴即時系統來經營企業的程度不大，因為他們所要的資料是變動性大的外在情報，需要時間對情報做評估。不過對低層的管理者而言，依賴即時情報系統的程度則較大，尤其是負責產品生產及運送工作者為

甚。做全球銷產生意所用的供應鏈管理 (SCM)、顧客關係管理 (CRM) 及企業資源規劃 (ERP)，都是屬於此類範圍。

4. 建立更好的「人機溝通系統」(Man-Machine Communication System)

更多的管理者為迅速獲取及運用情報，以做較佳的決策，會將自動把自己的電腦與中央電腦聯結，以儘快取得所需情報，至目前二十一世紀初期（2003 年），已經沒有大公司的高級主管會否定或抗拒電腦資訊系統的價值。

5. 小公司亦可採用電算機

由於「分時」(Time-Sharing) 及「即時」(Real-Time) 系統能力之發展，許多小公司並不需要擔負整套設備的成本，僅須付出租用成本而已，所以小公司亦可普遍採用電算機以處理所需資料。

6. 促使應用數學模式 (Uses of Mathematic Models)

電算機可使管理者更易於利用新效能的數學決策工具，譬如計劃評核術、線型規劃及動態規劃、機率及模擬 (Probabilistic Simulation) 等等技術。當然這些技術的利用，並不一定要全賴電算機，惟就複雜的問題而言，使用電算機是解決此類大問題唯一可行的方法。

7. 擴大自動化規劃與控制範圍 (Enlargement of Automatic Planning-Control Scope)

當今有不少公司的工廠生產活動是用電算機來操作的，所以管理者所需的各類情報，自然較昔日為多。各機能別領域的情報系統，亦愈需藉助電算機，譬如在生產領域裡，即時規劃及控制系統日漸擴充，在一「數值控制」(Numerically Controlled) 的生產系統中，「電算機輔助設計」及安排機器與工具配合之「電腦輔助製造」，都是重要現象。無疑地，新企業情報系統的發展結果，將使此系統有更多用途，更富彈性、更為準確、更快速的答覆，以及更易於運用及變更。各類的新技術發展提供更多「接收」、「送發」及「運用」情報的新方法。科技發展也促使管理者更易於變更情報的需求，接觸更廣大的情報，亦使系統更具威力。圖 8-8 為二十一世紀初期一個典型的企業情報系統結構。

8. 管理情報資訊系統 (MIS) 與電腦電訊結合 (C-C) 之同步演進

(1)EDP (Electronic Data Processing) 在 1960 年代應用於公司基層交易事項處理與資料查詢，尚未觸及高階主管策略規劃與決策、中階主管管理控制與決策、及基層主管作業規劃控制與決策事項。

(2)MIS (Management Information Systems) 在 1965 年左右才被提出，一個 MIS

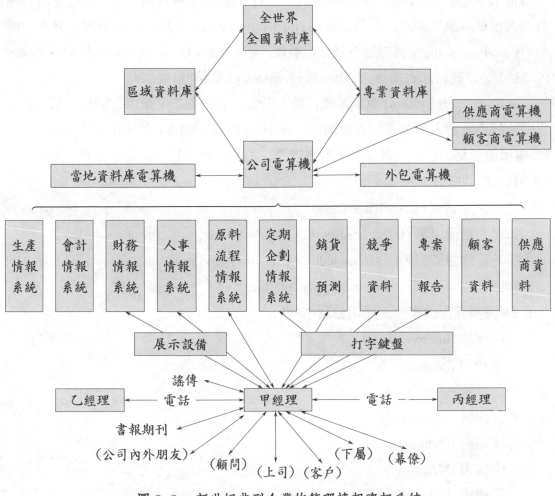

圖 8-8　新世紀典型企業的管理情報資訊系統

系統可以包括十個以上之單一應用 EDP 系統，常見者為財務、會計、人事、薪資、採購、存貨、生產規劃與控制、品管、設備維護、行銷廣告、訂貨交貨、儲運、財產管理等等，以及支援性管理活動。MIS 強調的是整個公司的效果 (Effectiveness)，EDP 強調的則是單一系統的效率 (Efficiency)。

⑶DSS (Decision Supporting Systems) 決策支援系統在 1971 年由麻省理工學院的 Scott Morton 及 Gerrity 所提出，把 MIS 擴大為管理人員的決策服務，為規劃、分析行動方案提出「假若……則……」之回答方法。DSS 有很多模式，是 MIS 應用中的新群集。

⑷OA (Office Automation) 辦公室自動化在 1982 年提出，因美國辦公室費用支出 1 兆美元中，有 6,000 萬美元是「知識工作者」的成本，若能提供 MIS 服務，則

可節省 15% 以上的時間。辦公室自動化 (OA) 即是應此需求而產生。在硬體設備中有個人電腦，通訊網路，智慧工作站 (Intellectual Work Station)。在軟體中有文字處理 (Word Processing)，資料儲存及撿索軟體，通訊軟體, DSS, 圖形處理軟體 (Graphic Processing)，資料庫查詢語言 (Data Bank Enquiry) 及第四代語言。

⑸ES (Expert System) 專家系統，是人工智慧的一支，是運用電腦化人類知識，來解決日常需要人類專家解答之問題。在 1970 年代中崛起，而風行於 1980 年代。ES 有風險評估、成本估計、專案計畫管理、工廠自動化管理、地產經營、查帳等，ES 的組成有四大部分：

第一、知識庫 (Knowledge Base)。

第二、推論引擎 (Inference Engine) 。

第三、知識取得模組 (Knowledge Acquisition Module)。

第四、交談解答介面 (Explanatory Interface)。

ES 可按其知識屬性之應用分為十類：

①解釋 (Interpretation)。

②預測 (Prediction)。

③診斷 (Diagnosis)。

④設計 (Design)。

⑤規劃 (Planning)。

⑥監視 (Monitoring)。

⑦改錯 (Debugging)。

⑧修護 (Repair)。

⑨教導 (Instruction)。

⑩控制 (Control)。

⑹SIS (Strategic Information System) 策略性資訊系統，在 1985 年代提出 SIS 來強調利用資訊科技以支援及強化企業已經採行之策略方案及創造新的策略機會。其中 POS (Point of Sales System) 銷售點系統將各商店的銷售情報快速傳回總部，以利快速訂貨及掌握商情。威名連鎖量販店利用衛星電訊來建立 POS，使其成長冠於凱馬 (K-Mart)，自 2002 年成為世界最大之公司，超過通用汽車 (GM) 公司及艾克森美孚 (Exxon Mobil) 石油公司。

⑺CIM (Computer Integrated Manufacturing) 電腦整合製造系統，統合連貫 MIS、CAD/CAM 電腦與彈性製造系統電腦，使得從銷售接收訂單，生產排程、材料需求

規劃、工程設計 (Engineering Design)、生產製造程序統合在一個大系統下，大大發揮 CIM 與 MIS 之功用。

(8)EUC (End-User Computing) 使用者自建系統，指資訊系統的使用者擁有終端機或個人電腦以及成熟的軟體，可以自己直接寫程式，以滿足他本身的資訊情報需求。此 EUC 可從集中式 MIS 之資訊管理，轉型為使用者自行控制及操作的分散式 MIS，所以許多公司已在其 MIS 部門內成立資訊中心 (Information Center) 來支援協助各使用者開發他們喜歡的資訊系統。 EUC 的技術背景就是 4L（第四代語言，Fourth Generation Language) 之運用結果。

(9)IRM (Information Resources Management) 資訊資源管理概念的提出，也是導源於 MIS。因為公司資訊作業處理的成本中，EDP 常佔 10% 左右，事業性作業系統佔 20% 左右，而白領階級之知識工作者（不包括主管人員及專家）佔 70% 左右，假使沒有充分利用資訊資源，公司將損失很多成本，所以到 1990 年代開始，很多公司不將「資訊資源」（知識資源）局限在電腦部門之內，而將之視為全企業的共有資產。把資源使用者分為 EUC 及一般使用者。把公司資訊資源分為「集中之資訊資源」，「分散之資訊資源」，以及「資訊中心」。資訊中心擁有硬體、軟體及專家，專門支援使用者建立自己的系統。

(10)企業組織型態 (Business Re-structuring) 及企業流程改造 (Business Re-engineering) 是 1990 年代浮現的新趨勢，因為 1950 年代的企業作業流程已經不符合 1990 年代企業在成本、品質、服務、速度等方面求創新之要求，所以新 MIS 必須牽動公司流程改造及組織結構重整，此乃稱為 BPR（Business Process Re-engineering，企業作業程序再生工程）。而 BPR 必須建立在資訊及通訊的基礎建設 (Information-Communication Infrastructure) 上。

(11)IOS (Inter-organizational System) 跨組織資訊系統也是在 1990 年代開始出現，以前的 MIS 是著重於企業內部，1990 年代 World-Wide Web 和 Internet 出現，所以 MIS 轉移到著重企業外部，利用公司原有之 MIS 來協助客戶商及原料供應商。所以 MIS 的功能發生三大變化：

第一、在企業內部，由「原料需求規劃」(Material Requirement Planning, MRP−1) 變成較大範圍之「製造資源規劃」(Manufacturing Resources Planning, MRP−2)，再變成更大範圍之「企業資源規劃」，使企業作業之 Cycle Time 大為縮短，節省成本，快速反應。

第二、在企業外部上游，把本企業之 MIS 和供應商的 MIS 做 IOS 跨組織連合，

形成「供應鏈管理」系統。

第三、在企業外部下游，把本企業之 MIS 和顧客商之 MIS 做 IOS 跨組織連合，形成「顧客關係管理」系統。

所以 2003 年的 MIS 是由 SCM-ERP-CRM 三連合構成一個完整性、快速性、節省性之 On-Time Transaction System。

⑿KM (Knowledge Management) 知識管理在 2000 年代正式提出。彼得・杜魯克 (Peter Drucker) 把知識定位為二十一世紀的生產力來源，把「知識工人」的管理定位為二十一世紀的管理重心。知識創新的成果必須好好管理，必須用電腦化管理，把知識當作另一種資源來管理及充分運用。保羅・羅慕 (Paul Romer) 認為知識是世界上唯一無限的資源，取之不竭，用之不盡。企業應保持永續學習，永續創新之態勢，才能保持生存及成長。電腦化的 KM 也是企業 MIS 的另一個新系統，不可小看之。

參考書目

英文部分

1. Abernathy, Frederick Ho, "Control Your Inventory in a world of Lean Retailing", *Harvard Business Review*, November-December 2000, p.169.

2. Almquist and Wyner, "Boost Your Marketing ROI with Experimental Design", *Harvard Business Review*, October 2001, p.135.

3. Anderson and Vincze, *Strategic Marketing Management*, Boston: Houghton Mifflin Company, 2000.

4. Andrews, Kennth, *The concept of Corporate Strategy*, N.J.: Prentice-Hall, 1965.

5. Argyris, Chris, "Good Communction That Blocks Learning", *Harvard Business Review*, July-August, 1994.

6. Ashkenas, DeMonaco and Francis, "Making the Deal Real: How GE Capital Integrates Acquisitions", *Harvard Business Review*, January-February 1998, p.165.

7. Ashton, Cook and Schmitz, "Uncovering Hidden Value in a Midgize Manufacturing Company", *Harvard Business Review*, June 2003, p.111.

8. Balie, Kaplan and Merton, "For the Last Time" Stak Options are an Expense", *Harvard Business Review*, March 2003, p.62.

9. Barnard, Chester, *The Functions of the Executive*, Boston: Harvard University Press, 1935.

10. Berle and Means, *The Modern Corporation and Private Property*, N.Y.: McGraw-Hill, 1933.

11. Bonabeau and Meyer, "Swarm Intelligence: a Whole New Way to Think About Business", *Harvard Business Review*, May 2001, p.106.

12. Bourgeois, Duhaime and Stimpert, *Strategic Management: A Managerial Perspective*, 2nd. ed., N.Y.: The Dryden Press, 1999.

13. Bower and Christensen, "Disruptive Technologies: Catching the Wave", January-February, 1995.

14. Brooking, Annie, *Corporate Memory: Strategies for Knowledge Management*, London: International Thomson Business Press, 1999.

15. Brown, John Seely, "Research That Reinvents the Corporation", *Harvard Business Review*, January-February, 1991.

16. Carr, Nicholas G., "IT Doesn't Matter", *Harvard Business Review*, May 2003, p.41.

17. Chandler, Alfred, *Strategy and Structure*, N.Y.: McGrow-Hill, 1962.

18. Chare and Dasu, "Want to Perfect Your Company Service? Use Behavional Science", *Harvard Business Review*, June 2001, p.78.

19. Chen, Ting-ko, *Management Transfer, Management Practice, and Management Performance: An Empirical Quantitative Study in Taiwan*, a Ph.D. Dissertation, University of Michigan, 1973.

20. Cohen and Prusak, *In Goal Company: How Social Capital Makes Organizations Work*, Boston: Harvard Business School Press, 2001.

21. Collins and Porras, *Built to Last*, N. J.: Prentio-Hall, 1994.

22. Collins, Jim, *Goal to Great: Why Some Companies Make the Leap, and Ottocs Don't*, N. Y.: Harper Business, 2001.

23. Collins, Jim, "Level 5 Leadership: The Triumph of Humility and Fierce Resolve", *Harvard Business Review*, January 2001, p.66.

24. Covey, Stephon R., *The 7 Habits of Hishly Effective People: Restoring the Character Ethic*, N. Y.: Simon & Schuster, 1989.

25. Cyert and March, *A Behavioral Theory of the Firm*, N.Y.: McGraw-Hill, 1963.

26. Dessler and Gary, "Foundations of Modern Management", *Management*, 2nd ed., N.J.: Prentice Hall, 2001, pp. 29–40.

27. Dickson, Peter R., *Marketing Management*, 2nd ed., N. Y.: The Dryden Press, 1997.

28. Dranikoff, koller and Schneider, "Divestiture: Strategy's Missing Link", *Harvard Business Review*, May 2002, p.74.

29. Drunker, Peter F., "The Discipline of Innovation", *Harvard Business Review*, August 2002, p.95.

30. Drunker, Peter, *Management Challenges for the 21st century*, N.Y.: Harper Collins publisher, 1999.

31. Drunker, Peter, *Management in Turbulent Times*, N.Y.: Harper & Row, publisher, 1980.

32. Drunker, Peter, *Managing for the Future*, N.Y.: Penguin Books USA. 1992.

33. Drunker, Peter, *Practice of Management*, N.Y.: Harper and Brother, 1954.

34. Drunker, Peter, *The Frontiers of Management*, N.Y.: Penguin Books USA. 1992.

35. Drunker, Peter, "The Theory of the Business", *Harvard Business Review*, September-October, 1994.

36. Drunker, Peter, *Management: Tasks, Responsibilities, and Practice*, N.Y.: Harper and Brother, 1976.

37. Drunker, Peters, "New Management Paradigns", *Forbes*, October 5, 1998.

38. Enriqnz and Goldberg, "Transforming Life, Transforming Business: The Life-Science Revolution", *Harvard Business Review*, March-April 2000, p.94.

39. Farmer and Richman, "A Model for Research in Comparative Management", *Calofornia Management Review*, Winter, 1964, pp. 55–68.

40. Ferguson, charles H., "Computers and the Coming of the U.S. Keiretsu", *Harvard Business Review*, July-August, 1990.

41. *Fortune*, "2002 Global 500" (The world's Largert Corporations), August 19. 2002.

42. *Fortune*, "2003 500" (America's Largest Corporations), April 21, 2003.

43. *Fortune*, July 23, 2001, p. Fel; pp. F–13 ～ F–14.

44. Foster and Sarah Kaplan, *Creative Destruction: Why Companies Thartare Built to Last Undaryer form the Market-and How to successfully Transform Them*, N. Y.: Doubleday Currency, 2001.

45. Garvin, David A., "Building a Learning Organization", *Harvard Business Review*, July-August, 1993.

46. Garvinand Roberto, "What You Don't Know About Making Decisions", *Harvard Business Review*, September 2001, p.108.

47. Gates, Bill, *Business @ the Specd of Thought: Using Difital Nervous System*, N. Y.: Time Warner, 1999.

48. Gilbert and Bower, "Disruptive Change: When Trying Harder is Part of the Problem", *Harvard Business Review*, May 2002, p.94.

49. Gourville and Soman, "Pricing and the Psychology of Consumption", *Harvard Business Review*, September 2002, p.90.

50. Hagel, John III, "Leveraged Growth: Expanding Sales with out Scrificing Profits", *Harvard Business Review*, October 2002, p.68.

51. Hair, Bush and Ortinau, *Marketing Researd: A Practical Approace for the New Millennium*, N. Y.: McGraw-Hill, 2000.

52. Hamel and Prahaled, "Stratgic Intent", *Harvard Business Review*, May–Jane, 1989.

53. Hamel, Gary, "Strategy as Revolution", *Harvard Business Review*, July-August, 1996.

54. Hamel, Gary, "Waking Up IBM: How a Gang of unlikely Rebels Transformed Big Blue", *Harvard Business Review*, July-August 2000, p.137.

55. Handy, Charles, "Trust and the Virtual Organization", *Harvard Business Review*, May-Jane, 1995.

56. Hansen and Oetinger, "Introducing T–Shaped Managers: Knowledge Management's Next Generation", *Harvard Business Review*, March 2001, p.106.

57. Harbison and Myers, *Management in the Industrial World*, N. Y.: McGraw Hill, 1959.

58. Hardy, Charles, "Balancing Corporate Power: A New Federalist Paper", *Harvard Business Review*, November-December, 1992.

59. Heiferz and Linsky, "A Survival Guide for Leaders", *Harvard Business Review*, June 2002, p.65.

60. Hellriegel, Jackson and Solcum, *Management*, 8th ed., Cincinnati: South-Western College Publishing, 1999.

61. Herbold, Robert J., "Jnside Microsoft: Balancing Creativity and Discipline", *Harvard Business Review*, January 2002, p.72.

62. Heury Mintz berg, "Double-Loop Learning in Organization", *Harvard Business Review*, September – October, 1977.

63. Hevry Mintz berg, "The Manager's Job", *Harvard Business Review*, July–August, 1975.

64. Hill and Jones, *Strategic Management Theory: An Integrated Approach*, 5th. ed., Boston: Houghton Mifflin Company, 2001.

65. Hodgetts and Luthan, "Global Compettiveness", *International Management*, 3rd ed., pp. 67–86.

66. Hodgetts and Luthan, "World wide Development", *International Management*, 3rd ed. Singapore: McGraw Hill, 1997, p.5.

67. Hodgetts and Kuratko, *Effective Small Business Management*, 6th. ed., N.Y.: The Drden Press, 1998.

68. Hudson, Katherine M., "Transforming a Conservative Company – One Laugh at a time", *Harvard Business Review*, July-August 2001, p.45.

69. Jeusen, Michaelc., "Eclipse of the public Corporation", *Harvard Business Review*, September–October, 1989.

70. Kanter Rosabeth Moss, "Leaelership and the Psychology, of Turnarounds", *Harvard Business Review*, June 2003, p. 58.

71. Kanter, Resabeth Moss, *Men and Women of the corporation*, N. J. : Prentice-Hall, 1977.

72. Kaplan and Norton, "Having Trouble with your strategy? Then Map it", *Harvard Business Review*, September-October 2000, p.167.

73. Kaplan and Norton, "The Balanced Scorecard", *Harvard Business Review*, January–February, 1992.

74. Kenny and Marshall, "Contextud Marketing: The Real Business of the Internet", *Harvard Business Review*, November-December 2000, p.119.

75. Kim and Mauborgne, "Charting Your Company's Future", *Harvard Business Review*, June 2002, p.76.

76. Kimand Mauborgne, "Charting Your Company's Future", *Harvard Business Review*, June 2002, p.76.

77. Knight, Charles F., "Emerson Electric: Consistent Profits, Consistently", *Harvard Business Review*, January-February, 1992.

78. Koonze and O'Donnell, *Principles of Management*, 4th ed., N.Y.: McGraw – Hill, 1968.

79. Kotler, Swee, Siewand chin, *Markating Management: An Asian Perspective*, 2nd. ed., Singapore: Prentice Hall, 1999.

80. Kotter, John P. "What Leader Really Do", *Harvard Business Review (Special Issue)*, December 2001, p.85.

81. Kotter, John P., *Leading Change*, Boston: Harvard Business School Press, 1996.

82. Ktter, John P. "What Leader Reelly Do", *Harvard Business Review*, (special Issue), December 2001, p.85.

83. Kuemmerle Water, "Go Global-or No?", *Harvard Business Review*, June, 2001. p.37.

84. Lawrence and Lorsch, *The Organization and the Environment*, N. J.: Prentice-Hall, 1969.

85. Leavitt, Harold J., "Why Hierarchies Thrive", *Harvard Business Review*, March 2003, p.96.

86. Levitt, Theodore, "Creativity is Not Enough", *Harvard Business Review*, August 2002, p.137.

87. Machillan, Putten, and McGrath, "Global Gamemanship", *Harvard Business Review*, May 2003, p.62.

88. Mauruca, Regina Fazio, "Retailing: Confronting the Challenges that Face Bricks-and-Mortar Stores", *Harvard Business Review*, July-August 1999, p.159.

89. Mitroffand Alpaslan, "Preparing for Evil", *Harvard Business Review*, April 2003, p.109.

90. Moore, James F., "Predators and Prey: A New Ecology of Competition", *Harvard Business Review*, May-June, 1993.

91. Munck, Bill, "Changing a Culture of Face Time", *Harvard Business Review*, November 2001, p.125.

92. Negandhi and Estafen, "A Research Model to Determine the Applicability of American Management Know how in Differing Cultures and 10r Environments", *Academy of Management Journal*, December, 1965, pp. 309–318.

93. Newman and warren, *The Process of Management; concepts, Behavior, and practice*, 4th ed., N.Y.: McGraw – Hill, 1977.

94. Parkinson, c. Northeast, *Parkinson's Law*, London: Hocyhton Mifflin company, 1957.

95. Peters and Waterman, *In Search of Excellence*, N.Y.: McGraw-Hill, 1982.

96. Porter, Michael , "What is Strategn?", *Harvard Business Review*, November-December, 1996.

97. Porter, Michael E., *Competitive Advantage: Creating and Sustaining Superior Performance*, N. Y.: The Free Press, 1985.

98. Porter, Michael E., *Competitive Strategy: Techniques for Analyzing Industrics and Competitors*, N. Y.: The Free Press, 1980.

99. Porter, Michael E., *The Competitive Advantge of Nations*, N. Y.: The Free Press, 1990.

100. Poters, Michael, *Competctive Advantage*, N.Y.: McGraw-Hill, 1982.

101. Prahalad and Hamel, "The core Competence of the Corporation", *Harvard Business Review*, May-June, 1990.

102. Rappaport and Halevi, "The computerless Computer Company", *Harvard Business Review*, July-August, 1991.

103. Reeder, Brierty and Reeder, *Industrial Marketing: Analysis, Planning and Control*, 2nd ed., N. J.: Prentice Hall, 1991.

104. Reinartz and Kumar, "The Mismanagement of Customer Loyatly", *Harvard Business Review*, July 2002,

p.86.

105. Rivette and Kline, "Discovering New Value in Intellectual Property", *Harvard Business Review*, January-February 2000, p. 54.

106. Sahlman, Willam A., "The New Economy is Stronger than You Think", *Harvard Business Review*, November-December 1999, p.99.

107. Schwartz, Felice N., "Management Women and the New Facts of Life", *Harvard Business Review*, January-February, 1989.

108. Sealey, Peter, "How E-Comnerce Will Trump Brand Management", *Harvard Business Review*, Jaly-August 1999, p.171.

109. Senge Peter, *The Fifth Discipline*, N.Y.: McGraw Hill, 1990.

110. Shaw, Brown and Bromiley, "Strategic Stories: How 3M is Riwriting Business Planning", *Harvard Business Review*, May-June 1995, p.41.

111. Sibbet, David, *75 years of Management Ideas and practice (1922-1997), a Supplement to the Harvard Business Review*, September-October, 1997.

112. Simon and March, *Organization*, N.Y.: John Willey and Son, 1958.

113. Simon, Herbert, *Adurinistrative Behavior*, N.Y.: John Wiley and Son, 1947.

114. Slycootzky and Wise, "The Growth Crisis and How to Escape it", *Harvard Business Review*, July 2002, p.72.

115. Spear and Bowen, "Decoding the DNA of the Toyota Production System", *Harvard Business Review*, September-October 1999, p.96.

116. Steiner, George A, *Comporehonsive Managerial planning*, N. Y.: Prentice-Hall, 1974.

117. Steiner, George A., *Top Management planning*, N.J. : Prentice – Hall, 1969.

118. Stewart, Thomas A., (editor) "The 2003 HBR List: Break throng Ideas for Tomorrow's Business Agenda", *Harvard Business Review*, April, 2003, p.92.

119. Taylor, Frederic, *Scientific Management,* Washington: Us congress, ..., 1912.

120. Tellis and Bolder, *Will and Vision: How Latecomers Grow to Dominate Markets*, N. Y.: McGraw-Hill, 2001.

121. Thomke and Hippel, "Customers as Innovators: A New Way to Create Value", *Harvard Business Review*, April 2002, p.74.

122. Thomke, Stefan, "Enlightened Experimentation: The New Imperative for Innovation", *Harvard Business Review*, February 2001, p.66.

123. Thompson and Strictland, *Strategic Management: concepts and cost*, 12th. ed., N. Y.: McGraw-Hill, 1998.

124. Werbach, Kevin, "Syndication: The Emerging Model for Business in the Internet Era", *Harvard Business Review*, May-June 2000, p.84.

125. Wiggenborn, william, "Motorola U: When Training Becomes an Education", *Harvard Business Review*, July-August, 1990.

126. Wolpert, John D., "Breaking Out of the Innovation Box", *Harvard Business Review*, August 2002, p.76.

127. Yoffic and Cusumano, "Jndo strategy: The Compeative Dynamics of Internet Time", *Harvard Business Review*, January-February 199. p.70.

128. Sibbet, Davie, *75 years of Management Ideas and practice (1922-1997)*, a supplement to the *Harvard*

Business Review, September–October, 1997.

中文部分

1. 《天下雜誌》，2002.1.1, p.180。
2. 王永慶，《讀經營管理》（上下），臺北：臺灣塑膠公司，1990。
3. 伊藤肇著，周君銓譯，《聖賢經營理念》，臺北：大世紀出版公司，1981。
4. 吳兢（唐），《貞觀政要》，臺北：宏業書局，1990。
5. 吳琮誘與謝清佳，《資訊管理：理論與實務》，第四版，臺北：智勝文化事業公司，2000。
6. 周君銓，《活學與經營》，臺北：金閣企業公司，2000。
7. 松下幸之助，〈經營之神〉，《100 Talents in 20th century》，廣州：廣東經濟出版社，pp. 72–80。
8. 南懷瑾，《大學徵言》，4th ed. 臺北：老古文化事業公司，2002。
9. 南懷瑾，《老子他說》，16th ed. 臺北：老古文化事業公司，1998。
10. 南懷瑾，《孟子旁近》，16th ed. 臺北：老古文化事業公司，2002。
11. 南懷瑾，《論語副裁》，30th ed. 臺北：老古文化事業公司，2002。
12. 南懷瑾，《歷史上的智謀》，上海：復旦大學出版社，1990。
13. 南懷瑾，〈神謀鬼謀論君道、臣道、及師道〉，《歷史的經驗（一）》，臺北：老古文化事業公司，1987，pp. 4–5。
14. 南懷瑾，〈論臣行（長短經）〉，《歷史的經驗（一）》，臺北：老古文化事業公司，1987, pp. 166–188。
15. 南懷瑾及尹衍樑，《光華教育基金會 2002 年年報》，臺北：光華教育基金，2003，pp.1–6。
16. 孫子，（王建東編譯），《孫子兵法》，臺北：智揚出版社，1981。
17. 張大可（政治），藍永蔚（軍事），吳慧（經濟），王渝生（科技），劉志琴及唐宇元（文化）等主編，《影響中國歷史進程的人物》（上、下冊），海南：海南出版社，1996。
18. 張秀楓（主編），《中國謀略家全書》，北京：國際文化出版公司，1991。
19. 張岱年（主編），《中華的智慧》，上海：上海人民出版社，1986。
20. 陳定國，《臺灣區（中美日）巨型企業經營管理之比較研究》，臺北：中華民國企業經理協會及金屬工業研究所，1971。
21. 陳定國，《公營事業企業化結果之研究》，臺北：國立臺灣大學育學研究所，1982。
22. 陳定國，《高階管理：企劃與決策（修訂三版）》，臺北：華泰書局，1983。
23. 陳定國，《現代行銷學》（上下冊），3rd ed. 臺北：華泰文化事業公司，1994。
24. 陳定國，〈二十一世紀變無窮，優勝劣敗看創新〉，《東方企業家》，遠見（上海），2002。
25. 陳嘉庚，〈橡膠大王〉，《100 Talents in 20th century》，廣州：廣東經濟出版社，pp. 371–376。
26. 陳定國，《有效經營（天下叢書 5)》，臺北：經濟與生活出版事業公司，1983。
27. 楊必立，陳定國，黃俊英，劉水深及何雍慶，《行銷學》，臺北：華泰文化事業公司，1999。
28. 盧業苗，〈王永慶塑膠大王〉，《100 Talents in 20th century》，廣州：廣東經濟出版社，pp. 566–570。
29. 盧業苗，〈卡內基鋼鐵大王〉，《100 Talents in 20th century》，廣州：廣東經濟出版社，pp. 122–129。
30. 盧業苗，〈司馬遷貨殖列傳〉，《史記》，鄭州：中州古籍出版社，1994。
31. 盧業苗，〈史隆超級企業天才〉，《100 Talents in 20th century》，盧業苗，廣州：廣東經濟出版社，2000，pp. 97–104。
32. 盧業苗，〈李嘉誠財界猛龍〉，《100 Talents in 20th century》，廣州：廣東經濟出版社，pp. 490–494。
33. 盧業苗（主編），〈Ford Motor〉，《百年市場一百雄》，廣州：廣東經濟出版社，2000，pp. 3–9。
34. 盧業苗（主編），〈Benz–Daimler〉，《百年市場一百雄》，廣州：廣東經濟出版社，pp. 81–88。
35. 盧業苗（主編），〈General Motors〉，《百年市場一百雄》，廣州：廣東經濟出版社，pp. 97–104。
36. 盧業苗（主編），〈IBM, Blue Giant〉，《百年市場一百雄》，廣州：廣東經濟出版社，pp. 16–23。
37. 盧業苗（主編），〈Microsoft〉，《百年市場一百雄》，廣州：廣東經濟出版社，pp. 39–46。
38. 盧業苗（主編），〈Toyota Motor〉，《百年市場一百雄》，廣州：廣東經濟出版社，pp. 47–55。

管理學　伍忠賢／著

　　抱持「為用而寫」的精神，以解決問題為導向，釐清大家似懂非懂的概念，並輔以實用的要領、圖表或個案解說，將其應用到日常生活和職場領域中。標準化的圖表方式，雜誌報導的寫作風格，使你對抽象觀念或時事個案，都能融會貫通，輕鬆準備研究所等入學考試。

策略管理　伍忠賢／著
策略管理全球企業案例分析　伍忠賢／著

　　本書作者曾擔任上市公司董事長特助，以及大型食品公司總經理、財務經理，累積數十年經驗，使本書內容跟實務之間零距離。全書內容及所附案例分析，對於準備研究所和 EMBA 入學考試，均能遊刃有餘。以標準化圖表來提綱挈領，採用雜誌行文方式寫作，易讀易記，使你閱讀輕鬆，愛不釋手。並引用多本著名管理期刊約四百篇之相關文獻，讓你可以深入相關主題，完整吸收。

財務管理──理論與實務　張瑞芳／著

　　財務管理是企業的重心所在，關係經營的成敗，不可不用心體察，盡力學習控制管理；然而財務衍生的金融、資金、倫理……，構成一複雜而艱澀的困難學科。且由於部分原文書及坊間教科書篇幅甚多，內容艱辛難以理解，因此本書著重在概念的養成，希望以言簡意賅、重點式的提要，能對莘莘學子及工商企業界人士有所助益。並提供教學光碟（投影片、習題解答）供教師授課之用。

財務管理　伍忠賢／著

　　細從公司現金管理，廣至集團財務掌控，不論是小公司出納或是大型集團的財務主管，本書都能滿足你的需求。以理論架構、實務血肉、創意靈魂，將理論、公式作圖表整理，深入淺出，易讀易記，足供碩士班入學考試之用。本書可讀性高、實用性更高。

生產與作業管理　潘俊明／著

　　本學門內容範圍涵蓋甚廣，除將所有重要課題囊括在內，更納入近年來新興的議題與焦點，並比較東、西方不同的營運管理概念與做法，可說是瞭解此一學門內容最完整的著作。研讀後，不但可學習此學門相關之專業知識，並可建立管理思想及管理能力。

行銷學　方世榮／著

　　顧客導向的時代來臨，每個人都該懂行銷！本書的內容完整豐富，並輔以許多「行銷實務案例」來增進對行銷觀念之瞭解與吸收，一方面讓讀者掌握實務的動態，另一方面則提供讀者更多思考的空間。此外，解讀「網路行銷」這個新興主題，讓讀者能夠掌握行銷最新知識、走在行銷潮流的尖端。

管理會計　王怡心／著
管理會計習題與解答　王怡心／著

　　資訊科技的日新月異，不斷促使企業 e 化，對經營環境也造成極大的衝擊。為因應此變化，本書詳細探討管理會計的理論基礎和實務應用，並分析傳統方法的適用性與新方法的可行性。除適合作為教學用書外，本書並可提供企業財務人員，於制定決策時參考；隨書附贈的光碟，以動畫方式呈現課文內容、要點，藉此增進學習效果。

投資學　伍忠賢／著

　　本書讓你具備全球、股票、債券型基金經理所需的基本知識，實例取材自《工商時報》和《經濟日報》，讓你跟「實務零距離」，章末所附的個案研究，讓你「現學現用」！不僅適合大專院校教學之用，更適合經營企管碩士(EMBA)班使用。

國際貿易實務　張錦源、劉玲／編著

　　對於國際貿易實務的初學者來說，一本內容簡潔且周全的入門書，可使初學者有親臨戰場的感覺；對於已經有貿易實務經驗者而言，連貫的貿易實例與統整的名詞彙編更有助於掌握整個國貿實務全貌。本書期能以簡潔的貿易程序、周全的貿易單據、整套貿易文件的實例連結及附加價值高的名詞彙編，使學習國際貿易實務者，皆能如魚得水的悠游於此一領域。

國際貿易理論與政策　歐陽勛、黃仁德／著

　　在全球化的浪潮下，各國在經貿實務上既合作又競爭，為國際貿易理論與政策帶來新的發展和挑戰。為因應研習複雜、抽象之國際貿易理論與政策，本書採用大量的圖解，作深入淺出的剖析；由靜態均衡到動態成長，實證的貿易理論到規範的貿易政策，均有詳盡的介紹，讓讀者對相關議題有深入的瞭解，並建立起正確的觀念。